葡萄酒酿造与品鉴

Wine Vinifying and Tasting

余蕾◎著

西南交通大学出版社
•成都•

图书在版编目（CIP）数据

葡萄酒酿造与品鉴 / 余蕾著. —成都：西南交通大学出版社，2017.11（2020.8 重印）
ISBN 978-7-5643-5882-2

Ⅰ. ①葡… Ⅱ. ①余… Ⅲ. ①葡萄酒 – 酿造②葡萄酒 – 品鉴Ⅳ. ①TS262.61

中国版本图书馆 CIP 数据核字（2017）第 270163 号

Putaojiu Niangzao yu Pinjian

葡萄酒酿造与品鉴

余蕾　著

责任编辑	陈　斌
助理编辑	黄冠宇
封面设计	严春艳
出版发行	西南交通大学出版社 （四川省成都市金牛区二环路北一段 111 号 西南交通大学创新大厦 21 楼）
发行部电话	028-87600564　028-87600533
邮政编码	610031
网　　址	http://www.xnjdcbs.com
印　　刷	四川煤田地质制图印刷厂
成品尺寸	185 mm × 260 mm
印　　张	12.25
字　　数	306 千
版　　次	2017 年 11 月第 1 版
印　　次	2020 年 8 月第 4 次
书　　号	ISBN 978-7-5643-5882-2
定　　价	48.00 元

前言

PREFACE

每一款优秀葡萄酒，都是人与大自然共同打造的产物，是采用在当地风土条件下与自然相适应的葡萄品种，利用特有的葡萄酒酿造生产工艺酿制而成，有其独特的风格。葡萄酒的世界不仅很精彩，也很有趣，它综合了历史、文化、地理、农业、酿造、营养和饮食文化等多方面的知识，博大而精深，吸引着人们去追寻去探索，在市场上掀起了一股葡萄酒文化热潮。葡萄酒是时尚与智慧的结合，更是一种追求和人生态度，品酒如“品人”，关注其表象之下的本质，是对个性、风格和表现力的鉴赏。好酒也需要遇到懂得欣赏的人，才能碰撞出激情的火花，运用一定的葡萄酒专业知识来品尝各式风味的葡萄酒，才能让我们更好地领略美轮美奂的葡萄酒世界。因此，掌握一定的葡萄酒入门知识是每一位爱酒人士的必修课。

但是，现有的一些葡萄酒相关资讯和介绍，其中专业术语漫天飞，将葡萄酒片面地理解为某些名酒和名庄，或者只是侧重于葡萄酒某一方面知识进行深度解析，没有较好地考虑主流消费群体的需求。面对纷繁复杂的葡萄酒知识体系，在实际指导和考评工作中常常会碰到很多人提出疑问：如何获得基础的、系统的、全面的葡萄酒信息？而且，它又是通俗易懂的、真正有效的！

本书共分为 7 章，从葡萄的种植、采收、风土条件、酿造工艺、储藏与食物搭配，到葡萄酒品鉴要求及方法技巧、葡萄品种及其特性，再到世界葡萄酒主要产区的自然与文化背景、主要葡萄酒的特点，以及严格的分级制度，从消费者最容易产生疑惑和最关心的基本问题出发，全方位地覆盖葡萄酒相关知识，具备全面、实用的指导性。葡萄酒爱好者既可以快速、轻松地掌握葡萄酒的入门知识，也可以对葡萄酒的某一疑惑从中找到答案，知其然更知其所以然，成为葡萄酒达人！

目录
CONTENTS

第一章　葡萄酒基础知识

一、葡萄酒简史

“葡萄酒是大自然和人类共同打造的极品”。承蒙大地、阳光、雨露的恩惠，再经酿酒师的精心酿制，借助天时、地利、人和，美味的葡萄酒才得以诞生。几千年来，葡萄酒始终在人类的历史文化中占有一席之地。葡萄酒之所以称作是一种文化，首先在于其源远流长的历史。最早有关于葡萄种植的记载出现在圣经上，诺亚带着飞禽走兽们走出方舟后，便开始耕作土地，并种植了一个葡萄园。说明早在圣经时代，人们不仅已知晓葡萄树的育苗栽培，而且也已成为当时日常生活的重要组成部分。考古学家认为位于高加索山脉南麓、黑海和里海之间的外高加索地区是全世界最古老的酿造葡萄酒的摇篮，在距今约一万年前的新石器时代的外高加索地区即发现了积存的大量的葡萄种子。多数史学家还认为，葡萄酒的酿造起源于公元前 7000 年古代的波斯，即现今的伊朗。美国考古学家在波斯北部的一个石器时期的村庄遗址中发掘出距今 7000 年的罐子表明，从那时起人类就已经懂得如何酿造和饮用葡萄酒，这一时期正好与发现早期人类聚居地的野生欧亚属葡萄相吻合。早期的定居者经历了采集野生葡萄、有意识地驯化野生葡萄、有规模地种植栽培葡萄等阶段，后来葡萄酒文化随着古代战争、移民沿地中海经今叙利亚一线传入了埃及。

埃及人最早记录了葡萄酒的酿造过程。在埃及古墓的浮雕上，清楚地描绘了古埃及人栽培、采收葡萄、酿制步骤和饮用葡萄酒的情景，至今已有 5000 多年的历史。古埃及人不仅掌握了酿造葡萄酒的技术，并且已经注意到不同葡萄酒所具有的不同品质，还发明了最初的修剪葡萄枝的方法。在古埃及法老王时代，尼罗河岸的葡萄种植与酿造技术已趋于成熟，并发展成一门独立的学问，已经有能辨别不同品质葡萄酒的专家，出现了酿酒师这个职业。在圣经中，葡萄酒被认为是上帝的血，因此成为了宗教仪式中不可或缺的道具，同时也是享乐和奢侈的象征。在埃及这个阶级严明的社会，葡萄酒只能在法老宫廷和富商的宴席上才能享受到。公元前 2000 年，巴比伦哈默拉比王朝分布的法典中已经有关于葡萄酒买卖的条文，说明那时期的葡萄酒业已具一定规模。

希腊是欧洲最早开始种植葡萄与酿制葡萄酒的国家。航海家们从尼罗河三角洲带回了葡萄，并开始酿造葡萄酒。在所有古老的文明中，酒最初都和祭祀有关，最神圣的希腊仪式是共饮会，希腊人还创造了专司葡萄酒之神祇——狄俄尼索斯，意为果实之神与喜悦之神，在希腊神话和诗歌中皆留下了许多的称颂。在希腊时期，葡萄酒不仅被视为一个商品，更是人民生活中所不可缺失的一部分，它丰富着人类的精神世界，促进着社会交往并具有医疗功效。现代医学之父希波克拉底的每张药方上几乎都有葡萄酒的身影，他认为适度饮用葡萄酒是一种健康的生活方式。“饮少些，但要好”（Drink less but better）是葡萄酒一直沿用的不朽谚语。

古希腊人热衷于航行和贸易，在地中海盆地包括西班牙、法国、意大利建立了多个殖民地和贸易合作关系，随着海疆的扩展，葡萄酒文化在地中海沿岸流传开来。公元前六世纪，希腊人把葡萄通过马赛港传入高卢（即现在的法国），但在当时高卢的葡萄和葡萄酒生产并不重要。罗马人从希腊人那里学会了葡萄栽培和葡萄酒酿造技术后，在意大利半岛全面推广葡萄酒，很快就传到了罗马，并经由罗马人之手传遍了全欧洲。在地中海繁盛的贸易往来中，葡萄酒是当时重要的贸易商品之一。葡萄酒在欧洲的主要传播时间是罗马时期，葡萄酒是罗马文化中不可分割的一部分，在两千多年前，随着罗马帝国势力的慢慢扩张，葡萄和葡萄酒又迅速传遍法国东部、西班牙以及德国等地区。意大利、法国、德国、西班牙等国家和地区现今被称为“旧世界”的葡萄酒产区，从那时开始成形、发展，慢慢成为了独立的且各具特殊风格的葡萄酒产地。

葡萄酒在中世纪的发展得益于基督教会，罗马帝国衰退后，逐渐兴起的基督教会传遍了整个欧洲，人们热衷于参加教会，修道院不仅成为了宗教之地，还提供教育和收容的场所。修道院拥有许多优质葡萄园，主要来自于有钱的商人或有权势的贵族的捐赠。当时的教会地位无比崇高，许多大地主、大富贾认为捐献土地是一种赎罪的方式，可以让灵魂得到永久的解脱，如今的许多顶级葡萄园就曾经一度是教会的产业。葡萄酒作为宗教仪式的必需品，只要能种植葡萄的地方，便有葡萄酒。修道院通过捐赠和农耕上的自给自足，通过时间、耐心、财富和贵族们的支持，并且相信辛勤工作就是忠于上帝的一种形式，所以生产出高质量的葡萄酒。中世纪的教会和修道院一直致力于改善和开发葡萄新品种、葡萄种植以及葡萄酒的生产，其中对葡萄酒的发展和传播最为著名的就是本笃会（Benedidictine）和西多会（Cistercian），这两个教会都为法国勃艮第产区的发展打下了坚实的基础，这种影响一直延续至今。而且教会管治的修道院遍布于欧洲各地，对大部分欧洲葡萄酒产地都有着极其深远的影响。本笃会的总修道院设立在位于勃艮第马贡内的克吕尼，他们管理着日益增长的葡萄酒业务，并且通过捐赠和购买逐渐拥有了许多欧洲优质葡萄园。传教士们大力改善葡萄的种植和酿造技术，精确而科学地记录下葡萄品种和酿酒技术，还结合当地的土壤、坡度和朝向，对产区进行详细的研究，创建了勃艮第葡萄园的分级制度，区分出优质葡萄园，并在优质葡萄园四周建造矮墙来划定界。这些被石块围进来的葡萄园（法国称为“克罗”Clos）现在依然生产着法国顶级葡萄酒。西多会是本笃会的一个分支，在勃艮第尼伊圣乔治镇建立西多会大教堂。他们对地形和土壤进行了仔细的研究，找出葡萄酒质量和葡萄园位置之间的关系，会用舌头尝土壤的方法来分辨土质，以酿造最顶级的葡萄酒，被认为是最理解“风土”的。到了中世纪末，西多会拥有的葡萄园已居欧洲之冠，而北上成立的西多会也让葡萄被带往天气寒冷、生长困难的北欧，意外地促成了欧洲寒冷气候区葡萄酒业的发展。14 世纪末期，黑死病席卷整个欧洲，致使人口大幅度减少，尤其是救死扶伤的神职人员，教会对欧洲葡萄酒的影响才逐渐减弱。

公元十五到十七世纪，随着航海技术的提高和对新大陆的探索，欧洲的葡萄品种被带到了南美洲、北美洲、南非、澳大利亚等国家，热衷于与远东地区进行香料贸易的荷兰人在南非好望角建立了葡萄园，西班牙人在北美洲西部也就是现今的加利福尼亚州建立了第一个葡萄园，差不多同时，英国和法国的殖民者在北美洲东部建立了葡萄园。在 18 世纪末期到 19 世纪初期，英国人殖民了澳大利亚和新西兰，澳大利亚凭借干燥、温暖的气候条件，迅速成为了英国重要的葡萄酒供应商，这些都促进了被称为“新世界”葡萄酒产区的发展，葡萄酒在全球各地慢慢开始繁荣起来。

十九世纪，蒸汽船的发明促进了横跨大西洋两岸的欧洲和北美洲的交流进程，但也从新大陆传进欧洲各种葡萄树病虫害，如根瘤蚜虫、霜霉病和白粉病等，侵袭了整个欧洲葡萄园，随后又传播到世界各地的葡萄园，对葡萄种植造成很大的伤害，其中以根瘤蚜虫病最为严重。根瘤蚜虫是一种葡萄树害虫，会侵害葡萄树的根部而让葡萄树死亡。该虫最早出现在北美洲，传到欧洲后，欧洲的葡萄树对它毫无抵抗之力，大约 90%的葡萄园被毁，被损坏的葡萄园不计其数，单就法国而言，根瘤蚜虫至少摧毁了约 110 亿株葡萄藤，对欧洲的葡萄树产生了毁灭性的打击，并危及整个葡萄酒行业。由于葡萄酒大量减产，假酒开始出现，一些造假者横行霸市，出售用甜菜、葡萄干或蔗糖发酵制作的假葡萄酒或贴了假标签的葡萄酒，整个葡萄酒行业岌岌可危，政府被迫采取行动以保护葡萄酒产业，酒标逐渐应用，以保证葡萄酒的真实性，法国为了确保法定产区原产地的真实性，新的法律开始出台，这也是法国 AOC 系统的雏形。这些法规在 20 世纪影响了全球葡萄酒的规范。直到十九世纪后期，人们才找到利用嫁接的技术，将露在地表的欧洲葡萄藤嫁接在能抵御根瘤蚜虫的美洲葡萄藤的根上，利用美洲葡萄的免疫力来抵抗根瘤蚜病虫害的方法，而且沿用至今。欧洲的葡萄树开始重新种植，并逐渐恢复生机，至 20 世纪 60 年代，欧洲大范围的重振葡萄酒业，再一次成为了优质葡萄酒的产地。

18 世纪之前人们对酒精发酵原理并不清楚，也无法将酿出的酒长期保存，直到 1857 年，法国细菌学家巴斯德发现葡萄酒制造的原理在于酵母菌将葡萄汁里的糖转化为酒精，他还完成了葡萄酒的成分与葡萄酒的老化等研究，使得葡萄酒的酿造技术得以大大提高，他也被称为“葡萄酒酿造学之父”，奠定了现代葡萄酒学。在罗马时代，酒直接存放于木桶、陶罐内，随着玻璃吹制技术、开瓶器等的发明，利用橡木桶来酿造和储存葡萄酒、玻璃酒瓶来盛放和运输葡萄酒、以及软木塞的使用，成为现代葡萄酒发展的里程碑，使得葡萄酒的商业价值得以弘扬。第二次世界大战后，从六、七十年代始，一些酒厂和酿酒师便开始在全世界找寻适合的土壤、相似的气候来种植优质的葡萄品种，研发及改进酿造技术，使整个世界葡萄酒事业兴旺起来。而相继出现的各种法定产区制度更是对葡萄生长的风土条件、气候、品种和酿造过程作了严格的规定，使得葡萄酒具备多样的风格和品质的保证，一改原始粗砺的面目而走向精致优美。近年来，随着新兴葡萄酒生产国澳大利亚、美国、智利、阿根廷和中国等的崛起，酿酒技术得以不断提高，尤其在采用现代科技、市场开发技巧、包装和材料使用上的大胆和创新，开创了今天多彩多姿的葡萄酒世界潮流。

二、什么是酒

“酒”是含有酒精的饮料，但含有酒精的饮料并不都是酒，例如果汁本身含有天然发酵产生的酒精，有些饮料在配制香精与色素时也可能会使用食用酒精作为溶剂。通常来说，只有酒精度超过 0.5%的饮料才能被称为“酒”。

“酒精度”指在 20 °C 时每 100 mL 酒中所含有的纯酒精体积（毫升），通常用体积分数来表示，单位为%（VOL 或 V/V），即“度”。如酒精含量 14%的葡萄酒是指在 20 °C 时每 100 mL 该葡萄酒酒中含有 14 mL 的纯酒精。

按照酒生产时原辅料以及工艺的不同，可分为酿造酒、蒸馏酒和配制酒。

1. 酿造酒

酿造酒是指将果实及谷物等原料经酵母的酒精发酵，将发酵原液经过澄清与稳定处理后获得的酒。如利用葡萄、苹果、大麦、稻米等利用酵母的发酵作用直接产生的葡萄酒、苹果酒、啤酒、日本清酒都属于酿造酒，酿造酒的酒精度一般相对较低。

2. 蒸馏酒

蒸馏酒是指将酿造酒经蒸馏浓缩加工后，再进行特定的风味处理所获得的酒。如将葡萄、苹果、大麦、甘蔗、甘薯等的发酵原液经蒸馏加工制得的白兰地、威士忌、朗姆酒、龙舌兰酒以及金酒等都属于蒸馏酒，蒸馏酒的酒精度往往较高。

3. 配制酒

配制酒是指在酿造酒或蒸馏酒中添加果实、香料、甜味剂或者动物原料精制而成的酒。如以白兰地、威士忌、朗姆酒、金酒等果实为主要原料的蒸馏酒为基酒添加各种调香物质制得的利口酒，以及加香葡萄酒、鸡尾酒，甚至中国的各种药酒都属于配制酒，配制酒往往在色泽、风味或功效方面独具特色。

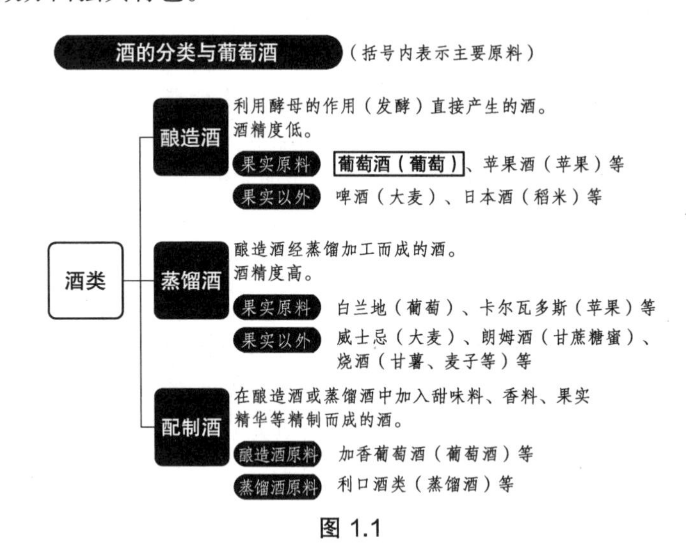

图 1.1

三、葡萄酒是什么样的酒

简单地说，葡萄酒就是以葡萄为原料经过发酵制成的酿造酒。根据国际葡萄与葡萄酒组织（OIV，2003 版）的规定，以及我国国家标准 GB/T 17204—2008《饮料酒分类》等效采用的定义，葡萄酒是以鲜葡萄或葡萄汁为原料，经全部或部分发酵酿制而成的，含有一定酒精度的发酵酒。葡萄富含发酵所需要的糖分和水分，并且存在天然酵母菌，葡萄经过压榨后，酵母菌随着葡萄汁发酵，将糖份转变为酒精和二氧化碳，排除掉二氧化碳，就成为葡萄酒。葡萄酒的酒精度通常在 8%～15%之间，酒精度达到 16%就会杀死酵母菌，因此，葡萄酒的酒精度一般不会超过 16%。在现代葡萄酒的酿造过程中，自然酵母基本已被实验室制造的纯酵母所取代，以便能更有效地控制发酵的时间与过程。

葡萄酒一定是利用葡萄发酵酿造而成的，它可能只采用一种葡萄、也可能采用多种葡萄。葡萄酒在酿造过程中通常不被允许添加除酵母之外的任何其他物质，完全靠自行发酵而成。但在气候条件不佳、阳光不够充足的年份，有些国家会由于葡萄内的天然糖份不足存在葡萄酒的酒精度过低、味道不均衡且不利于保存等问题，会特别准许该国果农该年可以在葡萄原汁中额外加入糖来保证产生足够的酒精，以提高葡萄酒的保存性并增添其香味的丰富性。另外，几乎在每一个葡萄酒酒瓶上的原料与辅料栏里都标注有葡萄汁、二氧化硫。二氧化硫具有抗氧化和抗菌的作用，广泛应用于葡萄酒的酿造过程当中，世界上绝大多数的葡萄酒在酿造时都会使用二氧化硫来进行防腐和保鲜。通常使用二氧化硫的饱和溶液亚硫酸作为直接添加物，只要严格按标准使用并不会对健康造成影响。

四、葡萄酒与健康

葡萄酒曾是唯一内外科通用的消毒剂，它不仅是减轻病痛、消毒杀菌的良药，还是舒缓疲劳、振奋精神的佳酿。在古埃及法老们常用的许多医疗措施中，均采用了葡萄酒作为基本成分。现代医学之父希波克拉底就曾描述“葡萄酒对人类具有重要意义，因为无论您是健康还是疾病，总有一款葡萄酒适合您，让您获得满足与享受”。直至 19 世纪晚期，葡萄酒仍是西方医学界不可或缺的用品。现代的许多科学研究也已经证明，葡萄酒对人体的健康尤其是心脏和血液循环有着积极的促进作用。

（一）法兰西悖论

20 世纪 80 年代中期至 90 年代中期，世界卫生组织（WHO）在 21 个西方国家开展了一项名为“MONICA”的流行病学健康调查项目，该项目是 WHO 为研究不同国家心脑血管疾病（CVD）危险因素及其变化趋势的差异对该类疾病发病率和死亡率影响而建立的多国合作项目，目的是为制定世界范围的心脑血管疾病防治策略提供依据。调查结果显示，葡萄酒消费量高的国家如法国、意大利等心脏病的发病率和死亡率比葡萄酒消费量低的国家相对要低。法国人的冠心病发病率和死亡率是最低的，尤其是和美国人相比，法国人爱吃奶酪、黄油、巧克力等高脂高热量食物，法国人均日进食动物脂肪 108 克，美国人仅 72 克，法国人进食多于美国人 60%的奶酪，法国人食用几乎三倍于美国人食用的猪肉，四倍于美国人食用的黄油，但法国标准人群（35 岁 ~ 64 岁）中的冠心病死亡率仅为美国的四分之一。1991 年 11 月 17 日，美国 CBS 电视频道的《60 min 时事》电视节目播出了一部题为《法兰西悖论（The French Paradox）》的专题片，探讨了这一矛盾现象，医学家们把这种矛盾现象归结为法国人饮用了更多的葡萄酒。这个节目在美国引起轰动，使美国的葡萄酒销量几乎在一夜之间猛增 40%以上，极大地促进了葡萄酒在北美的销售与消费。

从那时起，科学家们开始进行了一些有关葡萄酒与人体健康的研究，并以 1997 年美国科学家 John Pezzuto 在 Sience 杂志发表的《葡萄的天然产物白藜芦醇的抗癌活性》为标志，使得“葡萄酒有益健康”的研究在世界范围广泛开展。科学家通过长达 20 多年的调查研究表明：适度饮用葡萄酒尤其是红葡萄酒，可有效降低心血管疾病发生率以及由心脏疾病导致的死亡率。

（二）葡萄酒对健康的益处

葡萄酒中含有丰富的氨基酸、葡萄糖，以及钙、镁、铁、钾、钠、维生素 E、维生素 B 族等多种矿物质和维生素，是人体生命活动所需要的重要营养物质。葡萄酒中的有机酸如葡萄酸、柠檬酸、苹果酸等，能够有效地调解神经中枢、刺激唾液和胃液的分泌，增加食欲，促进消化。适量饮用葡萄酒还可以保持一定的激素水平，并可减缓尤其是女性的骨骼脱钙问题。

白藜芦醇是一种强大的天然抗氧化剂，是葡萄酒中重要的功能性物质，已经在各种实验研究中被证实具有抗肿瘤、减少脑细胞氧化应激和减少脑缺血自由基损伤、预防抑郁症、延迟老年痴呆症发生以及抗炎症等作用。

现代医学认为，血液中高含量的胆固醇和脂肪是导致心血管病的罪魁祸首。人体中的低密度脂蛋白（LDL）会通过血液到达血管壁，阻止细胞流动，产生大量的有害物质使细胞坏死，并形成硬化斑块迫使血管壁变硬、变窄，从而使血液不能正常地由心脏被输送到身体的其他器官。体内高密度脂蛋白（HDL）具有将胆固醇转运到肝脏进行代谢的功能，帮助清除血管壁中的胆固醇，防止胆固醇沉积于血管内膜而导致动脉硬化。葡萄酒中的原花青素以及单宁等多酚类物质具有很强的抗氧化活性和吸收氧自由基的能力，还能抑制低密度脂蛋白的氧化，其抗氧化活性是维生素 C 的 20 倍，维生素 E 的 50 倍。在动脉管壁中，多酚类物质能构成管壁结构的胶原纤维，抑制组胺酸酶的活性，以避免产生过多的降低血管壁通透性的组胺，强化动脉硬化的预防。另外，多酚类物质还具有抑制血小板凝结，抑制血栓形成的功能，以防止心脑血管栓塞的形成。

原花青素以及单宁等多酚类物质主要来源于葡萄果皮和葡萄籽，红葡萄酒中的多酚类物质要比白葡萄酒多。这是由于红葡萄酒采用的是带皮酿造，而白葡萄酒是榨汁后不带皮发酵酿造而成的。另一方面，红葡萄酒带皮发酵时酒液与果皮充分接触，酒液能够很好地吸收多酚类物质，发酵时间越长，葡萄酒中的多酚类物质含量就越高。科学研究证实，经常并适量的饮用葡萄酒，特别是红葡萄酒，可以使人体内高密度脂蛋白的功效增加约 15%，并减少人体内的低密度脂蛋白。

佳肴美酒的搭配，不仅让人赏心悦目，还能与好友举杯畅谈，同时让美食的香味也更加诱人，有助于减少日常生活中的压力，让精神与身体处于良好的健康状态。但饮食对健康的影响是复杂的，有研究人员指出，“法国悖论”或许与法国人的饮食结构和饮食习惯有着更大的关系，法国人的脂肪摄入主要来源于乳制品，如奶酪、全脂奶、酸奶等，食用大量的鱼，少食多餐并有慢食进餐的习惯，低糖饮食，正餐之间不吃零食，苏打饮料、油炸食物和加工的半成品食物较少食用等，与其说饮用葡萄酒促进健康，不如说是有葡萄酒的生活方式促进了健康。

（三）葡萄酒与健康风险

凡事总是有其两面性，葡萄酒也不例外。合理地饮用葡萄酒是健康生活方式不可或缺的，但过度饮酒会对肝脏及神经系统造成损害，影响智力、记忆力和食欲，严重时会导致肥胖症、肝硬化和肝癌等的发生，还会造成一系列的社会问题。由于偏头痛患者的体内存在一种对酚类物质敏感的酶，一杯红葡萄酒就可能引发偏头痛。葡萄酒在乳酸发酵过程中还可能会产生双乙酰和组胺，可引起少数人头晕、头痛、恶心、皮疹或荨麻疹。糖分经发酵生成酒精前会产生少量的乙醛，人体中的乙醛酶可以促进乙醛氧化成乙酸被人体吸收，从而降低人体内的乙醛含量。但每个人乙醛酶的分泌能力不同，对于体内缺乏乙醛酶或乙醛酶不能正常发挥作用的人群来说，乙醛可直接进入人体组织并扩散到组织细胞中，引起酒后头痛。

葡萄酒酿造过程中容易被微生物污染而造成不良风味，酿造与保存的过程中也容易被氧化。另外，为了防止葡萄酒氧化以及消灭微生物，二氧化硫作为添加剂一直被用于葡萄酒的生产中，目前还没有任何其他方式可以替代二氧化硫的特性及其作用。尽管二氧化硫在葡萄酒中的添加量经过严格的科学论证，正常饮用葡萄酒并不足以造成身体的伤害，但是对于哮喘患者，二氧化硫含量达到每升 500～1000 μg 就会产生危险性。在干白葡萄酒中二氧化硫含量最高可达每升 200 μg，红葡萄酒中二氧化硫含量约为每升 160 μg，甜葡萄酒中含量最高为每升 400 μg，因此，哮喘患者及一些体质敏感的人群在饮酒过量的情况下可能会引起健康风险。

因此，对于葡萄酒的饮用，要因人而异，要辩证地看待葡萄酒与健康的关系，要做到科学饮用葡萄酒。

五、葡萄酒的分类

葡萄酒的世界万千风景，人们在生活中能够遇到形形色色的葡萄酒，想要找到自己中意的葡萄酒，首先需要了解葡萄酒的种类。划分的依据不同，葡萄酒的分类也不相同。

（一）按含糖量分类

按含糖量分类是葡萄酒分类中最常用的方式。葡萄酒中通常含葡萄糖、果糖、阿拉伯糖以及木糖等，标准检测方法为斐林试剂法，将最后数据折算为葡萄糖。按照葡萄酒中的含糖量进行分类，葡萄酒可以分为干葡萄酒、半干葡萄酒、半甜葡萄酒、甜葡萄酒四个类别。

1. 干葡萄酒（Dry wine）

“干（dry）”在酒类术语中有两种意思，在烈酒和鸡尾酒中指高酒精度，在葡萄酒中指的是不甜。干葡萄酒的含糖量（以葡萄糖计）小于或等于 4.0 g/L，葡萄汁中的糖分几乎完全转化成酒精，口中察觉不到甜味，只有酸味和清怡爽口的感觉。由于糖分极低，因而把葡萄品种的风味体现得最为充分，通过对干葡萄酒的品评是鉴定葡萄酿造品种优劣的主要依据。另外，低糖分不会引起酵母的再次发酵，也不易引起细菌生长，这对葡萄酒品质的稳定性是极为重要的。目前干葡萄酒在世界葡萄酒消费市场中占有绝对的数量优势。

2. 半干葡萄酒（Semi-dry wine）

半干葡萄酒是指含糖量大于干葡萄酒，最高为 12.0 g/L 的葡萄酒。

3. 半甜葡萄酒（Semi-sweet wine）

半甜葡萄酒是指含糖量大于半干葡萄酒，最高为 45.0 g/L 的葡萄酒，味略甜，是日本和美国消费较多的品种，在中国也很受欢迎。

4. 甜葡萄酒（Sweet wine）

甜葡萄酒是指含糖量（以葡萄糖计）大于 45.0 g/L 的葡萄酒，在口中能感到明显的甜味。欧盟标准规定，这部分糖必须是来自于葡萄果实本身，这对于葡萄的质量或酿酒工艺有着相当高的要求，也被喻为“液体黄金”。但要注意的是，在中国的葡萄酒市场中，有的通过添加外源糖分而获得甜味的葡萄酒也被称为甜葡萄酒。

（二）按葡萄酒颜色分类

人们常习惯用“红酒”来称呼“葡萄酒”，实际上，按照葡萄酒的颜色进行分类，葡萄酒分为红葡萄酒、白葡萄酒、桃红葡萄酒。

1. 红葡萄酒（Red wine）

主要以红葡萄为原料带皮发酵而成。在发酵过程中需将葡萄果皮和葡萄籽一起浸入果汁中以萃取色素与单宁，并释放出红色素，故而颜色呈现紫红，宝石红，石榴红等。

2. 白葡萄酒（White wine）

用白葡萄或红葡萄榨汁后不带皮发酵酿造而成。颜色呈柠檬黄、金黄色、琥珀色等，澄清透明，有独特的典型性。

3. 桃红葡萄酒（Rose wine）

将红葡萄进行短时间的带皮发酵后除去皮渣再继续发酵制成。桃红葡萄酒颜色介于红葡萄酒和白葡萄酒之间，呈现漂亮的粉色，但色调的跨度较大，从灰色到橙色、淡红色均有，近几年来桃红葡萄酒在国际市场上也颇为流行。

（三）按起泡性分类

二氧化碳是酒精发酵的副产物，可经由特殊的方式将其保留在酒液中。葡萄酒按照瓶内二氧化碳的压力不同，可以分为静止葡萄酒和起泡葡萄酒。

1. 静止葡萄酒（Still wine）

静止葡萄酒也称为平静葡萄酒，是指在 20 °C 时瓶内二氧化碳压力小于 0.05 MPa 的葡萄酒。人们通常情况下饮用的葡萄酒一般都是静止葡萄酒，开瓶时无二氧化碳形成的气泡。

2. 起泡葡萄酒（Sparkling wine）

起泡葡萄酒是指在 20 °C 时瓶内二氧化碳压力等于或大于 0.05 MPa 的葡萄酒。在 20 °C 时瓶内二氧化碳（全部自然发酵产生）压力在 0.05 ~ 0.34 MPa 的起泡葡萄酒为低泡葡萄酒（Semi-sparkling wine），在 20 °C 时瓶内二氧化碳（全部自然发酵产生）压力等于或大于 0.35 MPa 的起泡葡萄酒为高泡葡萄酒（High-sparkling wine）。香槟是起泡酒最著名的代表，当打开酒瓶时会有明显的气泡溢出，具有鲜明的风格特征。

（四）按饮用顺序分类

葡萄酒按照在进餐过程中的饮用顺序，可以分为餐前酒、佐餐酒和餐后酒。

1. 餐前酒（Aperitif）

餐前酒也称开胃酒，一般在餐前饮用以唤醒胃来调整状态，准备开始进餐。餐前酒不宜过浓、过腻，通常选用口感清新宜人的红白葡萄酒或酸度较好的起泡酒。

2. 佐餐酒（Table wine）

佐餐是葡萄酒的主要功能，也是葡萄酒的本质属性。佐餐酒即为同正餐一起饮用的葡萄酒，主要是一些干型葡萄酒。佐餐酒的选择与菜肴的材料、烹饪方法、品味等有着密切的关系。

3. 餐后酒（Dessert wine）

按照西餐的习惯，餐后往往安排甜品，搭配甜品的当然还是以甜味为主导的葡萄酒，如冰酒、贵腐酒以及白兰地、威士忌等加强型浓甜葡萄酒。

除了以上的分类方法外，按酿制方法的不同还有蒸馏葡萄酒（Distilled wine）和加强型葡萄酒（Fortified wine）。蒸馏葡萄酒是指经过蒸馏得到的高酒精度葡萄酒，通常称为白兰地，酒精度一般大于等于 40%，如著名的干邑 XO。加强型葡萄酒是指在酿造过程中通过添加白兰地形成酒精度在 15%～22%的葡萄酒，酒性较为稳定，可保存较长时间，葡萄牙的波特酒和西班牙的雪利酒都属于加强型葡萄酒。

第二章　葡萄的种植与采收

葡萄酒行业有句俗话：七分葡萄，三分酿造。影响葡萄酒品质的关键因素主要在于葡萄的品质，葡萄品种是决定葡萄酒品质的基础，而葡萄生长环境的气候、当年天气状况以及葡萄园的土壤情况对于出产优质的葡萄也至关重要。这就是为什么来自波尔多左岸和右岸的葡萄酒风格完全不同、不同年份的同一款酒口感差异明显、法国赤霞珠和美国赤霞珠差别巨大的原因。没有好的葡萄，再优秀的酿酒师也无法酿出顶级好酒。

一、葡萄品种

葡萄酒所使用的葡萄有众多品种，每个品种都有其独特的个性，葡萄的个性会在葡萄酒中呈现。葡萄品种不同，葡萄酒的个性也会随之不同，可以说，葡萄是反映葡萄酒的“主旋律”。

葡萄属于葡萄科的葡萄属，葡萄属有 60 多个种类，如今世界上栽培的葡萄种类主要分为欧洲种葡萄和美洲种葡萄。美洲种葡萄由于皮薄、多汁、籽少主要作为鲜食葡萄，欧洲种葡萄则适合用于葡萄酒的酿造，也被称为“酿酒葡萄”。酿酒葡萄的特点是颗粒小、果皮厚、有籽，糖分和酸味的浓缩度强，果皮和果肉之间的糖度最高。厚厚的果皮可以用来提取色素和香气，葡萄籽则能够给红葡萄酒带来充足的单宁，果皮的厚度和色泽程度与葡萄酒的风味密切相连。

品种是指葡萄的不同植株种类，目前世界上约有 10 000 多个葡萄品种，但只有少部分用于商业酿酒，重要的酿酒葡萄约有百余种，其中名贵葡萄仅 30 种左右。例如，法国批准种植的葡萄品种有 249 种，然而 3/4 的葡萄产区仅使用了这些葡萄品种中的 12 种左右，这是葡萄酒行业高度筛选的结果。几个世纪以来，某些品种已经被证明在消费者和种植者中非常流行，它们能表现出迷人的香气、酸度和甜度的平衡、以及有着较强的抗病虫害能力，能很好的适应不同的生长环境和产区。纵观世界葡萄酒产区分布地图就可发现，欧洲种酿酒葡萄已经从它的原产地被广泛传播到了世界各地。

葡萄品种，是葡萄酒风味的最根本影响要素，葡萄酒的风味及其特性、香味、酸度和个性都取决于葡萄品种。不同葡萄品种各自特有的香气物质形成了葡萄酒的独特性，如红葡萄酒的代表品种赤霞珠，其浓厚的红紫色、醋栗香气、强烈的涩味，使葡萄酒在色泽、香气、味道上拥有了属于自己的个性标签。葡萄品种的差异主要表现在颗粒的大小、果皮的厚度、色泽、色素量和密度、风味成分的构成、所含单宁量、熟成难易度、土壤和气候的适应性等等，这些因素不同，所酿制的葡萄酒的香味、酸味和涩味等性质及口感、甜度和色泽等也都不同。例如，赤霞珠红葡萄酒色泽浓深，而黑皮诺红葡萄酒的色泽要相对明亮清淡，这就是因为它们果皮的厚度不同、色素量也不同。

葡萄本质上是农产品，葡萄在适宜的温度条件下，根系吸收土壤中的营养物质和水分，接受光照，合成自身生长发育所需要的物质。根据类型或品种的不同，葡萄果实在大小和特性方面会呈现出一定的差异性。即使是同一品种的葡萄，因气候、天气、土壤、种植者的技术水平等因素的不同也会对葡萄产生一定的影响。如果葡萄树的水分充足，果实就能够从中获取养分，颗粒较大，果皮也相对较薄。反之，在干旱条件下，葡萄颗粒较小，果皮较厚，厚厚的果皮里凝聚着葡萄特有的香气。

二、影响葡萄品质的主要因素——风土条件

风土（terroir）是一个比较难理解的概念，作为一个法语词汇，很少能被准确地翻译成其他的语言，它描述了从葡萄园到餐桌上所有可能影响葡萄酒的环境和文化因素，可以说，风土综合了与葡萄酒性能相关的所有因素。所谓“风土条件”，可简单地理解为葡萄生长环境的总和，是土壤、地势、气候等土地固有的自然环境的总称，具体包括气温、昼夜温差、日照量、降水量、土壤性质、排水能力、营养成分、土地斜坡的角度和方位、以及微生物环境等一切影响葡萄酒风格的自然因素，它们对葡萄的生长有着重要影响。早在中世纪的修道士们就认识到自然环境与人工影响这两者之间是互相作用的，要在了解风土的基础上，充分地运用它，如今的分级制就是建立于风土研究的基础上的。

风土条件的
主要构成要素和理想条件

气候条件

气温・昼夜温差

气候越温暖，则葡萄越易熟成，糖分增加；反之，气温越寒冷，则酸度越高，风味更加浓烈。为了提高浓缩度，昼夜温差大是最为理想的。

日照量

为了进行光合作用，日照量必须十分充足。北部产地如何确保日照量是非常重要的。

降水量

水分恰好满足生长需要是最为理想的。雨水过多，则葡萄果粒过大、成分被稀释，葡萄会变得缺少浓缩味。

地势和土壤条件

排水能力

适度的水分压力可以使葡萄树根部深深地扎根于土壤中。此外，也可以让果实的浓缩度得以提高。所以，排水能力强最为理想。

斜坡的角度和方位

太阳光线与地面更接近垂直角度，则会更有利于葡萄有效地吸收太阳光。因为方位会影响一天的日照量（在北半球朝南日照量更大）。即使同样的土地，标高不同气温也会有所差异。

地质

石灰岩地质、火山地质、沙砾地质和黏土地质，它们之间的酸度（pH）等土性和构造不同。当然，每个品种喜好的土壤也是不同的。

图 1.2

（一）气候

葡萄的种植与当地的气候有着密不可分的联系。“橘生淮南为橘，生于淮北则为枳，叶徒

相似，其实味不同”。因为气候的改变，橘变成了枳，虽然样貌相似，但味道却大为不同，可见气候对农作物生长的重要性。

气候是大气物理特征的长期平均状态，用来描述特定地区长期的温度、湿度、大气压强、风力、降水、日照时间、无霜冻天数及其他的气象变量。气候与天气不同，天气是描述特定地区短期的气象变量，气候则是长期记录这些变量，然后通过平均值或典型性来描述这一地区的气候状况。葡萄的栽培是一个持续的过程，不同的葡萄品种有着不同的需求和忍耐力，通过对气候的深入了解可以帮助决定在当地种植的葡萄品种、栽培的方式以及最终所期望的葡萄酒风格。

全球各大洲都有很多的葡萄酒产区，但如果仔细观察全球葡萄酒产区地图就会发现，几乎所有的葡萄酒产区均位于南、北纬 30 ~ 50 度之间，在这个纬度范围内是真正意义上的温带气候，冷热适中，四季分明，有足够的日照和适量的降雨，有适宜葡萄生长的温度、阳光、雨水和风等自然条件，最适合葡萄的生长。葡萄的生长期长，果皮较厚，酚、酯类风味物质容易蓄积。

气候可以分为大陆性气候、海洋性气候、山地气候、地中海气候等等，这些气候类型是指大范围内的气候特点，也称为大气候或区域气候。葡萄种植区域最为重要的三个大气候为：海洋性气候、大陆性气候和地中海气候，不同的气候特点适合不同的葡萄品种与种植方法，酿出的葡萄酒风格差异很大。

海洋性气候的特征是极其靠近大面积水域（如海洋、河和内海），四季温和，夏季漫长、温暖但不炎热，冬季相对短暂且凉爽，但降雨量较高，过多的雨水和过度潮湿，容易滋生各种病虫害。著名的海洋性气候产区有法国波尔多、美国俄勒冈州的威拉麦狄谷和智利的圣安东尼奥。大陆性气候的特征是在生长期内季节变化明显，夏季短暂而炎热，冬天冰天雪地，在冬季或初春，会有霜冻和冰雹等自然灾害的发生。典型的大陆性气候产区包括法国的勃艮第和香槟地区，以及所有欧洲的中部国家，如德国、奥地利和匈牙利。地中海气候即地中海周围区域的气候类型，其气候特征为生长期漫长而且温暖，相比海洋性气候和大陆性气候，地中海气候的季节变化不明显，冬天相对要温暖，且大部分降雨集中在冬季，所以容易发生干旱等自然灾害，灌溉在地中海气候的产区非常常见。地中海气候代表产区有西班牙、意大利、希腊，还有澳大利亚、美国加州纳帕谷和南非的西开普敦。

如果种植者和酿酒师想要种植最优质的葡萄品种，则还需要更详细的了解小气候。在这些大环境中还包含着许多的小气候，小气候的特性受地形、植被等影响较大，即使在同一纬度上，还要充分考虑高山、森林、湖泊、海洋等形成的小气候。小气候不同，即使是使用同样的葡萄品种、相近的土壤、同样水平的酿酒师，也很难酿造出风格相同的葡萄酒。

1. 温度

葡萄生长发育的各个阶段对温度的要求不同，一般当温度稳定在 10 °C 时，葡萄开始萌芽；温度 16 °C 左右时葡萄开花，如果此时温度过低会造成授粉受精不良而坐果少；温度超过 35 °C 时，由于过于炎热，葡萄生长会出现高温抵制，葡萄树会自我保护停止光合作用，停止生成糖分；而若温度过低，葡萄果实则很难成熟，酿出的酒常常会带有生青味。

葡萄从萌芽到成熟期，不同品种对生长季积温也都有不同的要求。积温是指一年内日平均气温≥10 °C 持续期间日平均气温的总和，即活动温度总和。植物完成其生命周期，要求有一定的积温，即植物从播种到成熟需要有一定量的日平均温度的累积，积温是研究温度与生物有机体发育速度之间关系的一种指标。极早熟葡萄品种积温的要求为 2100 ~ 2500 °C，早熟品种要求 2500 ~ 2900 °C，中熟品种要求 2900 ~ 3300 °C，晚熟品种要求 3300 ~ 3700 °C，极晚熟品种要求 3700 °C 以上的积温。特别是对于酿酒葡萄品种，生长季积温等温度指标对不同酒型是非常重要的指标。

炎热地区种植的葡萄由于容易熟成，糖度也较高，生产出来的葡萄酒通常具有较高的酒精度、柔软的单宁和较低的酸度。寒冷地区生产出来的葡萄酒则具有较低的酒精度、生涩的单宁和较高的酸度。另外，较大的昼夜温差对葡萄的生长是理想的。因为昼夜温差大，使得白天高温时光合作用制造的大量有机物质和糖分在夜间的消耗减到最少，提高浓缩度。在高海拔处种植的葡萄与近海平面地区种植的葡萄会呈现出不同的特点，冬夏温差和昼夜温差是其中最重要的因素。

2. 日照

葡萄光合作用所需的太阳光即日照对葡萄的生长和其果实品质是非常重要的，对葡萄果实的着色也有着很大的影响，尤其是北部的产地，如何保证充分的日照是个意义重大的问题。在西欧葡萄酒产区，葡萄生长期内日照时数不低于 1250 h 是生产优质葡萄酒的最低条件。除了日照长度，日照强度也会对葡萄的正常生长产生影响，日照强度在一定的范围内与葡萄叶片的光合速率呈正比关系，自然光照一般不会限制葡萄的光合作用。

3. 降水

葡萄在生长和光合作用过程中，水分也是非常重要的，但并非是水分越多越好。水分恰好能满足葡萄的生长需要是最为理想的，过多的雨水，易使葡萄果实的颗粒过大，成分被稀释，葡萄的风味降低。葡萄树对水分需求最多的时期是在生长初期，快开花时需水量渐渐减少，花期需水量少，之后又逐渐增多，在浆果成熟初期需水量达到高峰，以后又降低。过于剧烈的水分变化对葡萄生长不利，如果长时间下雨后出现干燥炎热的天气，叶片可能会干枯甚至脱落，而长期干旱后的突然降雨则容易引起果裂。

降水与日照一般呈反比，在温和的气候条件下，年降水量在 600 ~ 800 mm 会比较适合葡萄的生长发育。但是，评价年降雨量对葡萄生长的影响，还要考虑降雨月分的分布，世界主要酿酒葡萄种植区的降雨主要都是集中在冬、春季，雨、热不同季，这是优质酿酒葡萄品质的天然保障。

（二）天气

葡萄树除了受到气候带的影响之外，每年的天气对葡萄酒的品质和风格都会产生影响，最重要的影响期就是葡萄的生长期，尤其是葡萄成熟的时段。极端的天气，如霜冻、大风、冰雹、水灾，都会影响到葡萄的大小和品质。由于风力不足、强降雨或气温过高等原因，正常的授粉受精过程无法正常进行，会有早期落果的风险；而大风、冰雹等的侵袭，容易使果实僵化，果实处于停滞生长的状态，果实的掉落也会造成减产。

1. 霜冻

在较寒冷的地区，会出现早春的霜冻，严重的霜冻会冻死葡萄树刚刚长出的嫩芽。早期是通过间隔几株葡萄树放置煤油炉的方法来保持热空气的流通，目前最为经济有效的方法是在接到霜冻预报后，向葡萄树上的嫩芽喷水，这样在夜里降温后，水会在嫩芽上结成冰块，冰块把细嫩的葡萄芽包在里面，从而避免严寒对葡萄芽的伤害。

2. 大风

葡萄树在花期若遇大风非常容易引起授粉失败而导致没有果实，有时强大的台风甚至会刮断葡萄树的枝条。果农通常会使用三角架来固定支撑葡萄树，以抵御强风的吹袭。

3. 冰雹

冰雹对葡萄树造成的损害非常严重，冰雹常发生在夏季和秋季。在葡萄成熟过程期间如果受到冰雹的侵害，果实会被打落在地造成减产，而葡萄皮的破损也易感染霉菌。在一些经常下冰雹的地区，可使用保护网来保护葡萄树以防止冰雹的伤害。

4. 大雨

葡萄树不喜欢过多的水分，充足的雨水对葡萄树来说也许不是一个好消息。在春季开花的时期如果遇上大雨会影响授粉，开花延迟导致收获时期有偏差，果实品质不良，影响坐果率；在生长后半期如果遇上长时间的下雨，潮湿也容易让葡萄产生霉菌类疾病；在采收前过量的雨水则会使果实膨胀，导致葡萄水分过多从而稀释葡萄中的风味物质。在没有天气预报的时代，如果在采收期前遇到大雨，一些酒庄会采取一种赌博的方式，赌 2 ~ 3 天后雨会结束，这样接下来的晴天会让葡萄得到完美的成熟，葡萄酒就能卖个好价格，但也可能颗粒无收。而有些酒庄为了安全起见，会在大雨中组织采收，以防长时间的连绵大雨让葡萄烂在地里。

5. 葡萄酒的年份

葡萄酒的年份是指酿造葡萄酒的葡萄采收的年份。葡萄是一种农作物，它的成长与该年当地的天气状况、葡萄树的采光情况以及整个地区的土质、空气、水份甚至是小气候都密切相关，从而影响着葡萄酒的品质。同一个庄园，常因每年的天气不一样，葡萄酒的品质也不一样。如果某一年天气非常炎热，葡萄酒则会有较高的酒精含量和干果的风味，如果凉爽而多雨，葡萄酒的颜色较浅且酸度较高。葡萄酒的好年份主要是指这一年天气、温差、水份等综合性气候最适合葡萄的生长，并能酿造出最好的葡萄酒。

不同的葡萄品种都需要特定的天气条件才能够适应成长要求，使果实保持品种特性，并在酿制而成的葡萄酒中体现出来。葡萄酒的年份每年都不一样，这是天气改变的佳作，从来没有过两个葡萄收成期是同样的。从酿造的角度来看，人们永远不会在不一样的年份做出一样的酒来，产自不同年份的葡萄酒会呈现出不同的特性。天气对于葡萄而言比对其他的因素更具有决定性的影响，同一年份酿造的葡萄酒可能在一个产区表现出众，而在另一产区则表现平平。不管怎样，好年份还是存在的，比如法国的 1989 年、2005 年、2010 年。而坏年份例如 2003 年，法国出现长期的酷暑天气，由于葡萄穗的成熟需要 45 天，该年的葡萄果穗的成熟受到伤害，葡萄果实也被太阳过度灼烧，那一年生产的葡萄酒口感酸涩，酒精度高。另外收成期天气的优劣也会给葡萄品质带来相当大的影响。特别是旧世界产区的高等级葡萄园，由于地形或法规制度等原因，天气的影响更为重要。好年份和差年份并不是可先行预见的，没有固定的周期，因而一个好年份的好葡萄酒，尤其难为可贵。而新世界产区由于有旧世界的经验可循，在葡萄园的选址以及人工灌溉工程与葡萄种植同步等有利条件下，葡萄酒年份的差异就不是那么大，也不是那么重要。

（三）土壤

土壤带给葡萄酒的风味是无法复制的。土壤除了保证给葡萄提供足够的养分、提供支持、保护葡萄树体，还会影响到葡萄酒的口感和香气。土壤一般是由矿物质、有机物和微生物所组成，它是植物生长、储水和排水的载体，不同类型的土壤既可以保存热量又可以反射热量，既可以排出过多的水分也可以保存水分，土壤条件与具有当地特性的葡萄酒是息息相关的。种植葡萄树所需土壤的最基本条件是：能够有足够的空间让根部茂盛的生长，能够让葡萄根最大限度、最快的获取土壤中的矿物质。

1. 土壤条件

土壤条件包含了土质类型、厚度、砂石组合、成分、储排水能力等，有研究表明，在某些条件下土壤的物理组成甚至比化学组成对葡萄酒的影响更大。一般认为葡萄的栽培比较适合在排水性好、特别是间隙大、土壤层深、贫瘠的土壤上种植。

① 贫瘠的土壤。

欧洲有一句著名的古话：“贫瘠的土壤生产优质的葡萄酒，肥沃的土壤生产便宜的葡萄酒”，这主要是因为葡萄树对土壤的适应性很强，葡萄树拥有强大的根系，葡萄树的根部可以延伸至地下数米，但是如果表层土壤肥沃的话，葡萄树就表现出既贪又懒的特性，不会为了得到必要的水分和营养成分而向地下往深处扎根，还会侧重于自身枝叶的繁茂而忽略了果实的成熟，果实将得不到充足的养分。所以说，葡萄树最好栽种在贫瘠的土壤上，因为贫瘠的土壤能够促使葡萄根部往下发展，去吸取更多的矿物质和养分，并把有限的养分供应给果实，能结出更浓郁、更复杂的果实，从而防止因土壤的水分和营养充足使枝叶过于茂盛导致出产的葡萄风味单一。一般来说，葡萄树的根扎得越深，产出的葡萄酒的品质就越高。

② 足够的厚度。

表土与成土母岩之间的厚度称为土层的厚度。土层厚度越大，葡萄根系分布就越广泛，这不仅是葡萄获得良好营养的基础，也能保证葡萄树体生长更为平衡。

③ 良好的排水性。

土壤的特性和能带给葡萄复杂口感的元素往往蕴藏在深土层的矿石组合中。由于植物的根茎只会垂直向下生长，在水分不充足的条件下，根部会努力的向下生长寻找自己需要的水分，根部越深吸取的风味物质就越多，酿出的酒风味就越复杂。有些葡萄园的土壤里有很多大小不一的碎石或鹅卵石，这些石头可以帮助土壤通风排水，同时，石头在白天可以反射阳光，让葡萄树获得更多的热量，夜晚还可以缓慢释放热量帮助葡萄更好的成熟。当然，葡萄良好的生长也是需要一定的土壤含水量，地下水位应保证不少于 2 m，在可以人工灌溉的地区即使地下水位很低，也不会造成葡萄树的生长障碍。

另外，土壤的排水性、盐碱性、pH 值、地下土层的深度及所含的矿物质种类、表层土的颜色、颗粒大小、组成结构等，都会影响到葡萄酒的风味。

2. 主要的土壤类型

土壤结构会影响土壤中水、空气、热量的状况，以及土壤对水分和营养的保持能力，因此，不同的土壤类型，其土壤结构不同，对葡萄生长的影响不同，并对葡萄酒的风格产生深远的影响。例如，土壤中沙质成份越高，所生长的葡萄味道则越清淡；土壤中的石块愈多，葡萄味道则越浓郁；若土壤中黏土含量高则潮湿，所生长的葡萄颗粒就越饱满。通常来说土壤中沙、石、土具有合适的比例才是种植葡萄比较理想的土壤。

葡萄对土壤的酸碱性的耐受能力也比较强，通常在 pH 为 6～8 的土壤中均可正常生长，而土壤的酸碱值也会对葡萄的风味形成影响。碱性土壤的 pH 值较高，白垩土、石灰岩和泥灰岩在这类土壤中生长的葡萄含酸量高；生长在酸性、pH 值较低的土壤（如花岗岩、石英石和硅石）中的葡萄含酸量偏低。

① 黏土：黏土的保水保肥性能好，但排水功能欠佳，容易板结，使葡萄根系分布浅，降低葡萄酒的芬芳度，但能给予葡萄酒更好的酒质架构，产出的葡萄酒厚重感突出。若土壤里的黏土成分过高，则会影响葡萄树根部系统的发展，土壤中含有少量适度比例的黏土对葡萄的生长是有帮助的。

② 沙土：沙土具有良好的排水性和吸热性，可以使葡萄早熟，使葡萄的糖分容易蓄积，并且具有香味和酸性。但沙土保水性差，不能很好地留住水分，容易造成葡萄缺水，其品质会受影响。

③ 砾石土：砾石，也是我们常见的河石和鹅卵石，来自大山，经河水的长期冲刷而圆滑，更利于排水。含砾石的土质因为黏土量少而贫瘠，具有优良的排水性，且能反射阳光、存储热量保温，非常适合葡萄的种植。

④ 花岗岩：是一种坚硬的、矿物质含量丰富的岩石，吸热快而且可保持热能，由花岗岩土壤所培育的葡萄具有酸度低的优势。因此，在法国博若莱及其北部产区，由于富含花岗岩土壤，非常适合酸性本质的佳美葡萄，产出的葡萄酒柔顺、香气浓郁。

⑤ 石灰岩：主要是石化的海洋类贝壳经碳化后形成的岩石，质地较软，保水性视岩石的变化而有所不同。石灰岩属碱性的岩石，富含钙和镁两个基本元素，它增加了葡萄含高酸的可能性，产出的葡萄酒细腻且果香宜人。

⑥ 白垩土：一种特殊的石灰岩土壤，由富含海洋贝壳化石的天然碳酸钙凝结而成，是质地柔软、属性寒冷、排水性能良好、带有气孔的碱性岩石，可相对的提升葡萄酒的酸度。白垩土可让葡萄树的根部系统深植，并具有良好的排水性，以及保持湿度和养分的作用，在此土壤中培育的葡萄含酸量极高。

⑦ 泥灰岩：是一种特别富含钙质的黏土，具有延迟葡萄的成熟与增加葡萄酸度的特性，产出的葡萄酒强劲而有力。

⑧ 玄武岩：是一种最常见的火山岩石，矿物质含量丰富，并富含石灰和苏打。在这种土壤中所培育的葡萄具有良好的酸度。

⑨ 火山岩：一种主要由玄武岩构成的火山岩土壤，坚硬、密集度高、常带有玻璃质，产出的葡萄酒深邃、有烟熏味，余味悠长。

⑩ 页岩：由黏土和泥沙沉积后经压力而形成的非常坚硬的岩石，在页岩土壤中培育的葡萄所酿制的葡萄酒色浅、素淡、纤瘦、优雅，富含矿物香。页岩常见于德国的许多葡萄酒产

区，因为它的导热性高，所以有利于其北部产区酿制雷司令葡萄酒。

⑪ 石英石和硅石：石英石和硅石富含酸性矿物质，在绝大部分的葡萄酒产区，土壤中都含有这两种矿物质。土壤中的石英和硅含量越高，酿制出的葡萄酒的酸度也就越高。

以土壤的特性来说，无法指出那一种土壤一定优质于另一种土壤。什么品种的葡萄适合什么类型的土壤，是经过数百年、甚至几千年的实际经验所获得的结果，因此葡萄的种植需格外注重葡萄品种和土壤的选择。

（四）地势

地势，主要是斜坡的坡度和朝向，对葡萄的生长也有着很大的影响。斜坡意味着其排水能力强，而平原地区的厚重土壤通常含有更多的水分。如果葡萄园的地势有坡度，雨水就容易排掉，不会滞留在葡萄树根部而影响其生长。而且，斜坡的土壤一般比平原的土壤更加贫瘠，葡萄树能结出更浓郁的果实。另外，合适的坡度能使太阳光线与地面更接近垂直角度，更有利于葡萄有效地吸收太阳光。斜坡的方向称为朝向，朝向会影响一天的日照量。在北半球，朝南的斜坡比朝北的斜坡能照射到更多的阳光，这在较冷的气候下，决定了葡萄是否能够顺利成熟。一般来说，斜坡上的葡萄树结出的果实往往能产出上好的葡萄酒。

海拔高度同样也会对葡萄产生一定的影响。海拔每升高 100 m 温度会降低 1 °C，由于海拔高度的不同，冬夏温差和昼夜温差也会不同。在高海拔处种植的葡萄与近海平面产区种植的葡萄呈现出不同的特点，即使在典型的炎热产区，葡萄也可以种植在较高的海拔上。

三、果农和酿酒师

葡萄果农和酿酒师的工作就在于让风土在葡萄栽培和酿造过程中体现出自身的价值，没有了葡萄果农和酿酒师，风土便毫无价值。葡萄酒品质主要取决于葡萄，葡萄生长时，农田工作非常重要，农田的耕作方式和栽培方法不同，都会反映在葡萄酒的风味上。在尊重风土的同时，还需要进一步的解读和塑造，以酿造出真正意义的风土酒，突显酒的地理来源、气候环境以及酿酒师的技巧，而不仅仅是单纯的品种酒。

葡萄的种植是一件异常辛苦的事情，需要葡萄果农一年四季的精心打理，不仅要靠天吃饭，还需要防止病虫害的侵袭，否则会导致减产甚至会影响葡萄的品质。葡萄园的种植者每年都要从事繁重的体力劳动。冬季，他们需要在葡萄园进行土壤维护、修枝整形以及栽种新的葡萄树苗；来年，他们还要修剪和培育葡萄树，减少叶片、修剪过剩枝条和不结果枝条，并随时观察葡萄的生长、变化；最后，还要进行葡萄的采摘工作。这些艰苦的辛勤耕耘，决定着葡萄的成熟期及收获量，也决定着葡萄酒的品质。早在 11 世纪勃艮第的修道士就已通过品尝泥土的方式来决定葡萄的品种和葡萄树的治理方法，而如今，有很多精密的方法可以使用，如酸碱度的测试、土壤的分析、天气的预测等等，让我们更科学地利用土壤以酿造高品质的葡萄酒。所以，在农田工作中，要根据地块、土壤和气候条件来选择最优的葡萄品种、最适宜的绑缚方式和修剪方式，为土壤排水、补给养分、维护土壤健康，还要精心打理葡萄园，并选择最适收获量、收获时期和收获方法。

为了提高葡萄的成分量，使其更具有浓缩感，风味更为突出，就应该控制葡萄的收获量。如果单位面积的收获量太高，葡萄的熟成度就会下降，风味单调，葡萄将会变得淡而无味，甚至会有未熟成的味道。若适度控制收获量，葡萄的浓缩感将会得到提高。但是不可以为了调整葡萄树的生长势头而胡乱降低收获量，应根据地区、气候和品种来精心设计最适合的绑缚方式和修剪方式。

根据所酿造葡萄酒的风格特点需求，葡萄果农和酿酒师还需决定适合的收获时期和收获方式。随着葡萄的熟成，葡萄果实糖度提高而相应酸度会降低，过熟时酸味会完全消失，但风味成分的熟成速度并非一定与糖度的提高保持一致，应根据葡萄的熟成程度，通过分析其平衡度，来判断收获时期是尤为关键的。另外，还要合理地确定收获方式是采用机器采摘还是手工采摘。机器采摘可以在葡萄完全成熟的时期一口气全部采摘完毕，不会错过最佳时机。手工采摘虽然费时又费力，但可以最大限度地不损坏葡萄，挑选到最优质佳品，高级品种多采用手工采摘的方式。

当然，在酿造过程中，如何发挥葡萄酒的个性，酿酒师还应选定最佳的酿造方法和熟成方式。酿酒师应熟知葡萄特性，从而了解怎样种植葡萄、怎样培育葡萄、怎样酿制葡萄酒，使各葡萄品种的个性得以充分发挥并最大限度地发挥优点。提取葡萄的何种风味成分、打造何种风格的葡萄酒、如何使风土特点充分施展，这些不仅仅取决于发酵的方式、温度、时间以及用于发酵熟成容器的材质和大小，还包括多种多样的熟成方法。葡萄酒是一个呈现栽培和酿造过程的载体，酿酒师的技巧至关重要。

四、葡萄的成长与采收

目前葡萄酒都是由人工栽培的葡萄酿造而成的，葡萄树提供了酿制美味佳酿的原料，因此，了解葡萄是如何生长的，在哪里生长和为什么会呈现出各种不同的风味，这些都是非常重要的。葡萄种植是一个巨大的国际产业，它同样是决定我们所喝的葡萄酒风格和品质的一个重要因素。在葡萄酒界有这样一个说法：优质的葡萄酒都是种出来的。和大多数果树一样，葡萄树的生长过程同样是以生命周期为中心，年复一年地循环。每一年，葡萄树都要经历冬眠、生长、采摘、再冬眠的循环周期，了解葡萄树栽培的周期及其主要工作对我们来说是极为重要的。

1. 冬季

从深秋开始，葡萄树开始落叶，葡萄树以枯枝的状态进入冬眠期，直至来年初春天气温上升。在冬眠期内，葡萄树的养分都用于根系的生长，只要树液没有冻住，寒冷的天气有利于来年葡萄的收获。种植者通常会对葡萄树进行修剪工作，剪掉大部分前一年的枝条，避免树液向树杈供给过多的养分而枯竭，并为下一年的新生枝条腾出空间。修剪葡萄树不仅有利于其贮存养分，还决定着嫩芽的数量和新梢的配置，与来年葡萄的收获量和质量密切相关，决定来年是否会有好的收成。

葡萄树落叶后即可安排修剪，在冬季不需要保护越冬的产区，冬季直至来年葡萄萌芽期都可进行修剪工作。但是在个别需要将葡萄枝条埋土保护越冬的产区，修剪工作必须在很短的时间内完成，在土壤冻结之前再将修剪好的枝条埋土。

在冬季，种植者还需要给葡萄树的根基培土，以防严寒期的霜冻。由于葡萄枝条被清理，葡萄架没有负重，同时也是整理葡萄架的大好时机。

2. 春季

春天来临，气温回升，葡萄树的根部从冬眠中苏醒，开始新一年的工作。当气温稳定在 7 ~ 9 °C 时，葡萄树根部开始吸收水分与养分，树液开始流动并在枝条修剪的部位流出，葡萄树开始“流泪”，这种现象被称为“伤流”，是葡萄树在随后的生长季节中最早的活动。在春季潮湿多雨的地区，伤流不会对树体生长造成影响，但在干旱地区则可能会造成树体储存水分和养分的流失，进而影响树体后期的生长与发育。在这个阶段，要完成翻土和葡萄树的上架工作，通过对葡萄树株间土壤的翻动，让土壤通风透气，有利于提升土壤的活力和水分的渗透性。

当气温进一步稳定在 10 ~ 12 °C 时，葡萄树开始萌芽。“萌芽”就是葡萄树上的小芽孢逐渐膨胀并长出枝条，并最终长出叶子。刚开始，被绵毛包裹的嫩芽芽眼开始膨大，鳞片开裂，先露出白色绒毛，称之为“露白”；进而白色绒毛顶部呈现绿色或者红色（因品种而异），称之为“露绿”；之后叶片展开并抽梢。叶片展开时，可以看到幼嫩的花穗。土壤的温度甚至土壤类型都会影响葡萄树的萌芽，一般来说，种植在较温暖的土壤上的品种要较凉爽土壤上的萌芽早，而粘土因为比较凉爽且含水量较高，会延迟葡萄树的萌芽。好的天气在萌芽期是至关重要的，要当心倒春寒，幼芽会有被冻死的风险。在这个阶段，还应掐掉多余的嫩芽和枝叶，将精选后的枝叶固定在金属线上，调整树木形状，并开始进行病虫害的防治。

在早春萌芽之后，葡萄树开始生长枝条和叶子。枝条上的叶子在太阳照射下进行光合作用，提供给葡萄树生长所需的养分。通常在萌芽后的 8 个星期内，在长出第四或第五片叶子后，一小簇绿色胚芽会逐渐形成，称之为“抽梢”，这些小胚芽将发展成花簇并最终成长为葡萄。

萌芽 8 ~ 9 周后，一簇簇小胚芽逐渐打开，绽放出一朵朵小绿花。随着日照越来越充足，气温升高以及空气湿度的下降，花瓣外侧收缩，基部开裂并向上卷曲，葡萄的帽状花冠脱落，这就是所谓的“开花”。此时，花簇已经显现出葡萄串的形状。花序上的花由顶部向基部方向的次序开放，花期往往会持续 10 ~ 15 天，一般早熟的品种比晚熟的品种开花早。开花是葡萄树成长过程中非常重要的时期，开花期包括授粉和受精，因此未来的产量取决于这时期的理想条件，理想的日常气温应该在 15 °C 以上。开花期同时也是易受伤害的阶段，霜冻仍是巨大的危害，许多葡萄园运用洒水系统、加热器或鼓风机来防御霜冻。

3. 夏季

夏天是葡萄树生长最旺盛的季节，新梢生长，同时也是营养生长（枝条生长）与生殖生长（花序与果实生长）的竞争阶段。此时须剪掉枝条的顶芽，控制其过度生长，使葡萄树将养分集中在葡萄果实中。

由于酿酒葡萄是雌雄同体的，通常在开花后的 2 ~ 3 周，花朵经授粉受精后，在雌蕊根部形成硬小的果实，为“坐果”。真正能形成的果粒数量要远比花的数量少得多，并且在坐果后的生长过程中也会有部分的脱落，当果粒膨大至圆形近似黄豆粒大小时才不再脱落。果粒膨大后，气温也进一步升高，果实逐渐生长，直至颗粒相互接触，果穗外观成为整体，不再是独立的果粒，但果粒仍然是绿色的，且质地较硬，称为“封穗”。封穗后的果实虽然还会进一步膨大，但此时生长主要表现在果实内部物质的变化，如含糖量逐渐增加，酸度逐渐降低，颗粒逐渐变软，果皮逐渐呈现出品种特征颜色，此时进入“转色期”。转色期是葡萄步入成熟的开始，也是葡萄生命周期的重要节点。在转色期的初期，果实又绿又硬，其大小约只有成熟后的一半，它们含糖量低且酸度极高。随着转色过程的进行，绿色、不透明、坚硬的小石头转变为更大、色彩亮丽、饱满的果实，白葡萄品种变成浅黄色，红葡萄品种变成暗红色，果实变软，葡萄中的酸度下降，糖分开始升高。每个品种进入转色期的时间都是不同的，即使是在同一葡萄园，同一葡萄树上的不同果簇，进入转色期的时间也都会不同。第一批转色的葡萄是位于较为温暖的小气候环境中的，这可能是由于日照和葡萄园的朝向所决定的。

夏季的剪枝和枝条的绑缚也是非常重要的工作，种植者通过绑缚引导葡萄藤保持一定的生长方向，促进葡萄叶片更好地利用光照条件为葡萄树提供所需的养分。应将那些遮挡住果实的树叶剪掉，保证适宜的果叶比例，以便果实既能够接受最适宜的日照强度，又不会被阳光灼伤。修剪还可以平衡树体的生长，以保持良好的叶幕结构。实施植保措施，并防止灰霉生长，保证枝条、叶片以及花序免受病虫害的侵扰。当葡萄树产量过剩时，在封穗之后至转色初期，还要进行疏果，将不成熟的葡萄果实剔除，以控制产量，促进留存果实的成熟，提升果实品质。低产往往是酿造高品质葡萄酒的保障。

4. 秋季

转色后的葡萄逐渐进入成熟期，葡萄成熟的过程一直持续到收获季末。这是一个关键时期，因为它将对葡萄酒的风格起到根本性的作用。葡萄成熟的同时，果皮变薄，糖度上升，酸度下降，风味越加浓厚并逐渐达到平衡。

大约在开花后 100 天左右进入采摘期。根据所酿造葡萄酒的风格特点需求，进入成熟期的葡萄将被陆续采收。真正的采摘时间是由种植者和酿酒师决定的，他们会密切关注葡萄的成长和天气的状况，精确地测量葡萄的成熟度，尤其是糖度和酸度，还会用折射计来检测其含糖量，并依靠品尝来确定葡萄果肉和葡萄籽的成熟度，通过对糖度与酸度的平衡度和风味成分的成熟度的分析，来判断收获时机。如果采摘过早，葡萄则糖分不足，酸度过高，酿造出的葡萄酒亦是如此。如果采摘过晚，葡萄则过于成熟，糖分过多，缺乏酸度，酿造出的葡萄酒口感厚重、黏腻。在采收期间，反复无常的天气使采收任务变得更加复杂，强降雨会导致葡萄腐烂，酷暑天气则使葡萄干瘪。因此，在葡萄采收前的几天时间里，种植者和酿酒师会对天气情况和葡萄状况保持高度的警惕。葡萄的成熟期有先有后，这取决于葡萄的品种，也取决于土地的情况，如土壤类型、海拔高度及地理朝向等，这些都是加速或减缓葡萄成熟的因素。种植者要按照成熟度，先采摘最早熟的品种，再采摘略微晚熟的品种。

一般来说，酿造起泡酒的葡萄需要较早进行采收，以保证果实有较好的酸度；之后是酿造干白葡萄酒的原料采收；红葡萄往往在葡萄成熟末期甚至过熟期采收。过熟控制除了可以提升果实中的含糖量外，还可以促进果皮中的酚类物质的成熟，但过熟控制又会造成风味物质尤其是香气物质的损失。复杂程度极高的迟收葡萄是酿造甜葡萄酒的专属，上好的甜葡萄酒就是用被贵腐霉菌侵染的葡萄酿制而成的，它以奇妙的方式与葡萄浆果结合，使其干缩，从而聚集糖分和香气。由于贵腐霉菌侵染葡萄的方式各不相同，因此，贵腐葡萄的采收可能需要持续数个月的时间，并需分批采收。对于冰酒，种植者必须要等待严寒的到来，将葡萄成熟后原封不动地留在葡萄树上至次年的 1 月左右，在 $-5 \sim -10$ °C 的低温下于凌晨进行手工采摘、压榨，冰葡萄比迟收葡萄凝聚了更多的糖分，而且几乎不含任何水分。葡萄采收时机的确定非常重要，要等待葡萄达到最佳的成熟期，才能采摘下完美的葡萄，酿造出高品质的葡萄酒。

当葡萄的糖度和酸度达到适当的水平时，才开始采收。大部分采摘是在早晨，温度还较为凉爽的时候进行，这能保护葡萄不受日间高温的影响，而酿造贵腐、冰酒等特殊葡萄酒的原料采收时间还受气候及温度等要求的影响。采收葡萄的方式有很多种，可以人工采摘，或者机械采摘，有的还可能需要进行分批采摘，应根据地形、经济条件、人力资源及时间来决定采用何种采收方式。机器采摘是采摘机在葡萄树列之间行进，晃动葡萄树的根部，成熟的葡萄掉落在传送带上并传送至盛放筐中。机器采摘可以在葡萄完全成熟的时期一口气全部采摘完毕，不会错过最佳采收时机，也可以很好地实现成本控制。对于普通的快速消费型葡萄酒，控制成本是其重要的管理内容。但过度摇晃可能会导致葡萄树及葡萄受损，而如果葡萄的成熟时间不一致，还需在采摘后进行分拣。此外，在有坡度或者车辆难以通行的葡萄园，机器采摘就会十分困难，甚至无法实施。手工采摘是由采收工负责挑选葡萄并将一串串葡萄小心翼翼地剪下后放到筐中。手工采摘虽然既费时又费力，但可以最大限度地不损坏葡萄，并可根据葡萄果粒成熟度的不同进行分批采摘，挑选到最优质佳品。高级品种多采用手工采摘的方式，尤其是那些充满了传奇历史文化的产区和酒庄，人工采摘作为传统工艺的一部分而被坚持保留了下来。

采摘期后，葡萄树开始为下一年储存能量，这时候葡萄叶片合成的养分集中存储于枝条和根部，提升葡萄树越冬以及来年的萌芽能力。树叶开始变成红色或金黄色，然后逐渐飘落，最终葡萄树进入冬眠期。这一时期适于做适当的修剪，种植者通过修剪葡萄树保留一定数量的芽孢来控制葡萄的产量，以保证来年葡萄的品质，之后开始新的循环。

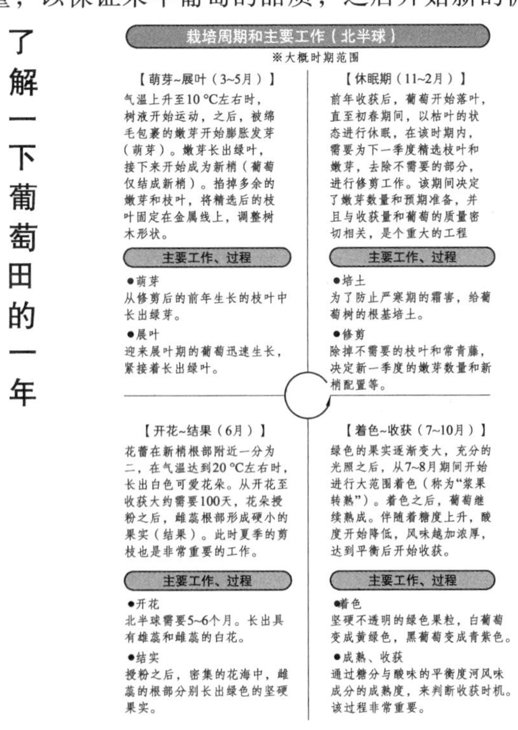

图 2.1

五、葡萄树龄与葡萄酒质量

葡萄酒的质量在很大程度上取决于葡萄的质量，越来越多的人关注葡萄影响葡萄酒质量的细节问题，葡萄树龄对葡萄酒质量的影响便是其中之一。

葡萄树体生命周期大致经历生长阶段、成熟阶段、衰老阶段，不同生长阶段的葡萄树生长特点不同，必然会对葡萄果实的产量和质量产生不同的影响。葡萄树体在不同的生长周期中，由于叶片和果实的自然脱落和采收，绝大部分的新梢被修剪，树体的各部分随着树龄的变化而变化的主要是根系和树干，所以说葡萄树龄对葡萄质量的影响主要来自于根系和树干。随着葡萄树的不断生长，树根就会越来越深入土壤层，而土壤是多层次的，每一层土壤的组成和性质都不同，其中蕴含的矿物质也不尽相同，葡萄树通过树根汲取的矿物质对酿造出的葡萄酒的香气和口感有着明显的影响。

葡萄树的生存年限很长，平均年龄高达 50 年，有些甚至可以达到上百年，依品种、产区气候及人为照料因素而有所差异。一般来说，葡萄树栽种后 3～4 年才会结果，5～6 年葡萄树的产量才会稳定，7～8 年才会结出质量较好的果实。幼年葡萄树产出的葡萄往往不适合用于酿酒，要酿出能体现土地精华、具有良好品质和典型风格的葡萄酒，树龄起码要超过 10 年。15 年的树龄才能够保持质量的稳定，而这之后的 30 年是葡萄树的青年和壮年时期，葡萄树进入全盛的生产阶段，扎根渐深，吸收丰富的矿物质，结出的果实也是最棒的，因而可以酿造出拥有产区地质、气候所赋予的特有风味的葡萄酒。葡萄树在迈入 50 岁之后，便开始进入衰老期，活力渐弱，产量递减，但是也因为产量少了，营养更集中，将更多的汁液集中在葡萄浆果中，产出的葡萄不论在色泽或口感上都更加浓郁，酿出的葡萄酒也展现出更多的丰富性。

树龄越大的葡萄树，根系越发达，一般可达 5 m 之深，根系穿过基层岩石带，汲取充足的水分和养料，能从地下吸收到更多的微量矿物质，因此产出的葡萄质量就越高，葡萄酒质量也就会越高。人们普遍认为树龄较小的葡萄树出产的葡萄酿造的葡萄酒颜色更明亮、果香更浓郁，酸度略高，但是缺乏复杂性和层次感；相反，树龄较老的葡萄树出产的葡萄酿造出的葡萄酒会有更丰富和复杂的风味，且更有深度，粘稠度也更高。出于商业宣传的目的，很多酒商会把老藤作为一种高品质的象征印在酒瓶上，大多人都认为葡萄酒酒标上如果标示了“Old Vine”或“Vieille Vigne”，该酒的品质就会略胜一筹。

那么多少树龄的葡萄树才能算做老藤葡萄树呢？关于这个定义，目前世界上绝大多数的国家和产区并没有明文的法律或行业规定，在葡萄酒业中，一般将葡萄树龄 40 年以上的葡萄树称为老藤。但也有一些地区对其进行了规定，南澳洲巴罗萨谷（Barossa Valley）产区的葡萄酒协会就制定了关于老藤年龄界定的规定：树龄 35 年可称为老藤，70 年称为幸存老藤，100 年称为百年老藤，125 年以上称为始祖老藤。由于植株产量极低、酿造工艺精细，老藤葡萄酒香味更为复杂细腻，具有非常结实的单宁结构，香气复杂而浓郁，能展现出非常平衡的口感，陈年潜力巨大，随着岁月的洗练，这一优势愈发明显。

在 19 世纪末期，几乎欧洲所有的葡萄酒产区都遭受了根瘤蚜虫病的毁灭性打击，能保留下来的老藤显得尤其难能可贵，这些来自老藤的葡萄被萃取出了精华品质，非常出色地表现出了当地的风土和品种特色。新世界国家因为并没有经历这场毁灭性打击，反而留下了更多的上百年的健康老藤。但“老藤酿好酒”并不是绝对的真理，老藤葡萄并不一定就是质量的绝对保证，大多数酿酒师认为，使用正确的方式种植的年轻的葡萄藤酿出的葡萄酒比使用错误的方式种植的老藤酿出的葡萄酒品质更佳。

六、葡萄常见病虫害

葡萄的健康生长决定了日后所酿造葡萄酒的数量和质量。葡萄和所有的植物一样，也会遭到病虫害的侵害，严重的会导致大量的减产，或者影响葡萄的品质。

① 白粉霉：一种白粉状的霉菌，这种霉菌在葡萄树的树叶和果实上形成蜘蛛网状的白色薄膜，最终变成粉末，抑制葡萄的光合作用从而阻碍葡萄的成熟，还会导致果实发霉或开裂。白粉霉起源于北美洲，但在十九世纪中期传入欧洲，欧洲的葡萄品种极易发生此病害。在人们找到喷洒硫磺进行防治的方法之前，它已经对葡萄园造成了非常大的损害。加强叶冠管理能促进葡萄树间的空气流通和阳光照射，具有一定的防治效果。

② 霜霉病：霜霉病菌形态似绒毛，能侵袭葡萄树绿色的叶和未成熟的果实，葡萄树感染后会在叶片上形成白色病斑，并逐渐扩大到葡萄树的其他部分，情况严重时会影响葡萄树的光合作用，使浆果缩小并阻止其生长。霜霉病也是于十九世纪中期由北美洲影响到欧洲的，多发于温暖潮湿的天气。在采收时，必须人工摘除这些果皮已变得如皮质般的果实，以免影响葡萄酒的质量。另外，喷洒由水、石灰和硫酸铜混合而成的“波尔多液”也可以有效地阻止这一病害的扩散。

③ 葡萄孢菌：葡萄孢菌是一种在闷热潮湿天气下发生的真菌性病害。在特定条件下，一整年甚至在采摘期都会遭此病害，严重影响葡萄的产量、品质和风味。根据感染葡萄孢菌的时间不同，葡萄孢菌在葡萄园中可能是坏事也可能是好事。当还没有完全成熟的葡萄感染上葡萄孢菌，为灰霉（Gray Rot），灰霉会在果簇上生长，导致果实破碎，葡萄会逐渐腐烂并且带有霉味和酸味，严重影响产量和品质。葡萄灰霉病是目前世界上发生比较严重的一种病害，在所有贮藏发生的病害中，它所造成的损失最为严重。然而，当完全成熟的葡萄感染上葡萄孢菌，则为贵腐霉（Noble Rot），贵腐霉包裹在葡萄的表皮上，它可以使浆果脱水，糖分和酸度浓缩，将葡萄升华到最高的境界，可以酿造出世界上最好的甜白葡萄酒。如法国的苏玳甜酒、德国干果颗粒贵腐精选葡萄酒和匈牙利的托卡伊贵腐甜酒都是世上最珍贵的葡萄甜酒。

④ 根瘤蚜虫：根瘤蚜虫是一种葡萄树害虫，它寄生在葡萄树的根部，以葡萄树的根部为食，同时也可能会将自己有毒的唾液注入葡萄树中，导致葡萄树地表部分和地下部分都形成小瘤和伤口，最终让葡萄树死亡。一旦它们杀害了宿主，这些害虫就会寻找新的宿主，最终传遍整个葡萄园甚至整个产区。根瘤蚜虫最早出现在北美洲，十九世纪传到欧洲后，欧亚属品种对根瘤蚜虫没有抵抗性导致对欧洲的葡萄树产生了毁灭性的打击。直到十九世纪后期，人们才找到利用嫁接的技术，将欧洲葡萄品种嫁接在美洲葡萄植株上，利用美洲葡萄的免疫力来抵抗根瘤蚜病虫害的方法，而且沿用至今。

⑤ 线虫：微小的线虫自然存在于大多数葡萄园的土壤中，有些是有益的，它们以土壤中的细菌为食物，然而有些则以葡萄树的根部为食物，虽然它们不会杀死葡萄树，但是会对葡萄树的健康造成影响，降低葡萄树根系的吸水能力和向葡萄树其他部分输送养分的能力，而有的线虫也可能在葡萄园中传播病毒。烟熏消毒法、有抵抗能力的砧木和清洁葡萄园都能有效控制线虫。

第三章　葡萄酒酿造

一、葡萄的构成及成分

酿酒葡萄主要是由葡萄梗、葡萄皮及粉霜、葡萄果肉、葡萄籽等部分构成。葡萄酒是用新鲜成熟的酿酒葡萄的果实经榨汁酿造而成，有些酒庄还会整串一起榨汁酿造，构成葡萄的各个部分在葡萄酒的酿造过程中各司其职，它们的比例关系、成熟程度、品质好坏直接对葡萄酒的品质和风味产生重要的影响。

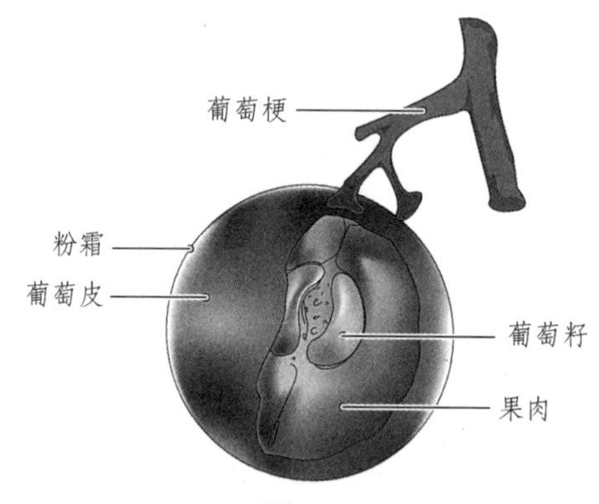

图 3.1

表 3.1　葡萄各部位的主要成分

部位	主要成分
葡萄梗	75%～80%的水分 6%～7%的木质素 1%～3%的单宁 微量的树脂类，钾、钙、铁等矿物质，以及有机酸和糖分
葡萄皮及粉霜	70%～80%的水分 20%～25%的纤维素和果胶 1.5%～2%的矿物质（主要为钾、钙、磷酸盐等） 0.2%～1%的有机酸（主要为酒石酸、苹果酸） 0.5%～2%的色素、风味物质、单宁 粉霜中含有多种微生物，包括野生酵母
葡萄果肉	65%～80%的水分 15%～30%的糖分 0.2%～1%的有机酸（主要为酒石酸、苹果酸、柠檬酸） 微量的矿物质及果胶物质

续表

部位	主要成分
葡萄籽	45%～55%的纤维素 35%～40%的水分 6%～10%的脂肪 3%～7%的单宁 微量的矿物质及挥发酸

1. 葡萄梗

葡萄梗含有涩口且粗糙的单宁，不成熟的葡萄梗常常还带有较为刺鼻的生青味，会给葡萄酒增加植物性的味道。通常，在酿造之前会先经过去梗的工序，但部份酒厂为了加强酒的单宁含量，有时也会加进部分的葡萄梗一起发酵，但此时所用的葡萄梗必须是非常成熟的。除了水和单宁外，葡萄梗还含有不少的钾，具有去酸的功能。

2. 葡萄皮及粉霜

葡萄皮仅占葡萄整体的1/10，但对葡萄酒的品质有着直接的影响。除了含有丰富的纤维素和果胶外，葡萄皮中还含有丰富的色素、单宁和风味物质。葡萄色素的化学成分非常复杂，往往因品种不同而不同，大多数葡萄的色素只存在于果皮中，红葡萄酒的颜色都是来源于红葡萄皮中的色素而非人工添加。葡萄皮中的单宁较为细腻，是葡萄酒中最重要的成分之一，是构成葡萄酒结构的主要元素，它不仅能给葡萄酒带来更多层次的口感，还能让葡萄酒具有更好的陈放潜力。葡萄皮中的风味物质非常丰富，赋予葡萄酒特有的香味，不同的葡萄品种香气也不同。风味物质主要存在于葡萄皮的下方，分为挥发性香和非挥发性香，非挥发性香须待发酵后才会慢慢形成，皮较厚的葡萄可以酿造出颜色深、口感浓郁厚重，耐久存的葡萄酒。

葡萄表面的一层蜡状粉末物质即为粉霜。粉霜中含有上千种的微生物，包括野生酵母。野生酵母可以将葡萄汁发酵成葡萄酒，虽然现代科技可以在发酵时人工添加酵母，但在欧洲仍有许多酿酒师为了保持葡萄酒的传统风味，或者为了酿造有机葡萄酒，仍然会使用天然的野生酵母。

3. 葡萄果肉

果肉约占葡萄重量的80%～90%，主要成份有水分、糖分、有机酸、矿物质、果胶和风味物质等。酿酒葡萄的水分含量往往比较高，压榨出来的葡萄汁多，以酿造更多的葡萄酒。葡萄果肉中的糖分是酒精发酵的主要成份，主要包括葡萄糖和果糖，葡萄成熟初期，葡萄糖占主要地位，随着成熟过程的进行，果糖的比例逐渐增加，待葡萄完全成熟时两者的比例基本相等。糖分在酵母的作用下发酵生成酒精、CO_2等，糖分的高低决定最终能自然发酵的酒精度数。葡萄果肉中的有机酸主要有苹果酸、酒石酸、柠檬酸、乳酸等，苹果酸约占葡萄总酸的一半，随着葡萄的成熟苹果酸的含量逐渐降低，苹果酸量是决定葡萄采收期的指标之一。酸度对调节糖酸比例非常重要，能使葡萄酒的口感更加均衡。葡萄果肉中还含有微量的矿物质能给葡萄酒增加更多风味，其中以钾最为重要，其含量占葡萄各种矿物质总量的50%以上。果胶物质是一类多糖类的复杂化合物，其在葡萄中存在的形式及含量因葡萄的品种而异，且与葡萄的成熟度有关。少量果胶的存在，能增加葡萄酒的柔和感，但若含量过高则会对葡萄酒的稳定性能产生影响。

4. 葡萄籽

葡萄籽中含有脂肪和粗糙的单宁，葡萄籽中的单宁收敛性强而不够细腻，脂肪中含有亚油酸和亚麻酸，葡萄破碎时葡萄脂氧化酶会被激活，将其迅速氧化生成 C6 醛和醇，这些物质有草味和苦味，会破坏葡萄酒的品质。因此，在酿造过程中应避免压碎葡萄籽，以免对葡萄酒的品质造成影响。但葡萄籽自身有很好的抗氧化功能，如葡萄籽精油 SPA 越来越受到女性消费者的欢迎。

二、葡萄酒酿造原理

葡萄酒发酵，首先是由酵母菌引起的酒精发酵，其次是由乳酸菌引起的苹果酸-乳酸发酵。葡萄原料的质量以及酒精发酵、苹果酸-乳酸发酵进行的条件及其控制，对葡萄酒的种类和品质均会产生重要的影响。只有利用质量优良的原料，并使之在良好的条件下顺利地进行酒精发酵，以及在需要时顺利地进行苹果酸-乳酸发酵，才能充分保证葡萄酒的质量。

（一）酵母菌与酒精发酵

葡萄汁转化为葡萄酒，其本质上是一个微生物作用的过程，葡萄酒的酿造主要就是在酵母菌的作用下通过酒精发酵将葡萄汁转变为葡萄酒。1857 年，法国细菌学家巴斯德借助荷兰人列文虎克发明的显微镜，认识了葡萄酒的微观世界，揭示了葡萄酒制造的原理在于酵母菌将葡萄汁里的糖转化为酒精，他还完成了葡萄酒的成分与葡萄酒的老化等研究，使得葡萄酒的酿造技术得以大大地提高，被称为“葡萄酒酿造学之父”。酵母菌属于子囊菌纲酵母属，是一种单细胞真菌，为圆形、椭圆形、细长或柠檬形。酵母菌是酿造葡萄酒的必备条件，它直接影响着所酿葡萄酒的风味和感官特征。葡萄汁发酵可以是自然发酵，也可以是纯种发酵。自然发酵是由天然野生酵母进行的发酵，纯种发酵是由接种的已知酵母菌株进行的发酵。

酵母可以自然生成，在成熟葡萄皮表面的粉霜中就存在有天然的野生酵母，古老的葡萄酒酿造就是采用野生酵母的自然发酵。在自然条件下，酵母菌的传播主要依靠昆虫，特别是果蝇。在葡萄采收之后中，大部分的酵母菌死亡，另一部分则以孢子的形式在葡萄园土壤中越冬，到翌年春季葡萄生长时，土壤中的孢子随风飘散，依附于葡萄果皮上重新繁殖。另外，在葡萄酒厂和葡萄酒庄的橡木桶内壁等场所酵母菌也都可能存在。在传统的葡萄酒产区，酵母菌会逐渐适应当地的气候条件、土壤条件和葡萄品种，再加上自然选择的作用而形成一定的酵母群落，不同产区天然酵母群落差异很大。有些酿酒师认为最好的酿酒酵母就是当地自然存在的酵母，可以酿造出更复杂、更具本土风味的葡萄酒。

酒精发酵是在酵母的作用下完成的，只有葡萄汁中的酵母达到一定的浓度时，发酵才能开始，而如果仅仅利用果皮表面粉霜中的天然酵母，发酵过程可能过于漫长，易导致其他微生物的滋生，而且自然发酵对葡萄酒的质量难以预测和控制，必须进行严密的监控。为了保证酒精发酵顺利启动，现代酿酒师往往会通过添加人工培养的活性干酵母进行纯种发酵，将活性干酵母活化后添加于葡萄汁中，当温度等条件适合时，在几个小时内即可启动酒精发酵。

纯种发酵可以选择能保持并突出原料特性的优良酵母，减少野生酵母对葡萄酒质量的不确定影响。葡萄酒的质量特性取决于所选的酵母，用于葡萄酒生产的良好酵母菌株应具有以下特性：①发酵能力强；②发酵完全；③具有稳定的发酵特性，发酵行为可以预测；④具有良好的乙醇耐受能力；⑤不产生不良气味物质；⑥具有良好的 SO_2 耐受能力；⑦发酵结束时凝聚，便于从酒中分离。目前技术研究人员在对世界各地葡萄产区的土壤和气候特点、各种酿酒葡萄品种的特色以及各种优质葡萄的感官表征进行大量研究与实践的基础上，分离、筛选、培育出数百种专业葡萄酒活性干酵母菌种，这些人工培育酵母对葡萄汁的转化已经能被掌控并且可以预测，深受酿酒师们的喜爱。选择最合适的酵母，能展露出种植土壤、品种特性、品种香气和发酵芳香，最终酿造出所期望的风格，是酿酒师最重要的工作之一。

葡萄酒酿造中的主要酵母菌种分属于裂殖酵母菌（Schizosaccharomyces）、克勒克酵母属（Kloeckera）、类酵母属（Saccharomycodes）、有孢汉逊酵母属（Hanseniaspora）、德克酵母属（Debaryomyces）、汉逊酵母属（Hansenula）、酒香酵母属（Brettanomyces Uvarum）、德巴利酵母属（Debaryomyces）、梅奇酵母属（Metschnikowia）、毕赤酵母属（Pickia）、克鲁维氏酵母属（Kluyveromyces）、有孢圆酵母属（Torulaspora）、接合酵母属（Zygosaccharomyces）、酿酒酵母属（Saccharomyces）、隐球酵母属（Cryptococcus）、红酵母属（Rhodotorula）以及假丝酵母属（Candida）等 25 属约 150 种，以酿酒酵母属最为重要，其中与葡萄酒酿造工业关系最为密切的是酿酒酵母（S.cerevisiae）、贝酵母（S.baynanus）、奇异酵母（S.paradoxus）和巴氏酵母（S.pastorianus）。酿酒酵母属酵母能快速生成高水平乙醇，并具有较高的耐乙醇能力；比许多其他酵母更能耐受较高的温度，能在酿酒过程中维持活性并在接近 38 °C 的温度下继续发酵，而多数野生菌在超过 25 °C 时活性已经受到抑制；另外，酿酒酵母属酵母还有着较高的竞争有限营养物的能力，这些都使得酿酒酵母属酵母在葡萄汁发酵过程中占有明显的优势。

酵母菌将葡萄浆果中的糖分解为酒精、二氧化碳和副产物，这一过程称为酒精发酵（AF）。与此同时，通过酵母菌代谢葡萄汁中的含氮化合物和硫化物，进而合成葡萄酒的风味和香气物质。酒精发酵的生化过程主要是由两个阶段组成，第一阶段已糖通过糖酵解途径分解成丙酮酸，第二阶段丙酮酸由脱羧酶催化生成乙醛和二氧化碳，乙醛再进一步被还原成乙醇。酒精发酵总方程式为：$C_6H_{12}O_6 \longrightarrow 2CH_3CH_2OH + 2CO_2$。发酵过程中除了主要生成乙醇和二氧化碳外，还会生成少量的其他副产物，包括甘油、有机酸、杂醇油、醛类、酯类等，这些成分是葡萄酒二类香气的主要构成成分。控制葡萄酒发酵过程的平衡进行，保证构成葡萄酒二类香气的成分在葡萄酒中处于最佳的协调和平衡状态，从而提高葡萄酒的感官质量。

如果发酵速度过慢，一些细菌和劣质酵母的活动会产生具有异味的副产物，同时还会提高葡萄酒中挥发酸的含量。如果发酵温度高，发酵速度过快，大量产生的二氧化碳的急剧释放会使葡萄汁的果香遭受损失，形成的发酵香气比较粗糙，质量下降。所以有效地控制发酵过程，是提高葡萄酒产品质量的关键工序。

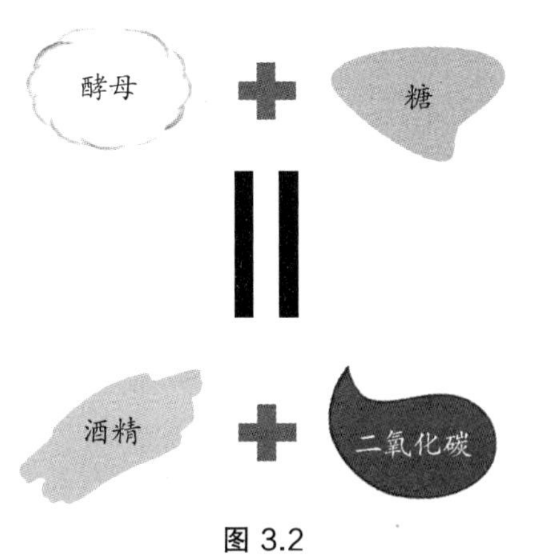

图 3.2

（二）乳酸菌与苹果酸-乳酸发酵

苹果酸-乳酸发酵（MLF）是在乳酸菌的作用下将苹果酸转化为乳酸，并释放出 CO_2 的过程。葡萄酒中的天然苹果酸是左旋体（L-苹果酸），经乳酸菌的作用后生成 L-乳酸。通常，苹果酸-乳酸发酵在葡萄酒酒精发酵结束后进行，因为相比于酵母，乳酸菌喜欢更高的温度，这一过程也常称为二次发酵。苹果酸-乳酸发酵之所以被称为发酵，是因为有微生物的作用和 CO_2 的释放，但苹果酸转化为乳酸的脱羧反应所释放的热量很少。

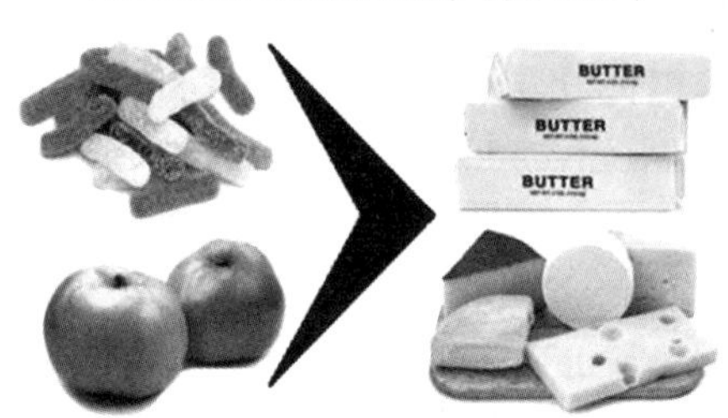

图 3.3

葡萄酒中含多种不同类型的有机酸，主要包括酒石酸、苹果酸、柠檬酸、以及少量的乳酸、琥珀酸、乙酸等，有机酸的种类、含量及其性质必然会影响葡萄酒的口感、色泽及其稳定性，进而影响葡萄酒的质量。苹果酸是葡萄酒里面最尖锐以及最坚硬的酸，苹果酸-乳酸发酵就是将酒中尖锐的苹果酸转化成为柔和的乳酸，并相应降低葡萄酒的酸度，在这个过程中还会产生黄油的香气，使其酸涩、粗糙的口感变得柔和、饱满并且稳定，酒质的复杂性加强，风味芳醇，从而提高葡萄酒的风味及质量。许多酿酒师认为苹果酸-乳酸发酵法是最稳定的发酵，而且能让葡萄酒的风味更浓厚，甚至部分酿酒师认为发酵过程中产生的黄油味可以和橡木桶带有的香草风味相得益彰。

苹果酸-乳酸发酵是加速葡萄酒成熟、改善酒体、使香气和风味物质平衡、提高其感官质量和稳定性的必要过程，适合于酸度高、酒体丰满的干红和干白葡萄酒。世界上大多数红葡萄酒，包括绝大多数的优质红葡萄酒都经过苹果酸-乳酸发酵。白葡萄酒则按需进行，根据葡萄酒的风味类型和设计来决定是否进行苹果酸-乳酸发酵，如果进行，应控制进行到何种程度，是期望产生酸味清爽的新鲜果实味道、还是饱满浓厚的味道。对于果香味浓和清爽的干白葡萄酒、以及用 SO_2 中止发酵获得的半干型或甜型葡萄酒，则应尽量避免苹果酸-乳酸发酵。

按照乳酸菌对糖代谢途径和产物种类的不同，可分为同型乳酸发酵和异型乳酸发酵。同型乳酸发酵是指产物中只生成乳酸和 CO_2 的发酵，异型乳酸发酵是指葡萄糖经发酵后产生乳酸、乙醇或乙酸以及 CO_2 等多种产物的发酵。葡萄酒中的苹果酸-乳酸发酵多为异型乳酸发酵细菌，分属于明串珠菌属、乳杆菌属、片球菌属和链球菌属。明串珠菌属的酒明串珠菌能耐较低的 pH、较高的 SO_2 和酒精，是苹果酸-乳酸发酵的主要启动者和完成者。

乳酸发酵的启动条件比较苛刻，最好在酒精发酵即将结束或刚结束时添加活性乳酸人工菌种。此时葡萄酒中的糖分被酵母菌几乎发酵完全，乳酸菌不会分解糖和其他葡萄酒成分，SO_2 含量很低，酒精含量在 12%以下、pH 值为 3.2～3.4 等，这些条件都适合苹果酸-乳酸发酵的启动。将酒的温度提升至 18 ~ 20 °C，启动苹果酸-乳酸发酵，乳酸发酵持续的时间大约需要 20 ~ 30 天时间。

苹果酸-乳酸发酵对酒质的影响受乳酸菌的发酵特性、生态条件、葡萄品种、葡萄酒类型以及工艺条件等多种因素的制约。如果苹果酸-乳酸发酵良好，经苹果酸-乳酸发酵得到的葡萄酒酸度降低，果香、醇香深厚，柔软而肥硕，同时还能增强葡萄酒的生物稳定性，对提高酒质起着重要作用。但若控制不当，乳酸菌也可能引起葡萄酒病害，发生败坏。

苹果酸-乳酸发酵对葡萄酒质量的影响主要归纳为三个方面。

① 生物降酸作用。在较寒冷地区，葡萄酒的总酸尤其是苹果酸的含量可能很高，苹果酸-乳酸发酵将 L-苹果酸转化为 L-乳酸，二元酸向一元酸的转化可使葡萄酒的总酸下降，酸涩感降低。

② 增加其细菌学上的稳定性。苹果酸为生理代谢活跃物质，易被微生物分解利用。苹果酸-乳酸发酵可使苹果酸分解，发酵完成后，经抑菌、除菌处理，使葡萄酒在细菌学上的稳定性增加，从而可以避免在贮存过程中和装瓶后可能发生的再发酵。在苹果酸-乳酸发酵过程中可以消耗酒精发酵结束后残留的苹果酸、柠檬酸、氨基酸、含氮化合物和维生素等物质，提高微生物的稳定性。

③ 风味修饰。苹果酸-乳酸发酵中葡萄酒的果香味不但不会被破坏，反而会增加，还能降低葡萄酒的生涩味，使水果风味能更好地展现出来。乳酸菌能分解葡萄酒中的成分，生成乙酸、双乙酸、乙偶姻及其他 C4 化合物，并改变葡萄酒中醛类、酯类、氨基酸、其他有机酸和维生素等微量成分的浓度及呈香物质的含量，对葡萄酒的风味有修饰作用，有利于葡萄酒风味复杂性的形成。另外，苹果酸-乳酸发酵能加大单宁聚合程度和增加单宁胶体层，会使葡萄酒的口感变得更加柔和。

苹果酸-乳酸发酵完成后，葡萄酒中乳酸菌菌群的数量并没有迅速下降，应立即进行乳酸菌的清理，杀死或去掉乳酸菌。如果不及时采取终止措施，几乎所有的乳酸菌都可变为病原菌，作用于残糖、柠檬酸、酒石酸、甘油等葡萄酒成分，也可利用葡萄酒中的氨基酸生成生物胺，引起多种乳酸菌病害。根据底物来源可将乳酸菌病害分为酒石酸发酵病、甘油发酵病、乳酸性酸败病、油脂病、甘露糖醇病、微量糖和戊糖的乳酸发酵引起的发黏等病害。当葡萄酒液 pH 超过 3.4 时，片球菌等有害细菌便会繁殖产生有害物质，如二乙胺或组胺，这些物质即使是极少量的摄入也会使身体虚弱的人产生过敏反应或是轻微的头痛。因此必须严格控制苹果酸-乳酸发酵的条件，使苹果酸-乳酸发酵纯正。对苹果酸-乳酸转化的检测方法有纸层析法、酶分析法和液相色谱分析法，由于液相色谱分析需要的设备成本较高，一般葡萄酒厂大都使用前二种方法。当检测到葡萄酒中无苹果酸时，表明苹果酸-乳酸发酵结束，此时应立即将葡萄酒与酒脚分离，调节温度与 pH 并添加二氧化硫，一般进行 20 ~ 50 mg/L 的二氧化硫处理，pH 控制在 3.2 以下，低温贮存，以充分抑制乳酸菌的活动，保证葡萄酒的生物稳定性。

三、葡萄酒酿造基础

葡萄酒的酿造，不仅得助于上天的恩赐，也离不开葡萄果农一年四季的细心打理，以及酿造过程中酿酒师的精心呵护。人类在酿造葡萄酒的过程中，充分发挥了主观能动性，极大地提升了葡萄酒的品质。

（一）环境对葡萄酒酿造的影响

在自然界中，任何事物的产生，都离不开环境的影响，葡萄酒也不例外。在葡萄转变为葡萄酒的过程中，环境对葡萄酒的品质会产生至关重要的影响。

1. 温度的影响

温度对葡萄酒的酿造过程有着不可忽视的影响，人们在酿造葡萄酒时要考虑到温度的人工控制。葡萄酒是一种自然的产物，葡萄成熟于凉爽的秋季，酵母在此适宜温度下进行酒精发酵，将葡萄果汁中的糖分转化为酒精。虽然在夏季也可以启动发酵，但由于酒精发酵是一个放热的反应，而环境温度过高会使发酵产生的热量不能及时向环境中散发，容易造成发酵容器中温度过高而抑制酵母的活性，温度超过 35 °C 时会导致酵母的死亡。而温度过低也会抑制酵母的活性，在低于 14 °C 时还要考虑进行人工加热来启动酒精发酵。酒精发酵结束后，气温会进一步降低，正好适宜发酵后葡萄酒的低温澄清。借助冬季的低温，将葡萄酒中悬浮的固体颗粒（主要是残留酵母、果渣等）沉降出来，葡萄酒由浑浊逐渐变得清亮。

2. 环境卫生的影响

保持葡萄酒酿造环境的卫生，不仅是保证葡萄酒卫生质量的基础，也是提升葡萄酒品质的基本要求。除了灰尘以及生产过程中各种可能的化学、物理污染物对葡萄酒的影响外，有害微生物对葡萄酒的影响尤其要受到重视，真菌和细菌是能够对葡萄酒产生不同影响的微生物。酵母是一种单细胞真菌，酵母的种类很多，并且在自然界中广泛存在，在一个特定老葡萄园中，酵母经过自然的长期选择，逐渐适应了当地的气候条件、土壤条件和葡萄品种，葡萄园的酵母群落相对稳定，它们可以酿造出复杂而具本土风味的葡萄酒。但有些真菌主要是各种霉菌对葡萄酒的质量是有害的，葡萄园中的灰霉主要通过腐烂的果实影响葡萄酒的品质，而酒窖中的黑霉菌等则利用喷溅散落的果汁作为营养，存在于酒窖的各个角落并通过酒桶等容器给葡萄带来不良的气味。细菌在葡萄酒中也是广泛存在的，乳酸菌可以通过苹果酸-乳酸发酵将酒中尖锐的苹果酸转化成为柔和的乳酸，但如果乳酸菌发酵过度，它也会分解利用苹果酸之外的底物从而给葡萄酒带来苦味等不良口感。而且，乳酸菌的适宜生长条件往往也适宜于其他细菌如醋酸菌等的繁殖，它们会在葡萄酒中形成醋味、汗味、马厩味等不良气味，对葡萄酒的品质造成影响。

3. 功能区域的影响

除了良好的环境卫生保障外，葡萄酒生产过程的各个区域因其功能不同，对环境的要求也有所区别。如原料处理区为便于原料的快进快出，需要设计开放的空间并规划于总体建筑中心之外；发酵区为了避免环境中聚焦过高浓度的 CO_2，要求采光与通风良好，甚至需要强制通风的设施，并且要绝对避免与地下区域直接连通，防止 CO_2 的沉降积累；在陈酿区及酒窖，需要避光、阴凉、干爽的条件，对橡木桶还要设定特定的环境湿度。

（二）葡萄酒酿造的主要设备

工欲善其事，必先利其器。葡萄酒酿造所需设备的齐备与完善是保证葡萄酒生产顺利进行的关键。

1. 分选机

分选机主要就是传送带，将葡萄果实平摊在传送带上，通过传送带的输送，由分列于两旁的挑选工人按标准进行手工挑选。

2. 除梗机

除梗机的主要组件是中央转轴，上方是按照螺旋形均匀分布的搅动侧杆，外部配有筛状圆桶，通过中央转轴和筛状圆桶的反向转动将果粒撸下来，并在重力作用下由筛网孔落下，而果梗只能在中央转轴上的侧杆推动下水平移动排出，完成果梗与果粒的分离。

3. 破碎机

破碎的目的是为了榨出部分的果汁并将果肉外露，增加酵母与糖分的接触以利于发酵。除梗后的果粒须经破碎机的适度破碎后方能进入发酵罐。破碎机由一对相对转动的齿状橡胶辊组成，通过橡胶辊的相对转动及挤压将果粒破碎。

4. 原料泵

果粒经破碎后形成由果汁、果肉、果皮以及葡萄籽组成的混合液，也称为“葡萄醪”。对于这些固液混合物的输送，不仅要求原料泵的动力充足，还要求泵不易被堵塞，能适应频繁的开停机。

5. 压榨机

压榨机主要用于压榨果汁以及进行皮渣的分离。按工作原理不同可分为螺杆式连续压榨机、框式垂直压榨机、气囊压榨机等不同类型。螺杆式连续压榨机的工作效率较高，但是对葡萄籽的破碎率也较高，易对葡萄酒的风味产生影响，压榨质量不高。框式垂直压榨机压榨质量好，但是其设备的装卸较为复杂，多为精品酒庄用作红葡萄酒酿造中的皮渣分离。气囊压榨机的动力来自于其高压气囊，压榨柔和，还可设计成封闭式外胆，减少果汁与空气的接触，避免氧化，常为白葡萄酒酿造的首选压榨设备。

6. 发酵容器

按照使用目的的不同，发酵容器分为红葡萄酒发酵罐和白葡萄酒发酵罐两种类型。红葡萄酒与白葡萄酒发酵的主要区别在于是否带皮发酵以及皮渣的分离，而且发酵温度的要求也不同，因此所使用的发酵罐在结构设计上也就有所区别。红葡萄酒发酵罐为了方便发酵结束后的排渣，通常罐门要直通至发酵罐的底部，并在出口阀门处要求安有筛网以免堵塞。白葡萄酒发酵罐罐底往往设计成锥形以便分离酒泥，这种设备也可用于桃红葡萄酒的发酵。

按照罐身材质的区分，发酵容器可以分为三种类型：水泥发酵罐、不锈钢发酵罐和木制发酵罐。水泥发酵罐的骨架由水泥等材料构成，内涂食品级树脂材料。这种水泥发酵罐的造价低，保温效果好，但其内胆需要经常更换，卫生保持的难度较大，在现代新建酒厂中较少使用。不锈钢发酵罐的材质强度大，通气性强，性质稳定，不会与葡萄酒发生物质交换，且易于方便控温和保持内部空间的卫生，大部分的现代葡萄酒厂往往采用不锈钢发酵罐。木制发酵罐通常使用橡木材料，清理往往比较麻烦，在大规模的葡萄酒生产中越来越少使用，但由于其在葡萄酒发酵过程中赋予了葡萄酒以橡木材质特有的风味，对葡萄酒风味的影响有一定的影响，有些酒庄还是坚持使用橡木桶进行发酵。

7. 储酒与陈酿容器

储酒罐的外形与白葡萄酒发酵罐类似，而且容量较大，呈细高状，但其内部没有控温设备。储酒罐大多使用不锈钢罐或橡木桶，密封无氧的不锈钢罐不仅可用于葡萄酒在装瓶前的长期、大量的储存，还可用于陈酿，通常适用于酒体轻盈、简单的白葡萄酒和适合立即饮用的红葡萄酒。陈酿工艺还会使用橡木桶，不同尺寸的橡木桶同时适用于红葡萄酒和白葡萄酒，在熟成时可以赋予葡萄酒新的风味。除了橡木桶的尺寸，橡木桶的年龄、木材来源以及橡木桶的烘烤程度，都会对葡萄酒的风味产生巨大的影响。

从古罗马时代开始，人们就开始用橡木桶来储存葡萄酒了，很多优质葡萄酒都经过橡木桶的陈酿过程。在葡萄酒的世界里，橡木桶或橡木味常与高品质、可陈年的葡萄酒联系在一起。尽管橡木并不是唯一可用来制造酒桶的材料，但却是唯一具有特殊的、无可替代的、独特芳香性的材料，这种独特的橡木味对葡萄酒的风味会产生巨大的影响。不可否认，使用由橡木制成的橡木桶在葡萄酒的酿造过程中至关重要。

橡木桶的密封性能良好，易于加工，橡木桶上细微的小孔具有一定的透气性，可以提供葡萄酒微氧化的条件。微氧化可以使单宁软化，葡萄酒醇厚度增强，口感更加圆润；增进色素的稳定性；降低生青气味，使果香更浓郁；抑制硫化物的产生，降低还原味；促进酒体的成熟、提高葡萄酒的陈年潜力。葡萄酒在橡木桶中的放置过程中可以融入橡木中的众多芳香物质产生橡木香，并与单宁相互作用产生香兰素、萜烯、丁香酚和糠醛等芳香物质，增加葡萄酒香气的复杂度。

橡木大致可分为红橡木和白橡木，最常被用作葡萄酒木桶的是白橡木。美国和法国是白橡木的生产大国，所以一般又将白橡木分为美国橡木（American Oak）和法国橡木（French Oak）。制作橡木桶理想的橡木树龄应为 100～150 年。橡木被采伐后，新开出的橡木桶板材中水分高达 50%左右，所以橡木板材还需在一定的湿度环境中进行 3 年的熟化，经过长时间的干燥过程，以增加橡木的防水性，并且可以柔化橡木中单宁的涩味，之后方能用于橡木桶的加工。无论是法国还是美国，葡萄酒用橡木桶板一般都采用自然干燥，橡木风干一般需 30 个月以上的时间。在法国一般采用顺树纹走向用斧劈而获得板材的方法，这样可以为葡萄酒带来更多的单宁，避免因纤维的损伤而导致漏液，但会增加生产的成本。在美国一般采用锯刀锯板而不考虑橡木的树纹走向，可获得更多的香味，达到最大的出材率，但会损伤木质的多孔性而使部分香味流失。

橡木桶烘烤的工艺也会对葡萄酒的风味产生影响，经过烘烤的橡木桶能赋予桶中陈酿的葡萄酒类似烤面包、烤杏仁等橡木香。橡木桶按桶板和桶端的烘烤程度可分为不烤、轻度、中度或重度，一般轻度烘烤的橡木桶能产生香草的甘甜香气和微微的辛辣味，中度烘烤的橡木桶能产生坚果、摩卡咖啡和巧克力味，重度烘烤的橡木桶则产生咖啡、雪茄、熏制的香气。烘烤程度越重，橡木味越浓，对葡萄酒的风味影响越大。当然，橡木味不是越重越好，浓郁的橡木味可能会掩盖葡萄酒的花香和其他风味。因此，不同需求的葡萄酒，对橡木桶烘烤程度的要求也不同。

大多数橡木桶的容量都是在 225 L 左右，也有 1000 L、1200 L 的大桶，以及 119 L、205 L 的小桶等等，橡木桶通过木头纹理不断供给葡萄酒微量氧气，促进葡萄酒的酸化熟成。过度的酸味会削弱葡萄酒的风味，但适度的酸化能使单宁更加柔和，尤其是成分复杂的未熟成葡萄酒，适度的酸化能使味道变得饱满柔和。橡木桶对葡萄酒的氧气供给量，与其表面积成反比，即橡木桶越大，对葡萄酒的氧气供给量越小，酸化的影响越小。橡木桶越小，对葡萄酒香气和风味的影响反而越大。大橡木桶的使用不以增加橡木香气为主要目的，而是希望达到长期缓慢的酸化熟成。小橡木桶的使用，由于葡萄酒与橡木桶的接触面积越大，越能充分提取橡木桶材质的风味，增加其香气的复杂性，另外，酸化熟成也会产生饱满的口感。

由于橡木种类的不同和气候环境等差异，美国橡木桶与法国橡木桶对葡萄酒的影响各不相同。法国橡木桶制作过程繁复，能赋予酒更为细腻复杂的香气，形成更复杂的口感，单宁使酒质更加强劲，价格也比美国橡木桶要贵。美国橡木桶带给酒更多的是香草、椰子、牛奶糖般的甘甜香气，口感也较为粗犷。

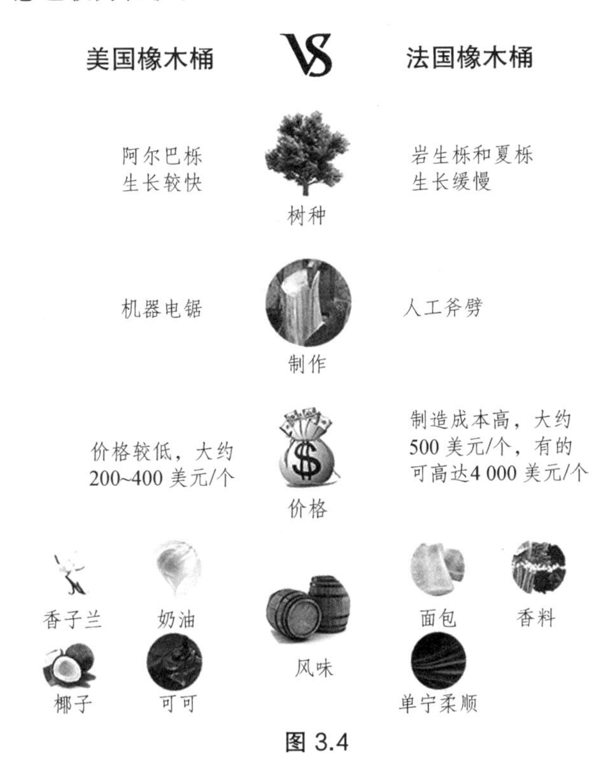

图 3.4

但应注意的是，只有新橡木桶才会给葡萄酒增添类似咖啡、烤面包等烘烤香气。就木桶的使用次数（或橡木桶的新旧程度）而言，越新的橡木桶风味越为浓郁，对葡萄酒的影响越大，越老的橡木桶对葡萄酒产生的影响就越小。例如，酒体饱满、香气充沛的霞多丽（Chardonnay）葡萄酒就非常适合使用新橡木桶来进行陈酿；而雷司令（Riesling）的酒体较为精致，如果放到新橡木桶里陈酿，它的香气和风味都会被浓郁的橡木味掩盖住。一般来说，橡木桶使用过一次后就会失去大约 85%的芳香物质，使用过两到三次的橡木桶，其所含的芳香物质几乎已荡然无存，5 年以上的旧木桶只能作为惰性容器，不能再为酒增添任何香气了，不过仍有微氧化作用。根据不同需求以及经济因素的考虑，可以选择性地使用新、旧橡木桶，或者混合使用新旧橡木桶，还可同时对旧橡木桶进行翻新。例如，澳大利亚的一些酒厂会将旧橡木桶的内壁刨去一部分，以露出新的橡木表面，利于旧橡木桶的重复使用。目前在新世界还流行通过在发酵罐中旋转一根或一组橡木条，或者使用橡木块、片或粉以及橡木香精，再结合人工微氧化技术，模拟橡木桶的陈酿效果，为葡萄酒增加橡木的香气，更加的经济便捷，但这一技术不是所有国家都允许使用。

8. 稳定与过滤设备

通常，葡萄酒经过适当时间的陈酿，需经下胶、冷冻、过滤来实现葡萄酒的澄清与稳定后，才能装瓶。下胶不需要专门的设备，在橡木桶或不锈钢桶中添加蛋清、鱼胶或皂土等下胶剂，通过胶体物质的吸附作用将葡萄酒中的颗粒悬浮物质凝聚以利于过滤澄清。冷冻处理是将葡萄酒的温度降低至酒的冰点以上 1 °C 左右并保持一定的时间，使冷不稳定的酒石酸盐等成分沉淀析出。冷冻需要专门的冷冻罐，冷冻罐除具有储酒罐的基本结构，还需要保温与搅拌装置，以实现长时间、均匀的低温冷冻效果。过滤设备则主要包括板框过滤机、硅藻土过滤机和膜过滤机。板框过滤机设备投资少，适用范围广，过滤容量在一定范围内可调，但其拆卸、安装较为繁琐；硅藻土过滤机是利用硅藻土作为媒介来过滤葡萄酒中的杂质，具有过滤周期长、效率高、浊度稳定、密封性好、结构紧凑、操作方便、易于维护和保养等特点，几乎为所有的酒厂使用。膜过滤机是利用制备在微孔承托层（支撑体）上的布满更微小孔隙的滤膜进行过滤分离的设备，具有良好的可控性、效果好、设备紧凑、占用空间小等特点，但由于其滤芯价格较高，往往作为灌装前的精滤设备使用。

9. 灌装设备

目前葡萄酒厂使用较多的为全自动成套灌装设备，主要包括洗瓶机、灌装机、打塞机、缩帽机、贴标机和装箱机，有些自动化程度高的灌装线，空瓶上线、装箱后的码垛等也可通过自动化设备完成。而在一些小的葡萄酒厂以及酒庄，由于产量较小，或者酒种、瓶型比较特殊，也可运用具备上述功能的独立设备或半自动设备完成灌装。

（1）软木塞。

目前葡萄酒瓶通常用软木塞封堵。酒塞虽小，但功能巨大，既要满足封瓶的要求，还要保证瓶内葡萄酒的呼吸，增强其陈年能力。在 18 世纪玻璃瓶被发明后，人们发现葡萄酒在玻璃瓶中比在橡木桶中具有更长的陈年潜力，还大大减少了被氧化的几率，因此更多的优质葡萄酒被装入玻璃瓶中保存，玻璃瓶-软木塞这一组合的使用也越来越广泛。软木塞是用栓皮栎（Quercus suber）的树皮加工而成，这种树皮的细胞排列规则并且中空，具有良好的弹性和复原性，被压缩至瓶内后能完全密封。由于软木塞的寿命在 30 年左右，因此可以保存年份较久的葡萄酒。

栓皮栎树，是一种柔软且富有弹性的木材，其内部有许多细孔，遇水浸泡后会变得更加松软。将这种木材切割后制成瓶塞，再通过机器将木塞压紧并送入瓶口，又利用其弹性膨胀的特点使之恢复至原状。软木塞的弹性可以让它与瓶颈亲密接触，紧紧封住瓶颈从而保护瓶内的酒不致损漏，还能适应温度的轻微变化，这样，它可以在数十年的时间里保护葡萄酒历经岁月的流转。软木内部的细孔可以让瓶内的酒液进行微氧化，利于瓶中的葡萄酒慢慢成熟，口感更加醇香圆润，从而使葡萄酒达到最完美的境界。但过于干燥时软木塞的弹力会下降，所以葡萄酒要用平放的方式保存，让软木塞与酒液保持接触保持湿度以保存葡萄酒。软木塞的使用极大地促进了葡萄酒品质的提升。现在，也有采用人工压缩的碎块软木塞来取代天然软木塞，这是由软木细粒和胶黏剂压制而成，往往用于那些需要快速喝掉的葡萄酒酒瓶的密封，但一般而言，高价位葡萄酒大多数是采用天然软木塞。

栓皮栎树播种后大约 20 年才可以进行第一次树皮采收，剥皮后可以继续生长，之后，每 9～10 年可以采收一次。栓皮栎树既不需要灌溉也不需要修剪，不需要额外添加肥料，采收后需要在树体上标注数码，以防下次错误采收。一棵栓皮栎树一生中通常可有 13～18 次有效的采收。栓皮栎树生长在地中海气候的国家，例如西班牙，葡萄牙，摩洛哥，意大利，突尼斯，法国等，葡萄牙是最大的栓皮栎树生产国家，软木的收获是需要政府来管理的。只有到了 25 年得树龄才可以进行收获。目前世界上 70%的栓皮都被制作成为葡萄酒瓶塞。栓皮栎树皮采收后经过自然晾晒、压平、清洗消毒、分割、铣切成棒状，再根据客户要求切割成一定长度的软木塞。软木塞的直径通常为 24 mm，葡萄酒瓶口内径为 18 mm，灌装封堵瓶口时，打塞机将软木塞均匀挤压至直径约 16 mm 后再推进瓶口，软木塞回弹后封住瓶口。如果打塞机挤压软木时不均匀、或酒瓶口内径不规则，则会造成漏酒。

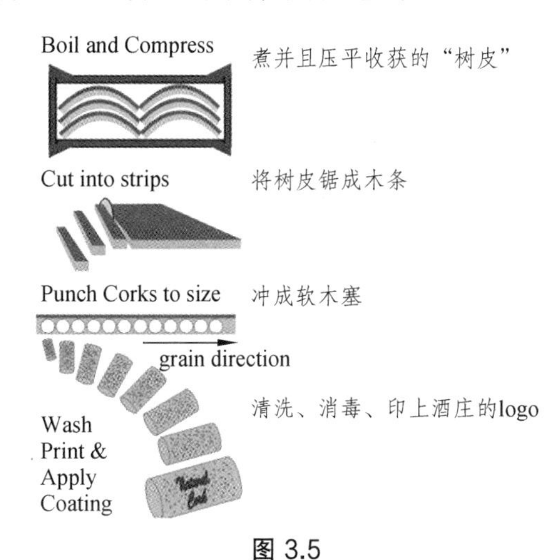

图 3.5

软木塞在潮湿环境中易为三氯茴香醚（TCA）污染，我们称为“木塞污染”。三氯茴香醚是由真菌代谢软木塞中的氯酚类化合物产生的，从而使酒带有类似湿报纸、地窖等不愉快的霉味，甚至导致葡萄酒香气殆尽。软木塞材料在田间生长受到杀菌剂、除草剂等污染，或者软木塞原料进行杀菌时使用了含氯的化学物质都会造成木塞污染。另外，酒窖由于霉变或者使用含氯的化学物质而造成酒窖的木质结构、橡木桶等污染也是造成木塞污染的原因。据报道，使用软木塞的葡萄酒中木塞污染的概率为 5%～8%，世界葡萄酒工业每年因此而造成的损失多达 10 亿美元。葡萄酒界一方面在加大对降低软木塞污染方法的研究，严格的卫生条件、规范的生产流程可以帮助软木塞大大减少 TCA 的问题；另一方面也在致力于寻找软木塞的替代产品，如高分子材料合成塞、玻璃塞以及铝制螺旋帽等在 20 世纪后期相继应用于葡萄酒的生产当中。

（2）合成塞。

合成塞一般为硅胶质地，比天然软木塞的生产成本要低，短期内特性相同，但时间会影响合成塞的弹性，合成塞在两三年后会变僵硬而失去密封性，所以合成塞适用于装瓶后尽快饮用的葡萄酒。近年来铝制螺旋帽的使用比例越来越大，据统计，全球销售的 170 亿瓶葡萄酒中有 40 亿瓶使用的是铝制螺旋帽密封，随着时间的推移，这一数字还将继续增长。使用铝制螺旋帽可以避免葡萄酒受 TCA 污染，避免“软木塞味”，葡萄酒瓶可以直立摆放，密封性极强，即使温度骤变也丝毫不受影响，也不需要专门的开瓶器，能快速、轻松地开启葡萄酒。铝制螺旋帽起初在新世界快速应用，现在法国的一些列级酒庄也已开始使用。然而也正是由于铝制螺旋帽的密封性太强了，以至于有些酿酒师认为，与软木塞相比，铝制螺旋帽在一定程度上遏止了葡萄酒的演进与成长，缺少长期熟成的有益性以及高级感。通过对比品鉴也表明，陈放 10 年以上的葡萄酒，其香气会因软木塞和铝制螺旋帽不同的封瓶方式而有所差异。由此，有些生产者提议将多孔密封垫与铝制螺旋帽搭配使用，以便更接近天然软木塞的密封效果。

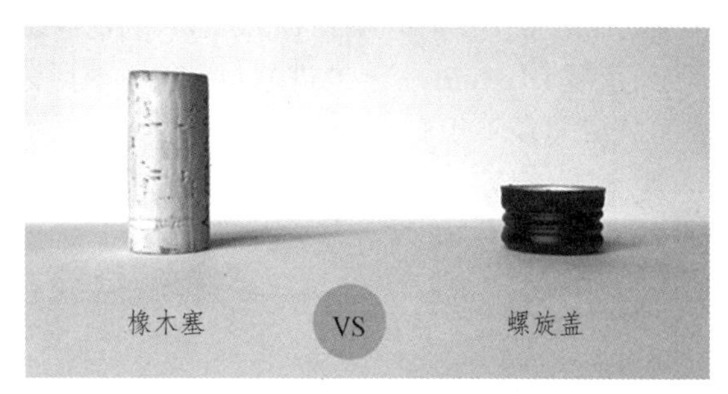

图 3.6

四、葡萄酒酿造的基本工序

葡萄酒按颜色区分可分为白葡萄酒、红葡萄酒和桃红葡萄酒，但无论是红葡萄或白葡萄所压榨出来的果汁都是没有颜色的，红葡萄酒的颜色源于红葡萄皮中的花青素，白葡萄皮不具有色素效果，所以白葡萄酒可以用白葡萄酿造，也可以用红葡萄酿造，而红葡萄酒基本使用红葡萄酿造。红葡萄酒和白葡萄酒的最大区别在于，在酿造红葡萄酒时必须带葡萄皮一起进行长时间的浸皮发酵，以最大程度的萃取葡萄果皮和葡萄籽中的色素和单宁成分从而成为有颜色的红葡萄酒。白葡萄酒在酿造时并没有连皮一起发酵，其压榨过程在发酵前进行，红葡萄酒则是在发酵后进行压榨，二者在酿造方法上略有差异。如果在红葡萄酒酿造过程中将红葡萄皮与葡萄汁提早分离，只萃取部分的色素，酒的颜色比较淡，即可成为桃红酒。各酒厂的桃红酒由于葡萄皮与葡萄汁接触的时间长短不一，颜色的深浅也不一致。

葡萄酒酿造的基本工序主要有：

葡萄采收、筛选—破碎—浸皮、发酵—压榨—熟成—澄清、过滤、装瓶

1. 葡萄采收（采摘，Harvest）、筛选（Sorting）

当葡萄达到恰当的成熟度，酿酒师决定是否采摘，采摘可分为机器采摘和人工采摘。酿酒葡萄在完美的成熟状态下，其种脐变褐、果实表皮变脆，一般大都只能手工采摘。采摘的葡萄应在最短时间内运回酒厂，因而葡萄园到酒厂的距离不能太远，很多产区甚至以法规的形式限定了葡萄园至发酵车间的距离。葡萄原料验收时应选择新鲜、成熟度好的葡萄，剔除病烂、病虫、生青果。筛选通常在分拣台上进行，采摘的葡萄放在传送带上，工人站在两侧进行人工筛选，剔除霉果、烂果、未达到成熟要求或品质不高的果粒、以及叶子、昆虫及杂

物等。分拣台通常会机械晃动，使不需要的东西从分拣台的小孔中掉落下去。然后测定葡萄的糖含量、酸含量以及 pH 等指标，根据测定结果分成不同的等级，并为后续工艺参数的确定提供依据。越是注重葡萄酒品质的酒庄筛选过程就越是严格，有的酒庄筛选甚至会丢弃 1/3 的葡萄。

2. 破碎（Crushing）

破碎是葡萄酒发酵前的必要步骤，是将葡萄皮压破以便于葡萄汁流出的过程，一般葡萄的破碎率要达到 100%。而葡萄梗中由于单宁较强劲且带有过浓的生青味，往往在破碎前会先除梗，去除的葡萄梗一般经粉碎后再撒回到葡萄园或用来制备堆肥。破碎机最好安装在酿酒主厂房之外，以易于收集葡萄梗而不污染厂房内的环境。葡萄通过除梗机除梗后会再放入破碎机进行破皮，便于葡萄汁流出，并挤出葡萄皮表面的风味物质。目前很多酒厂采用除梗破碎一体机，先将葡萄果粒与葡萄梗分离，再将分离出来的果粒落入破碎机的筛笼内，由破碎辊破碎后再落入底部的承接盘中。这种设备的优点是完整颗粒与葡萄梗分离，葡萄梗不与葡萄汁接触，防止了葡萄梗中不良成分的浸出。可以通过对除梗破碎机的选择和调节来实现所要求的破碎程度。

破碎工序的总体要求是除梗完全、破碎适中，优质的葡萄酒往往要轻微破碎，缓慢发酵。破碎时应避免压碎葡萄籽，以免加重生青味和涩味，使酒体粗糙，还不能与铁、铜等金属接触以免发生破败病，对葡萄酒品质造成影响。轻柔的破碎可以获得不少葡萄汁，这部分汁液也被称为“自流汁”，可以占到葡萄汁总量的 80%，品质通常被认为是最好的。自流汁中含有非常少量的固体物质和单宁，最优质的白葡萄酒通常只采用自流汁酿造。红葡萄酒的颜色和风味结构主要来自葡萄皮中的红色素和单宁等，所以必须经破碎让葡萄汁流出并和葡萄皮充分接触，以吸收更多的这些多酚类物质，有的酒厂为了加强葡萄酒中的单宁强度还会留下一部分的葡萄梗。

在破碎后发酵前，有时还会在葡萄汁中添加单宁及果胶酶。添加单宁主要是用于保护发酵前期浸出的色素不被氧化，但此时添加的单宁与葡萄酒中的总单宁相比，所占的比例是极其有限的。果胶酶的添加是为了促进葡萄中果胶物质的分解来提高后续压榨的出汁率和葡萄汁的澄清度。果胶酶是一种由酯酶、解聚酶、纤维酶和半纤维酶等组成的复合高效酶，可以软化果肉组织的果胶质，使之分解生成半乳糖醛酸和果胶酸，使葡萄汁黏度下降，使其中的固形物失去依托而沉降，增强澄清效果，并增大出汁率。用于酿造白葡萄酒的葡萄汁可以添加果胶酶达到澄清目的，也可利用离心机等设备用于辅助澄清，将新鲜压榨的葡萄汁存放于低温的不锈钢罐中几天，进行自然沉淀，待葡萄汁中的固体沉淀至罐底，再将葡萄汁换桶至其他容器中进行发酵。在红葡萄酒的酿造中，借助果胶酶还可以选择性地释放色素和芳香物质，更多地聚合多酚类物质，从而使色素稳定，达到理想的浸提效果。

在破碎过程中，容易存在葡萄汁的氧化问题。有些厂家在破碎过程中添加偏重亚硫酸钾溶液或亚硫酸溶液来抑制葡萄汁的氧化，但大多数厂家选择使用二氧化硫来进行保护。添加二氧化硫是葡萄酒防止氧化的有效途径，也是目前在世界葡萄酒行业中广泛使用的一种方法，世界上绝大多数的葡萄酒在酿造时都会使用二氧化硫来进行防腐和保鲜，几乎在每一个葡萄酒酒瓶上，在原料与辅料栏中，绝大多数都写着：葡萄汁、二氧化硫。在葡萄酒酿造的各个阶段，如破碎、压榨、换桶和装瓶，都有可能添加二氧化硫。

二氧化硫广泛应用于葡萄酒的各个酿造过程中。二氧化硫具有抗氧化和抗菌的作用，可以保护发酵时葡萄汁免受氧气的侵袭，避免酒液因氧化而遭到破坏；使葡萄酒在装瓶后更加稳定，防止因氧化而导致葡萄酒的老化提前；还可以终止发酵，保留剩余糖分，进而生产甜酒。二氧化硫能控制各种发酵微生物的活动，发酵微生物的种类不同，其抵抗二氧化硫的能力也不一样。细菌对二氧化硫最为敏感，在葡萄汁或葡萄酒中加入二氧化硫后，细菌首先被杀死，其次是杂酵母，葡萄酒酵母抗二氧化硫的能力则较强。所以，可以通过不同的发酵微生物来选择不同的二氧化硫加入量。在适量使用时，二氧化硫可推迟发酵触发，但在以后则会加速酵母菌的繁殖和发酵作用。通常在生产中使用二氧化硫的饱和溶液亚硫酸作为直接添加物，二氧化硫在各个国家都有具体的使用标准，严格按标准使用并不会造成消费者的健康问题。

在发酵前一般会添加适量的二氧化硫，添加量约为 40 ~ 60 mg/L。一般红葡萄酒中的二氧化硫含量比白葡萄酒和甜葡萄酒的都要低，这是因为红葡萄酒富含单宁，而单宁本身就是一种抗氧化剂和稳定剂，所以红葡萄酒需要较少的二氧化硫就能达到长期存放的目的。在红葡萄酒的酿造过程中，应在葡萄除梗破碎后泵入发酵罐时立即添加，一边装罐一边加入二氧化硫，装罐完毕后还要进行一次倒罐，使二氧化硫与葡萄汁混合均匀。不建议在破碎前或除梗破碎时对葡萄或葡萄汁进行二氧化硫处理，以免二氧化硫不能与原料混合均匀，且由于挥发和固体部分的吸附作用而导致二氧化硫的部分损失。白葡萄酒则应在取汁后立即添加二氧化硫，以保护葡萄汁在发酵前不被氧化，但在破碎后、压榨前应避免进行二氧化硫处理，防止由于二氧化硫被皮渣吸附而降低其对葡萄汁的抗氧化作用，另外，二氧化硫的溶解作用也可能会加重皮渣的浸渍而影响葡萄酒的质量。在葡萄酒的陈酿和贮藏过程中也可添加二氧化硫，添加量一般为 60 ~ 100 mg/L，由于葡萄酒中的二氧化硫含量会不断变化，必须定期测定，使葡萄酒中游离二氧化硫含量保持在一定的水平，防止葡萄酒的氧化和微生物的活动，以保持葡萄酒新鲜不变质。

过量的二氧化硫会使葡萄酒闻起来带有“烧过的火柴”的味道，在一定的条件下，还可能和葡萄酒中的氢结合形成硫化氢，在葡萄酒中产生非常难闻的“臭鸡蛋”味道，通常也称为“瓶臭”。而且过多添加二氧化硫由于其抗氧化性，会促进瓶中葡萄酒的还原，导致开瓶时带出类似卷心菜的气味，并使葡萄酒僵化，削弱葡萄酒的个性。因此，有的酿酒师开始慢慢减少二氧化硫的使用量，甚至不添加二氧化硫，但这样的葡萄酒酒体很不稳定，需要严格的保存条件，温度需低于 16 °C，要将收获后的葡萄格外小心地运往生产车间，确保葡萄颗粒没有破裂，窖藏环境必须干净卫生，并想其他办法保护葡萄酒免受氧气的侵袭。稍有不慎，发酵过程就可能会重新启动，或者是葡萄酒被迅速氧化，严重影响葡萄酒的品质。

葡萄酒的含硫量从 3 mg/L 至 300 mg/L 不等，含硫量根据不同类型的葡萄酒而有所差异，即不同类型的葡萄酒之间含硫量差别很大。葡萄酒中平均含硫量由低到高排列为：红葡萄酒<起泡酒<桃红葡萄酒<白葡萄酒<甜酒。

3. *浸皮*（Maceration）、*发酵*（Fermentation）

红葡萄酒和白葡萄酒的发酵原理是一样的，通常会加入人工酵母进行发酵，通过酵母把糖分转化成酒精、二氧化碳、热量和其他副产物。但两者的发酵工艺却大不相同，红葡萄酒是浸皮发酵，而白葡萄酒是去皮发酵。

用于酿造白葡萄酒的葡萄汁在发酵前一般需要澄清，将葡萄汁在发酵罐中静置，压榨产生的颗粒物会沉入罐底，因此白葡萄酒发酵罐罐底往往设计成锥形以便分离酒泥，分离掉压榨带来的一些果泥等固形物，以免发酵后给葡萄酒带来不良风味。澄清的葡萄汁在发酵过程中更易控制，也更有利于酵母的工作，并且澄清可以使白葡萄酒品质更加细腻。白葡萄酒的发酵虽然不用考虑果皮，但其压榨后的葡萄汁更易氧化，如何保留葡萄的品种香气，酿造干净、清爽的白葡萄酒一直是个难题，因此大多数白葡萄酒使用封闭性能较好的不锈钢罐等中性容器进行发酵，如果某个酿酒师想借橡木让葡萄酒变得更为复杂，可在发酵后使用橡木桶熟成。一些白葡萄酒如霞多丽、维欧涅等能很好的与橡木桶的香气结合，一般也是先在不锈钢罐中发酵后再在橡木桶中熟成。

红葡萄酒的酿造是在完成去梗破碎后将葡萄汁和葡萄皮一起导入发酵罐中一边浸皮一边发酵。浸皮是指将破皮后的葡萄和葡萄汁浸泡在一起，以便葡萄汁从皮里面萃取所需要的颜色、单宁以及风味物质。单宁易溶于有机溶剂，在无酒精的条件下是很难提取的，只有当发酵开始、酒精产生后才开始溶出，即单宁的溶出与发酵相比具有滞后性，因此，当发酵结束时，如果原料质量足够好，为了获得经年耐贮存的葡萄酒，还可继续带皮浸渍一段时间。

由于比重和二氧化碳的关系，在浸皮与发酵的过程中，红葡萄酒发酵桶中的葡萄皮会全部浮在葡萄汁上面，我们把上面漂浮的这层葡萄皮称为酒帽（Cap），酒帽的形成会造成萃取颜色和风味物质的困难。在浸皮过程中一定要确保酒帽保持湿润，如果酒帽变干，细菌就会在上面生长，使酒变坏。而且葡萄汁还需与酒帽充分接触，否则发酵罐中酒的颜色上面深下面浅分布不均匀。使葡萄汁和酒帽充分接触的传统工艺有踩皮和淋皮，踩皮（Pigeage）是指用手工工具或者机械将发酵罐顶部形成的紧实的酒帽温和地压松散并压入葡萄汁中的一种操作，踩皮在发酵过程中每隔一定时间就进行一次。淋皮（Remontage）是借助泵将发酵罐底部的葡萄汁抽至发酵罐上部，再将其从上面喷淋在酒帽上，也称为“打循环”。由淋皮工艺演变形成的压榨回收法在生产中的应用越来越常见，将发酵中的葡萄汁从发酵罐中引出，于是酒帽沉在罐底，然后再把葡萄汁倒回发酵罐中，于是酒帽缓慢又浮到表面，这种工艺通常每天进行一次。在现代工艺中还可以通过在发酵罐内置搅拌机来保持果皮和葡萄汁的充分接触。通过循环作用不仅可以保持葡萄汁和酒帽的充分接触，还可以混匀发酵基质，使发酵基质通风透气，降低温度，增加氧含量，提高酵母细胞活力，促进果皮中花色素、单宁等物质的浸提和溶出，并可避免二氧化硫被还原为硫化氢，有利于发酵过程的进行。

发酵在产生酒精的同时也会产生二氧化碳和热量，温度过高或者过低都会影响或中止发酵，所以发酵过程中对温度的控制十分重要。白葡萄酒的发酵温度为 15 ~ 20 °C，发酵时间较长，一般为 2 ~ 4 周。白葡萄酒往往需要较低的发酵温度，低温可保持葡萄的原有风味，保持葡萄的果香和清新，使葡萄酒的香气更加精巧细腻。高温虽然可以加快生化反应，缩短发酵过程，但其蒸发的过程会有香味物质的损失。红葡萄酒的发酵温度比白葡萄酒要略高一些，一般为 25 ~ 30 °C，如果高于 35 °C 发酵就会中止，并会产生类似煮熟的口感。通常浸皮与发酵同时进行，以最大限度的萃取出皮中的颜色和单宁。浸皮的时间会根据酿酒者想要达到的要求而定，一般为 2 周左右。

在酒精发酵即将结束或刚结束时可根据需要进行苹果酸-乳酸发酵。苹果酸-乳酸发酵也称为“二次发酵”，是提高红葡萄酒质量的必需工序，绝大多数的优质红葡萄酒都经过苹果酸-乳酸发酵，白葡萄酒则按需进行。果酸-乳酸发酵通过添加乳酸人工菌种，不但能够将酒中尖锐的苹果酸转化成为柔和的乳酸，并相应降低葡萄酒的酸度，增加其细菌稳定性，而且还会增加葡萄酒的风味和香气的复杂性，提高葡萄酒的质量。只有在果酸-乳酸发酵结束并进行适当的二氧化硫处理后红葡萄酒才具有生物稳定性。

近年来，闪蒸技术在红葡萄酒尤其是高档红葡萄酒的生产中被广泛应用。闪蒸技术于1993年由法国农业研究所首创，主要是根据物理学原理，让高温液体突然进入真空状态，体积将会迅速膨胀并汽化，同时温度将迅速降低并收集凝聚的液体。葡萄酒厂在生产中将葡萄原料去梗破碎后，对葡萄汁和葡萄皮的混合葡萄醪液进行快速热处理，使葡萄醪液迅速加热到85～91 °C，时间一般不超过4 min，然后进入气压约为－0.9 Pa的真空罐内瞬间爆破汽化，与此同时葡萄醪液的温度降低至 35～40 °C，蒸发的葡萄汁液气体通过冷却系统迅速冷凝并重新收集混入葡萄醪液中，再将葡萄醪液进一步冷却后进行浸皮与发酵。在真空罐的负气压环境中，葡萄醪液迅速冷却并急速蒸发，从而使葡萄皮组织被完全解体，单宁、色素、酚类等重要物质充分释放，为进一步酿造并获得更高品质的葡萄酒创造了良好的条件。甚至有的酿酒师认为，经闪蒸技术处理的葡萄醪液已经浸提出了足够的单宁和色素，无需再进行带皮发酵，可以将其直接压榨进行纯汁发酵。

4. 压榨（Pressing）

压榨就是将葡萄皮和渣从果汁中分离出来。一般白葡萄酒的酿造在破碎后会直接进行压榨，将葡萄汁从果肉中分离出来再进行发酵。有的酿酒师为了改善葡萄酒的味道，偶尔会把葡萄皮留在葡萄汁里短时间浸渍后进行压榨。红葡萄酒的酿造则是在发酵完成后再对果渣进行压榨分离，以获得更多的酒液。

红葡萄酒在发酵结束后即可进行葡萄酒与葡萄皮和葡萄籽的分离。在发酵罐下部通过阀门借助重力作用流出来的酒，被称为“自流酒”。自流酒的质量往往被认为是最好的，味道最醇美，香气最纯正，所以在葡萄酒界流传有“最优质的葡萄酒仅采用自流酒酿造而成”的说法。自流酒流出后，当阀门不再有酒液流出时，即可打开罐门进行除皮渣的操作。由于此时皮渣中还吸附有大量的酒液，所以必须通过压榨机的压榨来获得其中的葡萄酒，即“压榨酒”。同自流酒相比，压榨酒通常要更为浑浊，涩味也较强，但含有更多的单宁和更深的色泽，随着压榨的进行，从葡萄渣中会释放出较多的苦味。由于压榨酒中的干物质、单宁以及风味物质比自流酒中的含量高，酿酒师可对压榨酒进行评估，将压榨酒净化处理，按需要将自流酒与部分或者全部的压榨酒进行调配。

表 3.1

自流酒	压榨酒
酒精度相对高	酒精度相对低
澄清度相对好	澄清度相对差
颜色相对浅	颜色相对深
干浸出物*相对少	干浸出物相对多
香气相对复杂浓郁	香气相对弱

* 干浸出物是指葡萄酒中非挥发性物质的总和，包括游离酸及其盐、单宁、色素、果胶物质、糖、矿物质等。

5. 熟成（陈酿，Maturation）

葡萄汁在发酵完成之后就可以称为葡萄酒了，但是刚刚酿造出来的葡萄酒，无论是口感还是香气都十分的浓郁和强劲，葡萄酒酒体粗糙而酸涩，因此需要将酒倒入另一个容器中，放置一段时间，让葡萄酒进入熟成阶段。更换容器也称为换桶（Racking），可以将果渣从葡萄原酒中分离出来。在熟成阶段，经过一系列的物理、化学变化，使葡萄酒中各种风味能够互相融合，酒香继续发展，红葡萄酒的单宁变得柔和，葡萄酒更加均衡。熟成还能让葡萄酒中悬浮的杂质沉淀，色泽更加稳定，并增强葡萄酒的陈年能力。另外，优质酒在装瓶后，随着贮存时间的延长质量趋于高峰，生成各种芳香物质使葡萄酒更醇厚、香气更复杂，单宁进一步被柔化，葡萄酒更圆润，称为“瓶内陈酿”。通俗地说，熟成就是将生酒转变为熟酒。

在熟成过程中，葡萄酒的酒精、总酸以及糖分基本不会发生变化，葡萄酒发生的变化主要表现在色泽、香气以及单宁的口感等方面。单宁和花色素苷会不断发生氧化、聚合等反应，并与葡萄酒中其他化学成分进行化合。氧气会促进这些反应的进行，花色素苷单体部分会由于氧化而沉淀，还有一些会与单宁结合，这两种变化都会造成花色素苷所呈现的色泽的变化——酒由原来的鲜亮紫红色转变为红色或红棕色，这种由花色素苷与单宁的聚合体所呈现的色泽是相对稳定的。而且，原来生涩的单宁单体逐渐聚合为分子量更大的单宁聚合体，口感变得柔和而顺滑。香气变化也是熟成过程中的主要表现。葡萄浆果本身的香气为“一类香气”或“品种香气”，因葡萄品种的不同而有所变化，主要构成成分为萜烯类衍生物；在酵母菌的酒精发酵过程中会形成酒香，又称为“二类香气”或“发酵香气”，其主要构成物是高级醇和酯；在葡萄酒熟成过程中还会形成醇香，又叫“三类香气”或“熟成香气”，是葡萄酒中香味物质及其前身物质转化的结果。醇香的构成成分非常复杂，一方面为大容器中熟成时在有控制的有氧条件下形成，为陈酿醇香；另一方面是在密封的瓶内熟成时在无氧条件下还原物质产生的芳香，为还原醇香。通过不同条件下的变化，会形成一些新的香气，如林中灌木、杂草气味、动物气味等，甚至在一些适于熟成因而浓厚、结构感强的葡萄酒中有的香气只是在开瓶时才形成。它们是葡萄酒挥发性物质以外的其他成分深入的化学转化的结果，经酯化、氧化还原等作用形成的醛、醇、酯，在葡萄酒的香气构成中占有重要的地位。

熟成的时间长短和容器会严重影响葡萄酒的风格。葡萄酒的熟成通常在是橡木桶或是不锈钢的容器中进行，这要根据葡萄品种的不同和酿酒者的意愿而决定。不锈钢罐的中性材质不会削弱或增加葡萄酒的香气，通常适用于果香持久、酒体轻盈、简单清雅的白葡萄酒、桃红葡萄酒和适合立即饮用的红葡萄酒，这些无氧的不锈钢容器也适用于葡萄酒在装瓶前进行长期、大量的储存。一般来说，在不锈钢罐中熟成的时间相对短暂，清雅的葡萄酒需要熟成1～2个月，偏醇厚的葡萄酒则需要在上市前熟成1年。发酵完成后，已死的酵母菌会沉淀到发酵容器底部，形成白色粉末状沉淀，称为酒脚（Lees）。很多白葡萄酒会和酒脚一起熟成，我们称之为“带酒脚熟成”或“酒泥陈酿”，在酒精发酵结束后不进行除渣，让葡萄酒与酒脚长时间的接触，可以保证葡萄酒不被酸化、保持新鲜，还可以吸收酒脚中沉淀物的风味成分，给葡萄酒增添更多的酒体和风味，但在装瓶前要将这些沉淀物去除。在此期间，注意要进行搅桶，即把桶底沉淀的酵母残体充分搅拌，使酒脚与酒液有更多的互动，以获得更加坚实、圆润、丰腴的口感。如卢瓦尔河的密斯卡岱最为典型，会在酒标上标注“sur lie”，表示葡萄酒发酵完成后不马上进行换桶去渣等程序。另外，霞多丽、香槟也常采用此法。

葡萄酒与橡木进行充分的“交流”，特别是与新橡木桶，不仅可以增添香气和酒体，还可以使酒能够更快的成熟。除了橡木桶的尺寸外，橡木桶的年龄、森林来源和制作风格以及烘烤程度，都会对葡萄酒产生巨大的影响。根据木质及其烘烤程度的不同，橡木桶可以在葡萄酒中融入橡木中众多的芳香物质，并产生类似烤面包、烤杏仁、烤榛子、焦糖、咖啡、黑巧克力、烟熏、雪茄、橡木、椰子等橡木香和烘烤香，增加葡萄酒的香气和复杂度。橡木桶上细微的小孔具有一定的透气性，可以提供葡萄酒微氧化的条件，少量的空气会通过橡木桶慢慢渗透到桶内，一部分葡萄酒也会挥发出桶外或被橡木板吸收。这一气体交换的过程使葡萄酒的酒体发生变化，使单宁软化而更加柔和，并能促进酒体的成熟。葡萄酒在橡木桶培养熟成过程中，酿酒师要将葡萄酒酒液注满整个橡木桶，为保持原来的容量以稳定氧化的速度，还要定期“添桶”，即向橡木桶中加入已发酵的葡萄酒来防止容器中顶部空隙处的空气对葡萄酒作用，确保葡萄酒不会过度氧化。添桶所加入的葡萄酒应是同品质、同品种、同年份的葡萄酒，或者是同一品种不同年份的葡萄酒。不过，有些葡萄酒却需要在留有少部分空气的橡木桶中熟成，由于与氧气较为充分的接触，能够产生类似核桃、咖喱、果干、苦橙等独特香气。为了准确地控制橡木对葡萄酒质地的影响，酿酒师一般会选用不同年龄的橡木桶进行熟成，从新橡木桶到使用 4 次以上的旧橡木桶不等，熟成时间要持续 12 ~ 36 个月。

红葡萄酒通常会在不同尺寸的橡木桶中完成熟成过程，白葡萄酒也可以，但不是所有葡萄酒都适合使用橡木桶来进行陈酿的。一般来说，酒体越是丰富的葡萄酒越适合在橡木桶中陈酿。红葡萄酒经过橡木桶陈酿之后，香气会变得更为复杂精细，酒体饱满单宁柔和。部分白葡萄酒也可以使用橡木桶来陈酿，以获得黄油和香草的芬芳，并具有优雅的特性，如酒体饱满、香气充沛的霞多丽白葡萄酒就非常适合使用橡木桶来进行陈酿。

在葡萄酒熟成定型之后，酿酒师有时会根据需要将不同的葡萄酒进行调配。调配（Blending）就是将不同批次（可能因品种、产地、地块、前工艺、年份等而区分）的葡萄酒，根据其自身特点、目标成品要求以及各批次酒的量，按照适当的比例调制成具有独特风格的葡萄酒。调配后的葡萄酒再经熟成一年或者更长时间，使葡萄酒中各种新的风味能够互相融合，并发展出一些新的风味。

葡萄酒的调配技术是一项技术性很强的工作，是葡萄酒工艺中的重要环节。调配是为了加强或减弱原酒的某些特点，使葡萄酒的酒体更平衡、风味更丰富、经济上最优化。另外，在一定的限度内，通过调配能消除和弥补葡萄酒质量的某些缺点，在国家葡萄酒标准和法规规定的范围内，使葡萄酒的质量得到最大的提升，赋予葡萄酒新的活力。通过调配，可以增加酒的香气、改善酒的颜色、增加或者减少风味、调整葡萄酒的 pH 值、提升或降低葡萄酒的酸度和酒精含量、调整葡萄酒的甜度、调整葡萄酒中过多的橡木风味、提升或降低单宁含量的目的。但应注意的是，对于存在严重缺陷的酒是不能通过调配来修正的。

调配，首先要对不同批次的葡萄酒进行评价。评价分为理化评价、技术评价的和感官评价，其中，理化评价和技术评价是辅助，以感官评价为主要的方式。理化评价内容包括葡萄酒当前的基本理化指标，如挥发酸、总酸含量，酒精度，以及 pH 值等；技术评价内容包括葡萄生长发育过程、葡萄采收时质量状况、发酵管理技术以及每批次原酒的数量等；感官评价则不同于仪器分析，需要具有相当水平的品评人员组成品评小组，对不同批次葡萄酒进行视觉、嗅觉以及味觉等方面综合评价，然后由酿酒师最终决策。可见，酿酒师以及品评小组的感官经验、水平对于葡萄酒的调配是相当重要的。

葡萄酒的调配一般可以分为以下几种方法。

① 不同品种葡萄酒之间的调配：不同的葡萄品种具有各自的特点，调配的优势就是能够充分运用每个品种特有的天性，不同品种之间相互弥补、相互调和，使葡萄酒达到完美境界。例如，在波尔多地区，无论是红葡萄酒还是白葡萄酒都是采用多品种酿造、调配而成，而在法国南部著名的教皇新城产区高达 13 个法定品种的调配，是多品种葡萄酒的极端个例。著名的波尔多调配，就是吸取了赤霞珠、美乐、品丽珠相互之间的优点，赤霞珠在调配时赋予了葡萄酒的结构、陈酿酒香和陈年潜力，美乐带给葡萄酒的是更多的酒体和圆润的口感，品丽珠则为葡萄酒增添了辛香和优雅。法国北隆河的调配则是红白调配，将红葡萄品种西拉和白葡萄品种维欧涅相结合，西拉赋予葡萄酒以颜色、单宁和香气，维欧涅则增添了葡萄酒的芳香和柔和口感。而在澳大利亚的著名产区猎人谷，由于气候相对较为炎热，其酿出的霞多丽香气浓郁，果香丰富，但酒精度高，通过与高酸的赛美蓉调配来使酒的酸度提高，口感更为均衡。

② 同品种不同批次葡萄酒之间的调配：为了质量的稳定与统一，即使是单品种葡萄酒也可能需要进行调配。在不同葡萄园或同一葡萄园的不同地块上生长的葡萄质量可能存在差异，为了减少葡萄质量差异对葡萄酒质量的影响，酿酒师可采用"独立地块独立发酵"技术，独立发酵可以针对葡萄不同的质量特点，进行专门的发酵管理，发酵后再将这些原酒进行调配，达到质量的稳定与统一。如在法国勃艮第产区红、白葡萄酒都是采用单品种酿造。

③ 不同年份葡萄酒之间的调配：一般情况下，高档葡萄酒不采用不同年份的葡萄酒来进行调配。但是，作为极个别的特例，如法国的香槟酒、西班牙的雪利，可以采用不同年份的葡萄酒进行调配。

④ 不同产地葡萄酒之间的调配：一般情况下，不同产地的葡萄酒不进行调配，因为在欧盟原产地保护体系下，产品原料来源必须与标注产地相符。例如标注有"Appéllation Bordeaux Controlée"的葡萄酒，其葡萄原料必须 100%产于波尔多地区；标注有"Vin de Pays de France"的葡萄酒必须产于法国，当然，原料可以来自于法国不同产区；而对于标注有"Vin de Table"更为宽松，原料甚至可以是来自于不同国家。由此可见，来自于不同产地的葡萄酒只能用于调配成比其原产地低一级的产地标识葡萄酒。在法国有些葡萄酒商的经营模式中，其大量的工作就是调配。他们采购葡萄、葡萄酒，生产自己品牌的产品，为了保障质量的提升、稳定、批次间一致而进行大量的调配工作。

⑤ 不同橡木桶培养的葡萄酒之间的调配：橡木桶和葡萄一样，既存在品种间的差别，也存在产地间的差别，其个体间的差别也是显而易见的，如法国橡木、美国橡木以及匈牙利橡木之间就存在显著的差别。另外，在橡木桶内培养时间的长短，也会显著改变葡萄酒的风格。因此，需要对这些由于橡木桶因素造成的不同风格的葡萄酒进行精心调配，以出产更高质量的葡萄酒。

在对葡萄酒进行实际调配时，可能会涉及上述的多种方法。调配不是简单的原料加、减，调配工作只有"原则"，没有一成不变的"配方"。

在了解一些葡萄酒的信息时，有许多人会把"Blending"翻译为"混酿"，其实混酿与调配是不同的工艺，不能混为一谈。调配（Blending）是指把不同品种、或不同年份、或不同葡萄园、甚至不同橡木桶培养的葡萄酒调配在一起，以达到更为和谐的口感，或者是酿酒师想要的风格。混酿（Co-Fermentation）是指把不同品种的葡萄混合在一起，然后进行酒精发酵的酿造方式。可以看出，混酿是先混合葡萄再进行发酵，调配是先把各种葡萄发酵成葡萄酒然后再混合。

历史上，许多混酿酒都是采用混合栽种的方式，将不同品种的葡萄一起种植、一起采摘、一起破碎和发酵。对于混酿，最经典的例子就是在法国北卢瓦尔河谷，会在红葡萄品种西拉中混合少量的白葡萄品种来一起酿造，以浸渍出更多的颜色，得到更和谐优雅的香气和口感。在澳大利亚也有相似的混酿。如今在现代酿酒工艺中，混酿是极少用到的，因为许多酿酒师更愿意在发酵、熟成和各种处理完成之后再对葡萄酒进行调配，他们认为等待可以使他们获得更加稳定的原材料。几乎所有的葡萄酒生产者都会选择把不同葡萄园、不同葡萄品种的葡萄果实先单独发酵成单葡萄园和单葡萄品种的葡萄酒，然后再根据这些葡萄酒的特点，取长补短，互相调配，最后得到口感和谐的葡萄酒。

6. 澄清（Fining）、过滤（Filtration）、装瓶（Bottling）

葡萄酒是高度复杂的混合物，是一种富有生命力的不稳定胶体溶液。随着长时间的储存或者储存条件发生较大的变化时，葡萄酒中会发生一系列物理化学及生物化学的变化，原先溶解状态的物质就会产生结晶而析出，即沉淀，从而影响葡萄酒的澄清透明度。澄清和过滤的主要目的就是清除葡萄酒中含有的容易变性沉淀的不稳定胶体物质和影响葡萄酒感官品质的杂质，使葡萄酒获得应有的澄清度，并使其在物理化学性质上保持稳定的澄清状态，同时部分改善葡萄酒的感官品质。

酒石（酒石酸钾）沉淀是最常见的一种沉淀，葡萄酒中酒石酸钾的溶解性主要受温度、酒精含量和 pH 的影响，温度越高、酒精含量越低、pH 越接近 3.5，酒石酸钾的溶解性就越大。酒石酸钾在 pH3.2 ~ 3.5 时溶解度最高，可通过添加酒石酸氢钾、酒石酸钾、碳酸氢钾、碳酸钙来调节葡萄酒的 pH 值。另外，色素与单宁在保存过程中的氧化，也是形成沉淀的主要物质来源。葡萄酒装瓶并经过一段时间储存后，也会或多或少的出现颗粒状、粉末状或者片状的沉淀物，沉淀是一种正常现象，尤其是一些没有经过冷冻、过滤的葡萄酒，沉淀更为明显。葡萄酒瓶底部做成凹陷状，就是为了便于收集、分离这些沉淀物。

葡萄酒的澄清方法可大致分为三种：自然澄清、化学澄清和机械澄清，这三种方法是相辅相成的。自然澄清和化学澄清主要是前期和粗糙的澄清，机械澄清则是补充、加强并过滤。自然澄清是通过采用自然静置沉降的方法使葡萄酒中的悬浮物自然下沉而使葡萄酒澄清。在葡萄酒的长期储存过程中，其内部的不稳定物质不断析出并沉淀，最后达到稳定澄清的效果。但这种自然澄清的方法往往需要 2 ~ 4 年的时间，为了缩短生产周期，加速葡萄酒的澄清，可以采用人工下胶的化学澄清方法。化学澄清是通过添加蛋清、鱼胶、酪蛋白或皂土等澄清剂（下胶剂）于橡木桶或不锈钢桶中的葡萄酒中，通过胶体物质的吸附作用将葡萄酒中的颗粒悬浮物质凝聚产生沉淀，再通过机械澄清的过滤作用进行分离。化学澄清所用的澄清剂一般为亲水胶体，加入葡萄酒中与葡萄酒中的胶体物质（如单宁、蛋白质、金属复合物、某些色素以及果胶质等）发生絮凝反应，在沉淀至底部的过程中，还能吸附带相反电荷的粒子，并使粒子相互吸附以增加粒子的质量便于沉淀，从而把造成葡萄酒浑浊或者沉淀的物质去除。机械澄清是通过硅藻土过滤、板框过滤以及膜过滤等的机械设备，将葡萄酒中已有的极小的颗粒、悬浮物质和一些微生物过滤去除，使葡萄酒更加澄清、明亮，也更加稳定。如果不进行过滤，会存在细菌感染或者在装瓶后在瓶中再次发酵的风险。简单的过滤方法是把葡萄酒通过密集、湿润的硅藻土，可以去除大颗粒的物质；精细的过滤方法是把葡萄酒通过非常细密的滤膜，可以去除所有的酵母细胞、细菌，甚至有一些在陈年后能演变出新的风味和香气的有利物质。自然澄清和机械澄清是对已经存在的悬浮物质进行去除，化学澄清则是将影响葡萄酒稳定性但未沉淀出来的组分沉淀出来，再通过机械澄清过滤清除。所以，只有通过三者之间的联合作用才能使葡萄酒变得澄清透亮，化学性质稳定，微生物稳定。

由于酒石酸是葡萄酒中葡萄酒中最常见的酸，在冷藏条件下，葡萄酒中的酒石酸盐（酒石酸钾）会发生沉淀并形成结晶，像是有很多的碎片分散在葡萄酒中。这些酒石酸盐可能会沉淀到瓶底，也可能在软木塞底部形成一层结晶。虽然酒石酸盐完全无害，但酒石酸结晶一旦形成后便不会溶解，这些结晶有时会被误认为碎玻璃或者酒的品质出现问题。下胶处理可以除去不稳定的悬浮物质，但对于低温下溶解度小的酒石酸盐等成分的沉淀无法除去。酿酒师们常常使用冷稳定工艺，在葡萄酒装瓶之前对酒进行冷却，将温度迅速地降到酒的冰点以上 1 °C（不同的葡萄酒的冰点略有不同，酒精含量 11%的葡萄酒控制在-4.5 °C 左右），并保持一定的时间，使冷不稳定的酒石酸盐沉淀析出，以去除酒中的酒石酸，让酒的结构变得更加稳定。冷冻时间的长短要根据葡萄酒的质量情况而定，一般需 1 周左右的时间。冷稳定工艺几乎不会影响葡萄酒中的其他物质，但是非常耗费时间和金钱，加大生产成本。

葡萄酒的澄清或者过滤在葡萄酒生产过程中并不是必要的工序，例如下胶操作会使葡萄酒的颜色变浅，同时单宁等有效成分含量也会有一定程度的损失。因而有些酿酒师认为澄清和过滤会提高葡萄酒的成本，并可能会去除一些葡萄酒中能够演变成丰富风味和香气的重要物质，影响葡萄酒的香气和结构。有时酿酒师为了保持酒中细致的风味，并不将酒进行澄清或者过滤，但此时的葡萄酒会显得不够清澈。一般来说，精细过滤可能更适合廉价、高产量、适合饮用的葡萄酒，但是昂贵的、适合瓶中陈年的葡萄酒，通常很少或者不进行澄清和过滤。

葡萄酒酿造后，可通过放置自然澄清过滤，也可加入蛋白、鱼胶、硅藻土等物质以去除酒中看不见的悬浮物质，并通过机械澄清和过滤，使酒澄清并稳定酒质。葡萄酒在出厂前，再将酒装进玻璃瓶中，添加二氧化硫并且使用软木塞、铝制螺旋帽或者其他方式密封，准备陈酿或销售。目前，大多数葡萄酒都使用无菌灌装线来装瓶。一些葡萄酒在装瓶后的一段时间里风味会比较封闭，称为“晕瓶”，可将葡萄酒再储存一段时间以恢复，等葡萄酒的酒质稳定后再销售。

要注意的是，葡萄酒像人的生长一样，也有它的幼年期、青年期、成长期、成熟期、高峰期和衰老期，是一种随时间而不停变化的产品，这些变化包括葡萄酒的颜色、澄清度、香气、口感等。葡萄酒在正常储存的条件下其质量随着时间的推移会先升后降，并不是越老越好，只有适饮期的葡萄酒风味质量最好，应该通过对葡萄酒生命过程的变化规律及其影响因素的了解，正确进行葡萄酒的贮藏陈酿管理。

五、白葡萄酒酿造工艺

白葡萄酒采用白葡萄或红皮白肉的葡萄经压榨后去皮发酵并调配而成。白葡萄酒呈淡黄色或金黄色，其颜色会随着贮存时间的增加而越来越深，澄清透明，具有浓郁的果香，口感清爽。

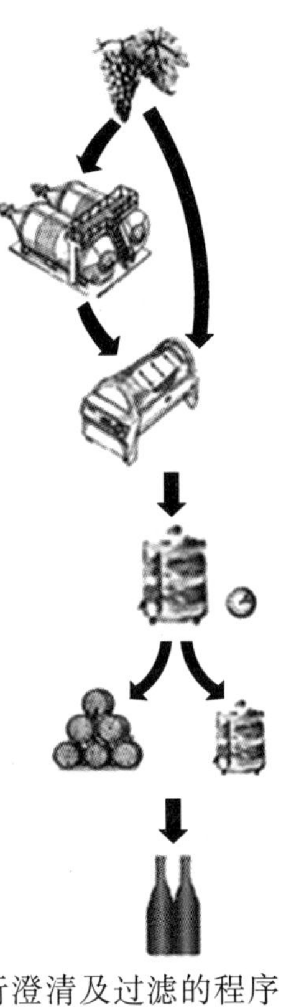

白葡萄酒酿造基本工艺流程：

葡萄采收—破碎、压榨—发酵—更换容器—熟成—澄清与装瓶。

① 葡萄采收（采摘）：葡萄原料验收时应选择新鲜、成熟度好的葡萄，剔除病烂、病虫、生青果。然后测定其糖度等指标，并根据测定结果分成不同的等级。

② 破碎、压榨：葡萄通过除梗机除梗后，会再放入破皮机将果实压破，挤出葡萄皮表面的风味物质，使酒更香。葡萄经破碎后压榨，将葡萄汁从果汁中分离出来。在发酵前应将果汁中的杂质尽量减少到最低含量，以避免葡萄汁中的杂质因参与发酵而产生不良成分，给酒带来异味。

③ 发酵：将压榨后得到的葡萄汁进入发酵罐发酵。采用低温发酵，发酵温度 15 °～20 °C，发酵时间一般在 2～4 周。白葡萄酒需要较低的发酵温度，这样会使酒的香气显的更加精巧细腻。

④ 更换容器：更换容器（换桶）是为了将果渣从葡萄原酒中分离。

⑤ 熟成：刚酿造出来的酒，无论是口感还是香气都十分的浓郁和强劲，需要一段时间使酒变的柔和。白葡萄酒的熟成可于橡木桶或不锈钢罐中进行，根据葡萄品种的不同和酿酒工艺要求而定，以提高葡萄酒的风味。

⑥ 澄清与装瓶：为了美观，或使酒结构更加稳定，通常还是会进行澄清及过滤的程序，酿酒师可依所需选择适当的澄清法并装瓶。

六、红葡萄酒酿造工艺

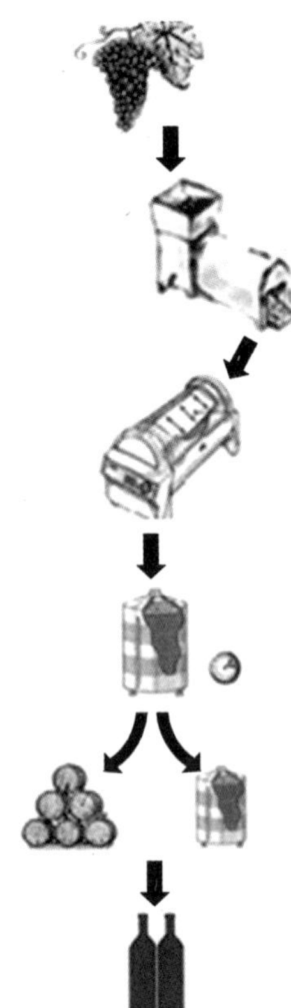

红葡萄酒必须由红葡萄来酿造，品种可以是皮红肉白的葡萄，也可以采用皮肉皆红的葡萄。红葡萄酒和白葡萄酒最大的区别在于红葡萄酒要萃取皮中的色素和单宁，酿造方法和白葡萄酒有略微差异，需要带皮浸渍发酵。葡萄酒的颜色均来自于葡萄皮中的红色素，绝不可使用人工合成色素，其颜色会随着贮存时间的增加而越来越浅。

红葡萄酒酿造基本工艺流程：

葡萄采收—破碎、去梗—浸皮与发酵—更换容器和压榨皮渣—橡木桶培养—澄清与装瓶。

① 葡萄采收（采摘）：葡萄原料验收时应选择新鲜、成熟度好的、色泽深的葡萄，剔除病烂、病虫、生青果。然后测定其糖度等指标，并根据测定结果分成不同的等级。

② 破碎、去梗：红酒的颜色和紧涩口味主要来自葡萄皮中的红色素和单宁等，所以须先破皮让葡萄汁液和皮接触释放出这些物质；去梗：葡萄梗的单宁较强劲，通常会除去，除非酒中需要额外增加单宁，才会保留果梗。

③ 浸皮与发酵：完成破皮去梗后葡萄汁和皮一起进入发酵罐，一边

发酵一边浸皮，浸渍时间从数日到数周不等。发酵完成后，发酵液中的液体部分引导至其他酒槽，此部分称为原酒（初酒）。红葡萄酒发酵的温度会比白葡萄酒略高一些，在 25 °C ~ 30 °C 之间，发酵时间一般在 2 周左右。

④ 压榨皮渣和更换容器：更换容器（换桶）是为了将果渣从葡萄原酒中分离，结束浸渍过程。

⑤ 橡木桶培养：橡木桶培养可补充红酒的香味，提供适应的氧气使酒更圆润和谐。培养时间依酒的结构、橡木桶的大小新旧而定，较涩的酒需较长的时间，通常不超过二年。

⑥ 澄清与装瓶：红酒是否清澈跟品质没有太大的关系，除非是细菌使酒浑浊。为了美观，或使酒结构更加稳定，通常还是会进行澄清及过滤的程序，酿酒师可依所需选择适当的澄清法并装瓶。

七、桃红葡萄酒酿造工艺

桃红葡萄酒多由红葡萄品种酿成，颜色介于红葡萄酒与白葡萄酒之间，常呈粉红、淡红和玫瑰红。其口感清新鲜美，易于入口，颜色靓丽。桃红葡萄酒的颜色之所以比红葡萄酒要浅，是因为其酿造过程中，葡萄皮和葡萄汁接触的时间很短，萃取的色素和单宁有限，所以一般呈现粉红等颜色。但由于酿造方法的不同，桃红葡萄酒的颜色也有深有浅。

桃红葡萄酒的酿造主要有三种方法：浸渍法、放血法和调配法。

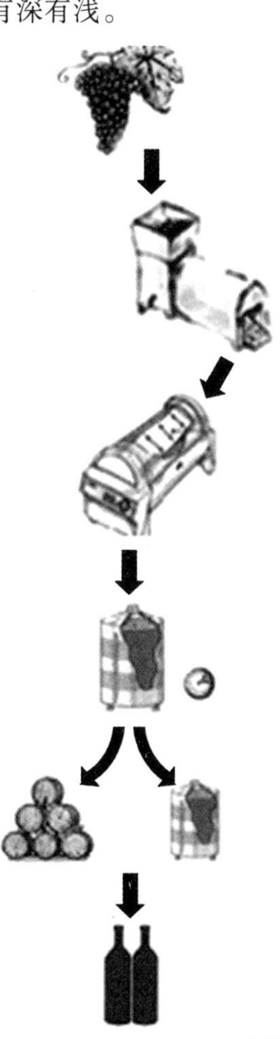

① 浸渍法：酿造过程与红葡萄酒相似，只是浸皮时间比红葡萄酒要短，让葡萄皮与葡萄汁接触 12 ~ 36 h，轻微的萃取颜色和部分单宁。

② 放血法：在酿造红葡萄酒的过程中，将葡萄浸渍 12 ~ 24 h 之后，放出一部分汁液另外进行发酵做成桃红葡萄酒，发酵时间大约持续 10 天左右。采用放血法的桃红葡萄酒萃取了更多风味物质和色素，颜色更深，酸度也更高，具有一定的陈年潜力。原发酵罐中的葡萄汁由于液体减少，和固体的比重增加，得到单宁更强、颜色更深的红葡萄酒，桃红酒倒像是红葡萄酒的副产品。

③ 调配法：此种方法最为简单，就是将红葡萄酒与白葡萄酒以特定比例混合调配。但这种方法使用较少，大多数地区是禁止的，但香槟产区可以用来酿造桃红香槟（起泡酒）。

桃红葡萄酒酿造基本工艺流程：

葡萄采收—破碎、去梗—浸皮与发酵—更换容器—熟成—澄清与装瓶

① 葡萄采收（采摘）：葡萄原料验收时应选择新鲜、成熟度好的、色泽深的葡萄，剔除病烂、病虫、生青果。然后测定其糖度等指标，并根据测定结果分成不同的等级。

② 破碎、去梗：桃红酒的颜色和口味主要来自葡萄皮中的红色素和单宁等，所以必须先破皮让葡萄汁液和皮接触释放出这些物质；去梗：葡萄梗的单宁较强劲，通常会除去。

③ 浸皮与发酵：a. 浸渍法：完成破皮去梗后葡萄汁和皮一起进入发酵罐，一边发酵一边浸皮，浸渍时间比红葡萄酒更短，一般在 12 ~ 36 h 之间，轻微萃取颜色和一部分单宁。b. 放血法：完成破皮去梗后葡萄汁和皮一起进入发酵罐，将葡萄浸渍 12 ~ 24 h 后，从发酵罐排出一部分浅色的葡萄汁用于酿造桃红葡萄酒，发酵时间大约持续 10 天左右。c. 调配法：将发酵好的红葡萄酒与白葡萄酒混合，调配出桃红葡萄酒，大多数地方禁止此种方法。但香槟产区可使用此方法生产桃红香槟。

④ 更换容器：更换容器（换桶）是为了将皮渣从葡萄原酒中分离，结束浸渍过程。

⑤ 熟成：刚酿造出来的酒，无论是口感还是香气都十分的浓郁和强劲，需要一段时间使酒变的柔和。桃红葡萄酒的熟成可于橡木桶或不锈钢罐中进行，根据葡萄品种的不同和酿酒工艺要求而定，以提高葡萄酒的风味。

⑥ 澄清与装瓶：为了美观，或使酒结构更加稳定，通常还是会进行澄清及过滤的程度，酿酒师可依所需选择适当的澄清法并装瓶。

第四章　特殊类型葡萄酒

一、香槟和起泡葡萄酒

起泡酒起源于法国的香槟地区，香槟位于法国巴黎的东北部，是法国最北部的葡萄酒产区，早期出产的葡萄酒品质比较一般。在17世纪后半叶，香槟地区奥特维耶修道院的本笃会院长唐培里侬（Dom Pérignon）在葡萄酒酿造过程中发现，未发酵完全的葡萄酒加糖装瓶后会在瓶中进行二次发酵并产生气泡，气泡密封在酒瓶中。饮用前摇晃酒瓶，二氧化碳从酒液中迅速释放，酒塞砰然弹出，美妙的气泡如同星星般闪耀。起泡葡萄酒随着这个美丽的发现就此诞生，并以其产地香槟（Champagne）命名。如今，Dom Pérignon也是香槟地区最著名的品牌之一。

起泡葡萄酒（Sparkling Wine）是指20 °C时瓶内二氧化碳压力超过0.05 MPa（0.5个大气压）的葡萄酒。当打开酒瓶时，有明显的气泡溢出，葡萄酒的香气随二氧化碳迸出，其优雅的风格、清爽的口感、馥郁的果香深受人们的喜爱，从杯中冉冉升起的细密气泡尤其令人着迷。产生气泡的数量、大小和持久性与起泡酒中蛋白质等活性物质的含量相关，这些表面活性物质能降低酒的表面张力，并使酒表面的气泡或气泡的形成稳定。气泡的丰富程度可以划分为弱、可接受的、大量的、易消失的或持久的，以气泡停留的时间长短来划分。起泡酒在装瓶前会加入部分糖以进行瓶中的二次发酵，并平衡酸度。根据起泡酒中的含糖量，一般可以分为超天然（Extra-Brut，含糖量≤6 g/L）、天然（Brut，含糖量≤12 g/L）、极干（Extra-Dry，含糖量12～17 g/L）、干型（Sec，含糖量17～32 g/L）、半甜（Demi-Sec，含糖量32～50 g/L）、甜型（Doux，含糖量≥50 g/L）等不同的甜度。

香槟产区是起泡酒的发源地，香槟也曾经是起泡葡萄酒的代名词，香槟因为严格的酿造标准拥有极高的品质，被誉为“起泡酒之王”。但由于原产地命名的原因，根据法律规定，只有在法国香槟产区、选用指定的葡萄品种、根据指定的生产方法所酿造的起泡酒，才可标注为“香槟（Champagne）”，而其他地区出产的起泡酒，只要酒中的二氧化碳压力达到标准，称为“起泡葡萄酒”，只能使用其他名称。

（一）起泡葡萄酒的酿造方法

起泡葡萄酒是二次发酵完成，根据发酵方式的不同，其酿造方法很多，其中最经典的就是用来酿造香槟酒的传统发酵法，其他的还有转移发酵法、大槽发酵法和二氧化碳注入法等。

1. 传统发酵法（Traditional Method）

传统发酵法又称瓶内法，其二次发酵是在瓶内完成，质量优，品质高，但费工力，耗时长。

这种方法也被称为“香槟法”，但只能香槟地区生产者使用“香槟法（Methode Champenoise）”的称谓，其他地区酿造者即使使用这种工艺方法也只能称为“传统法（Traditional Methode）”。

传统发酵法基本工艺流程：

一次发酵—调配—加糖加酵母—二次发酵—熟成—转瓶—除渣—补液—封瓶。

① 一次发酵：起泡葡萄酒的第一次发酵与白葡萄酒的发酵工艺几乎完全相同，用以酿造基酒。酿造起泡酒的基酒一般采用未完全成熟的葡萄酿造，糖分低，酸度高。例如在香槟产区，根据年份的不同，葡萄的潜在酒精度在 10%左右时就进行采摘。采摘时必须非常注意保持葡萄的完整，一般由人工采收。红白葡萄都适合酿造起泡酒，为了避免葡萄汁氧化及释放出红葡萄的颜色，起泡酒通常都是使用完整的葡萄串直接榨汁，压力必须非常的轻柔。在葡萄采摘和轻柔压榨后，葡萄汁开始进行发酵。通常在可控温的不锈钢发酵罐中低温缓慢进行，在凉爽地区可加糖以促进发酵。经一次发酵酿制的基酒必须口味清新、酸度高、酒精度低。

② 调配：基酒需先进行酒质的稳定并去除沉淀杂质，然后酿酒师会选用不同葡萄园、不同品种、甚至可能是不同年份的基酒进行调配。有些顶级酒庄甚至用到 60 多种不同的基酒进行调配，酿造出复杂且具有深度的起泡酒。每个酒厂都有自己的风格，酿酒师在调配不同的基酒时需十分谨慎才能形成一致的酒厂风格。

③ 加糖加酵母：起泡酒的生产原理即在基酒中额外添加糖和酵母，让其在封闭的容器中进行第二次酒精发酵，发酵过程产生的二氧化碳成为起泡酒中气泡的来源。将糖、酵母和其他能够帮助酵母把糖转化成酒精和二氧化碳的营养物质、以及有利于在后续除渣过程中去除沉淀物的媒介物质制备成发酵提液（Liqueur de Tirage），加入到调配后的基酒中后装瓶，用皇冠瓶盖密封，水平放置在酒窖中储存。

④ 二次发酵：传统法的关键特征是二次发酵在瓶中进行。二次发酵的发酵温度必须很低，约为 10 ~ 12 °C，让二次发酵缓慢地进行，其气泡和酒香才会细致。发酵过程通常需要 40 ~ 50 天甚至几个月，在发酵过程中会产生大量的二氧化碳并保留在酒中，压力约为 5 ~ 6 个大气压。

⑤ 熟成：二次发酵结束后，酵母细胞死亡并沉淀在瓶底形成酒脚，并在熟成过程中随着时间缓慢分解，这个过程称为酵母自溶。酵母在自溶的过程中能分解形成各种氨基酸，经过一系列变化，能赋予酒以烘烤等陈酿酒香，并使气泡更为持久和稳定，酒的口味更加的复杂细腻优雅。为了取得较好的起泡效果以及气泡稳定性，瓶中培养熟成需进行数月或数年，传统发酵法熟成通常需要至少 9 个月，如果要有比较明显的酵母自溶风味，则需要至少 15 个月。

⑥ 转瓶：熟成过程完成后，须将瓶中二次发酵过程中形成的酒脚等沉淀物移除。由于大部分沉淀物都粘附于瓶壁上，单凭其自身的重力作用很难去除。转瓶即是将起泡酒瓶倒立对向斜放于 A 字架上，通过转动瓶子，并在几周内缓慢地将瓶子从水平状态转到倒置的状态，使沉淀物从瓶壁上脱落并聚集到瓶颈处以便去除。以前的转瓶都是通过人工操作完成，需 4 ~ 6 周的时间，工作量大且费时，现在更多的是使用转瓶机，2 ~ 3 天即可完成，极大地加快了整个转瓶的过程。

⑦ 除渣：当酒脚等沉淀物全部到达瓶颈时就要被移除，这个过程称为除渣。传统上，将瓶子倒置后移除皇冠塞，瓶口沉淀物会在压力作用下喷出，然后迅速直立酒瓶以减少酒液的损失。为了自瓶口除去沉淀物而不影响气泡酒，这种手工除渣的方法要求动作必须非常快速

熟练。在操作中，常将聚集沉淀的瓶颈倒浸入-30 °C 的冰盐水或液氨等低温液体中迅速冷却，让瓶颈的液体和沉淀物质冻结成冰块，然后再开瓶利用瓶中的压力将冰块喷出，从而得到干净无杂质的酒液。

⑧ 补液：又称添瓶。除渣过程会流失部分酒液，需要向瓶中补充一些基酒，同时还要依不同甜度起泡酒的要求加入不同份量的糖浆。

⑨ 封瓶：补液后应立即用蘑菇塞进行封瓶，并用金属线圈固定。传统蘑菇状的橡木塞一部分是栓皮屑粘合而成，底部和酒接触的部分则由天然的橡木塞片制成，目的在于能承受瓶中汽泡的压力。

2. 转移发酵法（Transfer Method）

转移发酵法由德国人于 20 世纪 30 年代在传统发酵法的基础上改进而成，这两种方法基本上相同，只是转移法不再单独对每瓶酒进行转瓶和除渣。当酒熟成后，把瓶中的酒全部转移到一个有压力的、密封的巨大不锈钢罐中统一进行过滤除渣，再将除渣后的酒灌装到瓶中、封瓶。转移发酵法酿造的起泡酒会流失掉部分酒在熟成过程中产生的细腻香气，比较难以产生细致的气泡，但是节省了时间和成本，减少酒及二氧化碳的损失，且酒质一致，稳定性好，最终酿造的起泡酒仍带有酵母自溶的独特风味。

3. 大槽发酵法（Tank Method）

大槽发酵法也称为查尔曼法（Charmat），早先为意大利人发明，后来法国人查尔曼对此方法进行了改进，是一种独特的起泡酒酿造方法。大槽法的二次发酵是在严格控温、密封的高压不锈钢罐中进行，发酵完成过滤后在有压力的条件下立即进行装瓶，不会延长在酒脚上熟成的时间。这个方法自动化程度高，易于控制，酵母的作用仅仅是产生二氧化碳，并不会像传统法那样为酒增添太多酵母自溶的香气。起泡酒的最终风格取决于品种香气，较低的二次发酵温度可以较好地保留水果香气，香气清新细腻，通常适用于芳香品种，可以酿造出酒质中等、充满清新果香的起泡酒。

4. CO_2 注入法（Carbonation Method）

这种方法就是直接向基酒中注入二氧化碳。产生的气泡并未真正融入葡萄酒中，气泡很大，倒酒时会有气泡大量涌出，但不能持久，很快消失。是最快、最廉价的起泡酒生产的方法，只用于制作一些低端起泡酒。

（二）香槟（Champagne）

香槟属于一种特殊的起泡酒，它的名字是受到法国法律保护的，只有在法国香槟产区、选用指定的葡萄品种、根据指定的生产方法所酿造的起泡酒，才可标注为“香槟（Champagne）”。目前，香槟原产地保护制度已经得到了大多数国家的认同，它是一项知识产权保护制度，同时也是国家优特产品质量信誉保证制度。香槟酒的酿造采用香槟法，这也是起泡酒酿造方法中最昂贵、品质最高的方法，酿制得到的香槟酒具有细致多变的风格，有着复杂的香气和口感，被认为是全球起泡酒的典范。在 2015 年 7 月，香槟产区的山坡葡萄园、酒庄和酒窖正式列入联合国教科文组织世界遗产名录。

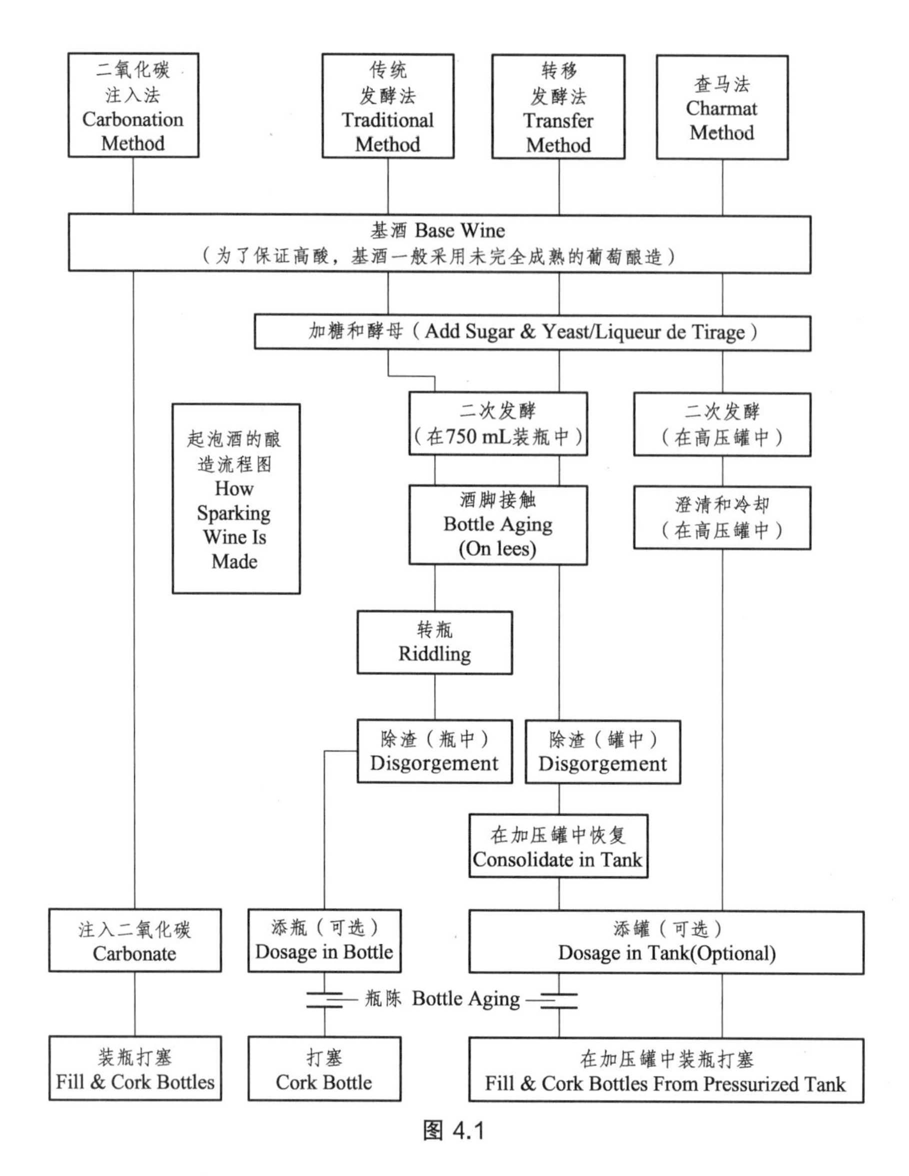

图 4.1

1. 气候与地理环境

香槟产区位于法国巴黎的东北部，几乎是欧洲最北部的葡萄园，为温带海洋和大陆性交汇型气候，气候寒冷，年降水量少。葡萄园多建立在该地区最温暖的地带，土壤是富含碳酸钙的白垩质土壤，反射并吸收着微弱的阳光，还可以很好地保留水分。寒冷的气候使得葡萄的成熟略显缓慢，葡萄难以达到完美的成熟，但却赋予了香槟酒别样风味，整体风格是清爽高酸且酒精含量低，同时保留有细致的香气。香槟的独特与卓越得益于香槟产区优越的地理环境，只有含有丰富的矿物质的土壤与适中的雨量，适宜的温度，充足的阳光，恒定的湿度及清新的水质相结合，才能生长出酿制香槟的葡萄。

2. 主要葡萄品种

香槟酒的酿造主要使用三个葡萄品种：霞多丽（Chardonnay）、黑皮诺（Pinot Noir）、皮诺莫尼耶（Pinot Meunier），大多数香槟都由这三种葡萄混酿而成，也可进行不同年份的调配。

其他还有灰皮诺（Pinot Gris）、白皮诺（Piont Blanc）、小美夜（Petit Meslier）和阿尔班（Arbane）四个葡萄品种虽被允许但很少使用。

① 白中白香槟（Blanc de Blancs）：白中白香槟简单来说就是只使用“白色”葡萄品种酿造的“白色”香槟酒，可以是单一白色葡萄品种，也可以是几种白葡萄品种混酿。在香槟产区一般指只使用白葡萄霞多丽酿造，非常珍贵。白中白香槟通常具有清瘦的口感，轻酒体，优雅而复杂，拥有非常强的陈年潜力。

② 黑中百香槟（Blanc de Noirs）：黑中百香槟是指只使用“黑色”葡萄酿造的“白色”香槟酒，在香槟产区一般指只使用红葡萄酿造，如黑皮诺或皮诺莫尼耶。黑中白香槟通常具有金黄色泽，带有特有的成熟苹果、香料以及陈年后带来的灌木丛气息，但因为缺少霞多丽的支撑，陈年能力往往稍弱于白中白香槟。

③ 桃红香槟（Rose Champagne）：为粉红色的香槟酒，通常由红白葡萄基酒调配而成。在香槟产区一般将霞多丽与黑皮诺和皮诺莫尼耶进行调配，不仅色泽粉红浪漫，口感往往带有明显的结构和单宁感。

3. 无年份香槟（Non-Vintage）和年份香槟（Vintage）

每个生产商出产的香槟都有其独特的风格并致力于保持风格和口感的一致性，但由于香槟产区地理的特殊性，整体气候不太稳定，葡萄每年的成熟度会有所不同，酿造出来的葡萄酒品质不一。为了规避天气等因素带来的影响，生产商在酿造时往往会将不同年份、不同品种的基酒进行调配，并在酒标上标注“NV”。无年份香槟每年都会稳定出产，可以保持香槟的一致性和稳定性，同时也体现了生产商的整体风格。法规要求，无年份香槟要在瓶中熟成至少 15 个月以上，其中至少有 12 个月与酒脚接触。

如果遇到特别好的年份时，生产商会全部使用当年收获的葡萄来酿造香槟酒，称为年份香槟，酒标上会标注采摘年份。年份好，也就意味着葡萄品质好；葡萄品质好，出产的年份香槟品质往往也较高。年份香槟会有自己独特的风味，而风格则受具体年份影响较大，每年的风味会有所不同。年份香槟只有在极其优异的年份才会酿造，酿酒葡萄来源年份必须是酒标上所标示的年份，并且受到严格的控制和管理。年份香槟要求至少在酒脚上熟成 36 个月以上，比无年份香槟通常具有更明显的酵母自溶特色。许多杰出香槟酒的生产商通常都会在香槟酒出厂之前长时间窖藏，有的甚至长达 8 ~ 10 年以上，以获得陈年的复杂风味。年份香槟的法规中并没有明确要求这个年份必须经过官方机构的认可，生产商可以自行决定是否在某一年出产年份香槟，但人们一般认为由官方认可的年份香槟会更有说服力。

总的来讲，年份香槟相对于无年份香槟，酒体更厚重，果香更浓郁，通常会因为更长的熟成时间，使酒中出现更复杂的烤面包以及饼干的香气。无年份香槟体现了酒厂的一贯风格，而年份香槟除了体现品牌特色外，更多的呈现出这个年份的气候风土特色。

（三）其他著名起泡酒

1. 法国克雷芒（Crémant）

法国除香槟地区之外的其他地区利用传统发酵法酿造的起泡酒都称为克雷芒（Crémant）。法国有 7 个不同地区的克雷芒产区：阿尔萨斯克雷芒（Crémant de Alsace）、波尔多克雷芒

（Crémant de Bordeaux）、勃艮第克雷芒（Crémant de Bourgogne）、迪科克雷芒（Crémant de Die）、汝拉克雷芒（Crémant de Jura）、利穆克雷芒（Crémant de Limoux）和卢瓦尔河克雷芒（Crémant de Loire）。克雷芒所用的葡萄品种也常与香槟的有所不同，一般采用本产区生产的葡萄。根据法国葡萄酒法，酿造克雷芒的葡萄必须采用手工采摘，并且葡萄的产量不能超过当地 AOC 酿造静止葡萄酒的限产标准，克雷芒酿制之后必须经过最少一年的熟成。各产区的克雷芒各具特色，如阿尔萨斯克雷芒果味浓郁，采用白诗南酿造的卢瓦尔河克雷芒口味清新、酸度高，有绿色水果和柑橘的味道，但酒的复杂程度很难和香槟相提并论。

2. 西班牙卡瓦（Cava）

卡瓦（Cava）是西班牙使用与法国香槟同样的传统发酵法酿造的起泡酒，主要是采用西班牙本地葡萄品种马卡贝奥（Macabeo）、帕雷亚达（Parellada）和沙雷洛（Xarel-lo）等酿造。近些年来，为了增加卡瓦的酸度和赋予酒体很好的结构，酿酒师们有时也会采用霞多丽和黑皮诺。在西班牙最著名的卡瓦产自加泰罗尼亚（Catalonia），这个地区一度被称为西班牙的香槟产区。卡瓦可分为白卡瓦和桃红卡瓦，桃红卡瓦的基酒主要采用歌海娜酿造。西班牙卡瓦多数是干型，酒体轻淡，结构细腻，中高酸度，通常带有青苹果、柠檬、坚果、烟熏的风味，气泡细腻持久。

3. 意大利普罗塞克（Prosecco）和阿斯蒂（Asti）

意大利最著名的起泡酒是普罗塞克（Prosecco），产自意大利东北部威尼托大区凉爽的丘陵地带，由当地特有的普罗塞克葡萄采用大槽发酵法酿制而成。意大利葡萄酒官方组织从 2009 年起开始采取措施保护其出口，将普罗塞克的酿酒葡萄名改为普罗塞克的别名——歌蕾拉（Glera），同时规定，只有意大利东北部的普罗塞克小镇出产的起泡酒才可以叫做普罗塞克。普罗塞克起泡酒的特点是汽泡比较大，能给口腔带来强烈的刺激感，有着苹果、桃子和梨的清新果香味以及香甜的气息，口感新鲜脆爽，可分高泡和微泡两种类型。相对于香槟来说，普洛赛克的结构更简单，酒精度更低，且价格更为便宜。

阿斯蒂（Asti）是意大利生产的另外一种起泡酒，出产于意大利西北部的皮埃蒙特产区，其酿造采用改良的大槽发酵法，只经一次发酵，在发酵后期密封以获得足够的碳酸饱和度，再通过冷却过滤的方式终止发酵，装瓶并马上进行销售。这种方法成本较低，上市时间快，有效的促进了阿斯蒂起泡酒的发展与繁荣。根据意大利葡萄酒法律规定，所有的阿斯蒂起泡酒必须由 100%的白莫斯卡托（Moscato Bianco，小粒白麝香）酿制而成。阿斯蒂起泡酒带有典型的白莫斯卡托葡萄的风味特点，花香果香馥郁，有着桃子、玫瑰和葡萄的风味，带有甜味，酸度较高，与酒中的甜味互相支撑，酒精度不高，通常在 7%～9.5%左右。该产区的起泡酒有两种风格，标注阿斯蒂（Asti）的起泡酒通常酒精度较高，而且高泡；而标注阿斯蒂-莫斯卡托（Moscato d'Asti）的起泡酒只有轻微的汽泡，酒精度较低，更甜一点。

4. 德国塞克特（Sekt）

起泡酒在德国和匈牙利被称为塞克特（Sekt）。在德国，绝大多数的塞克特采用大槽发酵法进行二次发酵，少数一些顶级酒庄会使用和酿造香槟一样的传统法酿制起泡酒。塞克特对葡萄的品种没有严格限制，通常是由雷司令、白皮诺、灰皮诺以及黑皮诺共同酿造。若酒标上只标注“塞克特（Sekt）”，其酿制所采用的葡萄可以来自欧盟国家内的任何一个产区；若标注为“德国塞克特（Deutscher Sekt）”，则表明完全采用德国当地的原产葡萄酿制而成。塞克特起泡酒酒体适中，口感通常为干型，带有明显的花香和果香。

二、甜葡萄酒（Sweet Wine）

甜葡萄酒（Sweet Wine）指通过特殊采收或酿造方法获得的含糖量在 45 g/L 以上的葡萄酒，而且这部分糖必须是来自葡萄果实。甜葡萄酒对于葡萄的质量、酿酒工艺有着相当高的要求，具有甘甜、醇厚、舒适、爽顺的口感，并且含有一定的酒精，果香和酒香和谐，被喻为“液体黄金”。

甜葡萄酒的生产会使用不同的方法来提高葡萄酒的甜度。常用方法就是使用比较成熟、含糖量高的葡萄，这样在正常发酵完成后还能在葡萄酒中残留较高的糖分。一般可通过迟摘、晾干、贵腐霉、冰冻葡萄等方法来浓缩葡萄中的糖分。例如，将成熟的葡萄在藤蔓上保留一段时间再进行采收，或将葡萄晾晒，葡萄的糖分会随着时间而浓缩；或者让葡萄感染贵腐霉菌，让水分蒸发、果肉干缩；也可将葡萄留到冬天，使葡萄果粒中的水分结冰后再进行采摘，达到浓缩糖分的目的。另外，可以采用中止发酵的方法，在葡萄酒发酵过程中使用人工方法使发酵中止，让糖分未完全转化成酒精从而保留在葡萄酒中。还有一个让葡萄酒变甜的最直接方式，就是在发酵好的葡萄酒中加入未发酵的浓缩甜葡萄汁，以增加甜度，得到香甜可口、低酒精度的甜酒，这个方法主要是用来生产廉价甜酒。如酥蕊渍（Süssreserve）是一种常见的酿造德国便宜甜酒的方法，将未发酵的甜葡萄汁加入白葡萄酒中，就得到了酥蕊渍甜白葡萄酒，这种葡萄酒口感清甜，带着清新的果香，酒精度低，适合初尝葡萄酒的人饮用。

根据葡萄的采收方式与葡萄酒酿造技术的不同，甜葡萄酒主要有以下几个类型。

1. 迟摘甜葡萄酒（Late Harvest）

在葡萄正常成熟后，将葡萄的采收期推迟，经过一段时间之后，果实进一步积累糖分，同时一定程度的失水也会使葡萄的含糖量进一步提高。而且由于葡萄过熟，除了正常的品种香气外，还会形成如熟透的哈密瓜、果酱、桃脯等特殊的香气，然后再进行采收和酿造。这种方法能酿造出正常酒精度的葡萄酒，酒标上通常会标注“晚收”或“迟摘”（Late Harvest/Vendange Tartive）。在德国、法国的卢瓦尔河谷和阿尔萨斯等产区常将雷司令、琼瑶浆、麝香葡萄等通过推迟采摘来酿制甜葡萄酒，香气浓郁，酸甜适口。

2. 葡萄干甜葡萄酒（Dried Grape Wines）

葡萄干甜葡萄酒是将正常收获期采收的葡萄晾干或风干，使葡萄中的部分水分蒸发、糖分浓缩，然后再加以酿制。意大利是葡萄干甜葡萄酒的发源地，意大利北部的威尼托出产以风干葡萄酿成的著名甜酒索阿维雷西欧（Recioto di Soave）。通过采摘成熟葡萄，放在麦秆上或悬挂在通风的房间里面风干，然后再进行酿酒，这种葡萄干酿制的葡萄酒也被称为“圣酒（Vin Santo）”。法国汝拉产区的稻草酒（Vin de Paille）是将成串采收的葡萄置于用稻草或芦苇铺成的席子上，以日晒的方式使葡萄风干，之后再用来酿造的甜酒。由于葡萄几乎完全被风干，产量极低。

3. 贵腐甜葡萄酒（Botrytised Sweet Wines）

葡萄果实表面具有一层天然的蜡粉层，保护果实免受病害侵扰。在葡萄成熟过程中，蜡粉层会逐渐变薄，内部糖分升高，易为贵腐霉（灰霉菌）侵染。一般情况下会导致葡萄果实腐烂，但在特殊的地区、特殊的气候条件下却能有意外之喜。在法国波尔多南部的苏玳、巴萨克产区，夜晚河谷内的雾气弥漫，潮湿的空气让种植于河谷的赛美蓉葡萄皮变得湿软、薄弱，容易滋生贵腐霉菌，细长的菌丝能蚀穿葡萄果皮，让葡萄皮表面形成千百万个小孔。午后太阳升起，葡萄里面的水分顺着小孔蒸发出来，果肉干缩浓缩成金黄色，糖分和香气都无比的浓郁，还带有馥郁甜美的蜂蜜、杏干、桃脯、柑橘酱的贵腐香气。德国的雷司令也能酿造出非常出彩的贵腐酒。托卡伊贵腐酒则主要由富尔民特、哈斯莱威路和萨格穆斯克塔伊三种葡萄品种混酿而成。法国的苏玳甜酒、德国的逐粒精选葡萄酒（BA）和贵腐颗粒精选葡萄酒（TBA）、匈牙利托卡伊贵腐甜白葡萄酒并列为世界著名三大贵腐酒，使用感染贵腐霉、糖分高度浓缩的葡萄酿造。

4. 冰酒（Ice Wine）

冰酒，顾名思义，是用冰葡萄酿制出的葡萄酒，英语称为“Icewine”，德语称为“Eiswein”。酿造冰酒对环境自然条件的要求苛刻，葡萄 10 月成熟后需原封不动地留在葡萄树上至次年的 1 月左右，当温度在-8 °C 时于凌晨手工采摘、压榨。冰酒的采收、运输、压榨等环节都需在 −8 °C 下完成，由于这时葡萄中的大部分水分冻成固体冰晶，而糖分等风味物质仍然为液态，在该温度下，只有最浓甜的葡萄汁才能被压榨出来。冰酒的产量仅是普通葡萄酒的十分之一，而且这种自然条件不是每年都有的，因而十分珍贵。冰酒的发酵时间很长，一般需要 1 ~ 3 个月，有些冰酒会在橡木桶中进行熟成。冰酒的糖分、酸度的浓度高，酸甜和谐，香气清新。世界上生产冰酒最著名的国家是德国、加拿大，奥地利也有部分冰酒的出产。

5. 加强甜葡萄酒（Fortified Sweet Wine）

葡萄酒的发酵是利用酵母菌将葡萄浆果中的糖分解为酒精、二氧化碳和一些副产物。在发酵过程的中途，可以使用人工方法如降低温度、加入二氧化硫或酒精杀死酵母来中止发酵，让糖分未完全转化成酒精从而保留在葡萄酒中，以提高葡萄酒的甜度。在法国南部隆河谷的南部地区，气候干燥，果实糖分含量高，酸度充足，利用添加酒精来中止发酵，保留适宜的糖分，可获得酒精度 15%以上、含糖量超过 50 g/L 的甜葡萄酒，这种葡萄酒也称为“天然甜葡萄酒”。葡萄牙的波特酒（Port）就是通过向发酵中的葡萄酒中添加白兰地来中止发酵，使酒中残余未经发酵的糖分，从而得到加强甜葡萄酒。

三、加强型葡萄酒（Fortified Wine）

加强型葡萄酒（Fortified Wine）是指在酿造过程中加入了白兰地或其他中性烈酒进行酒精强化而酿制得到的葡萄酒，酒精度一般为 15% ~ 22%。加强型葡萄酒既可以是甜型的，也可以是干型的。如果在酒精发酵完成之前加入酒精，最终得到的加强酒就会偏甜型。若是在酒精发酵完成之后添加酒精，最终得到的葡萄酒就是干型的。

加强酒的酿造常见方法有波特法和雪利法，它们的不同在于添加酒精的时机以及添加后产生的影响。波特法是在发酵的过程中添加酒精，酵母只把部分糖分转化成了酒精，剩余的糖分被留在了酒中，得到加强甜葡萄酒。雪利法则是在发酵结束后添加酒精，酵母代谢完糖分得到干型葡萄酒，添加的酒精还可以在葡萄酒熟成时保持酒的稳定性。

1. 雪利酒（Sherry）

雪利酒（Sherry）素有“西班牙国酒”的美誉，被莎士比亚比喻为“装在瓶子里的西班牙阳光”。雪利酒源于西班牙南部海岸的赫雷斯（Jerez），这里是西班牙最炎热的地区，典型的地中海气候，土壤为富含石灰质的白垩土，适于白葡萄品种帕洛米诺（Palomino）、帕德罗-西门内（Pedro Ximenez，PX 葡萄）、亚历山大麝香（Muscat of Alexandria）的生长。其中，帕洛米诺葡萄是酿造雪利酒的主要原料，PX 葡萄和亚历山大麝香通常会在干草席上晾晒浓缩主要用来酿造甜型雪利酒。雪利酒主要分为酒体轻盈的干型菲诺（Fino）和酒体较为饱满、香气更为馥郁的欧罗索（Oloroso），在装瓶前都是在“雪利三角”圣玛利亚港、赫雷斯和桑卢卡尔—德巴拉梅德进行酿造和熟成的。

95%的雪利酒都是用帕洛米诺酿造的。将薄皮的帕洛米诺手工采摘、压榨，然后采用标准的白葡萄酒酿造工艺放置于新橡木桶内发酵成干型基酒。在发酵过程中酵母开始形成时，基酒可分为“开花”和“不开花”两种情况。所谓“花”是指在发酵过程中福洛酵母（Flor）在葡萄酒表面形成的一层白膜。福洛酵母是由数个不同的酵母菌株组成，在发酵过程中会形成一层白色的薄膜浮在葡萄酒表面，熟成时给葡萄酒带来微妙的风味。酿酒师将通过观察和品尝对发酵完成的基酒进行分类，分为酒体轻盈的干型菲诺（Fino）和酒体较为饱满、香气更为馥郁的欧罗索（Oloroso）。

①菲诺（Fino）：“开花”的基酒其表面成生了白色福洛酵母白膜，酒体轻巧清淡，这部分基酒将用于酿造菲诺雪利酒。加入白兰地将酒精度提升到 15%，恰恰适合福洛酵母生存而把其他微生物都杀死。在熟成过程中，福洛酵母厚厚的覆盖在葡萄酒表面形成保护层，以防止葡萄酒氧化，同时赋予独特的苹果香气和新鲜杏仁味道。菲诺雪利酒呈浅稻草黄色，中轻酒体，酒精含量为 15%，干型，冷藏后开瓶立即饮用。

②欧罗索（Oloroso）：未开花或开花很少的基酒，酒体饱满、结构感强，将用于酿造欧罗索雪利酒。加入白兰地将酒精度提升到 18%以上，更高的酒精度抑制包括酵母在内的所有微生物的生长。没有福洛酵母白膜的覆盖，葡萄酒在氧气的直接接触下缓慢熟成，彻底被氧化，呈现出特有的浓郁干果、香料和坚果的氧化香气。欧罗索雪利酒颜色呈深褐色，酒精含量 18%～20%，重酒体，口感丰富、复杂，适合在 12～15 °C 饮用。

雪利酒的橡木熟成系统非常特别，是将不同年份的雪利酒进行混合，本质上是个葡萄酒的混酿系统，称为“索乐拉系统（Solera）”。雪利酒的索乐拉系统是动态熟成系统，由多层橡木酒桶组成，每层酒桶装的酒液的陈年时间不同。最底层的酒桶里装的是最老的酒液（索乐拉层 Solera），上面的桶内装的是年份小一点的酒液，为培养层（Criadera），以此类推，距离底层越远酒龄就越少[第一培养层（1st Criadera）、第二培养层（2nd Criadera）……]，用来装瓶销售的雪利酒都是来自底层的陈年时间最久的索乐拉层。取最底层索乐拉层 1/3 的酒液装瓶，再由第二层每个酒桶内的葡萄酒重新加满，第二层的酒桶由第三层的每个酒桶内的葡萄酒重新加满，以此类推，刚酿好的最新年份酒则添入最上层酒桶。法律规定，每年从一个索莱拉系统抽取的雪利酒量不能超过 1/3，所有的雪利酒必须陈酿至少 3 年以上。索乐拉系统独特的培养方式，通过混合保持了雪利酒质量和风格的一致性。

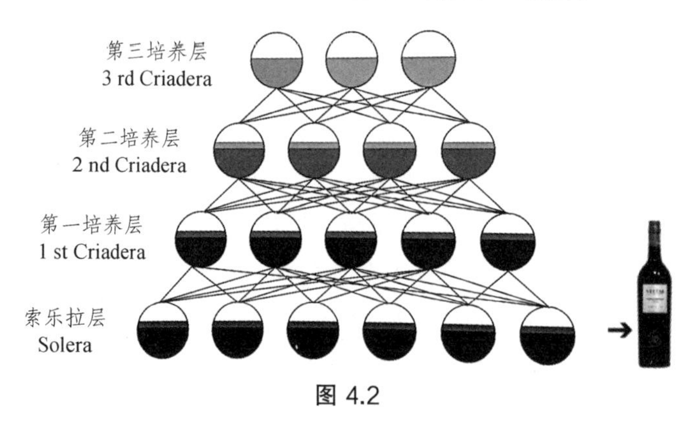

图 4.2

2. 波特酒（Port）

波特酒（Port）产自于葡萄牙北部的杜罗河流域，素有“葡萄牙国酒”之称。波特酒的发酵时间较短，一般为 3～4 天，当酒精度数达到 10%左右时，通过向发酵汁中添加白兰地以杀死酵母而中止发酵，因此酒液中既含有大量的糖分，又有很高的酒精度，其酒精度达 16%~20%，是一种酒精强化的加强甜红葡萄酒。

波特酒的酿酒葡萄大多是葡萄牙的本土葡萄品种，以红葡萄品种国产多瑞加（Touriga Nacional）最为有名，另外还包括卡奥红、巴罗卡红、多瑞加弗兰卡和罗丽红等，酿造的波特酒颜色深黑，单宁强劲。波特酒在混合或装瓶之前，一般要在大型的橡木桶中进行长时间的陈酿，用来更多地吸收橡木的醇香和更好的熟化，往往带有樱桃、黑莓和黑醋栗等水果香气和浓郁的焦糖、巧克力和蜂蜜风味。

波特酒的风格多种多样，较常见的有红宝石波特酒、茶色波特酒、年份波特酒、晚装瓶年份波特酒，另外还有白波特酒和桃红波特酒，但比较少见。

① 红宝石波特酒（Ruby Port）：红宝石波特酒是波特酒中最年轻的一种，发酵后不经橡木桶陈酿或在大橡木桶中熟成时间不长，通常低于 3 年。颜色呈宝石红色，可以由多个年份的葡萄酒调配而成，带有风味简单、果味浓郁的特征，廉价而风格多样，适合在装瓶后尽快饮用。

② 茶色波特酒（Tawny Port）：茶色波特酒由不同年份的葡萄酒调配而成，在橡木桶中熟成，熟成的时间由 2 年到 50 年不等，颜色呈棕黄色，开瓶后可立即饮用。大多廉价的茶色波特是由宝石红波特酒和白波特酒调配制成，最好的茶色波特酒是带有年龄标志的茶色波特酒，一般选用高品质的葡萄酿造，并在橡木桶中熟成多年。长时间的陈年导致葡萄酒的颜色变为褐色，粗糙的单宁也变得柔和。酒标上常会标注 10 年、20 年、30 年或 40 年，代表用于调配的葡萄酒的平均陈年时间。

③ 年份波特酒（Vintage Port）：年份波特酒选用特别优异的、单一年份的葡萄酿造而成，是品质最高的波特酒。年份波特酒装瓶前陈年时间比较短，在橡木桶中培养 2 年后直接装瓶，年轻时颜色深、单宁高，但具有极强的陈年潜力，通常需要在瓶中熟成 15 年以上，发展出更加复杂的风味，呈深宝石红色，高单宁、高酸，香气复杂，口感厚实丰满。由于年份波特酒装瓶前未经过滤，瓶中会有很多沉淀物，在饮用前必须进行换瓶。

④ 晚装瓶年份波特酒（LBV Port）：晚装瓶年份波特酒也是使用单一年份的葡萄酿造，但是装瓶比年份波特晚，需在木桶中陈酿 4 ~ 6 年，去除沉淀后装瓶上市，可以很快饮用。呈较深的宝石红色，带有浓郁的红色水果和黑色水果的香气，有时也略带香料味。其品质比年份波特酒要差一些，但价格比较便宜，属于商业化的年份波特酒。

3. 马德拉酒（Madeira）

马德拉酒出产于葡萄牙具有悠久历史的马德拉产区，采用类似波特酒的工艺酿造，但在发酵结束后，经过人工加热来使葡萄酒发生马德拉反应，糖在加热过程中发生反应出现焦糖气味，并带有氧化醇香。

马德拉酒是单一品种葡萄酒，涵盖干至甜型，被允许使用的葡萄品种主要有四个：舍西亚尔（Sercial）、华帝露（Verdelho）、布尔（Bual）和马姆齐（Malmsey），其中舍西亚尔主要用于酿造干型葡萄酒，华帝露酿造半干型，波尔酿造半甜型酒，玛尔维萨酿造甜型。马德拉酒的酿造方法通常是通过在发酵过程中向酒中添加白兰地来中止发酵，酒精度在 18% ~ 19%，然后将酒放在罐中加热到 30 °C ~ 50 °C 进行长达 90 天到六个月的催熟，到第六个月，当温度降到 22 °C 时再把马德拉酒加热以发生马德拉反应。马德拉酒具有极佳的酸度，带有焦糖、杏仁、烘烤面包、烟熏、干果和橡木的风味，口感复杂、醇厚。其最突出的特点是具有极强的陈年潜力，上好的马德拉酒陈年甚至可以超过 100 年，被称为“不死之酒”。

四、烈酒（Spirit）

烈酒（Spirit）是指经过蒸馏得到的高酒精液体，也称为蒸馏酒。将粮谷或替代用原料（如薯类、水果及糖蜜等淀粉质原料）经发酵后制成基酒，再进行蒸馏。由于水的沸点是 100 °C，酒精的沸点是 78.5 °C，把含有酒精的基酒加热到大于酒精沸点但小于水沸点的温度，酒精达到沸点后蒸发，经冷凝管冷却后凝结出酒精溶液。可以通过多次蒸馏，提高产品的酒精含量，得到高强度的酒精。

蒸馏过程中提取的馏分不同，最先蒸馏出来的是酒头，为溶液中最易挥发的部分，内含一些杂质和有毒物质；接着被蒸馏出来的是酒心，含有最多的酒精和最少的杂质，为最精华的部分；最后蒸馏出来的是酒尾。一般保留酒心部分，酒头和酒尾会随着下一批原酒再次蒸馏。传统使用罐式蒸馏器，效率低，且会有少许的风味流失。现代主要使用连续蒸馏器，不需分批蒸馏可持续运转，快速蒸馏出相对低酒精度、富含风味物质的酒精。蒸馏后的酒精度越高，其杂质和风味也就越少越淡。

烈酒的风味取决于它的蒸馏方式、基酒的原料和熟成过程。烈酒调配装瓶后，通常转移到玻璃容器中储藏，酒的风味和状态不会再有任何变化。常见的烈酒包括白兰地、威士忌、朗姆酒、龙舌兰、伏特加和金酒，另外，中国白酒、日本清酒也是属于烈酒。

1. 白兰地（Brandy）

白兰地是以水果为原料，经过发酵、蒸馏、贮藏后酿造而成。根据所用原料的不同，白兰地主要有三种类型，第一种是最为常见的葡萄白兰地，也就是用葡萄作为原料蒸馏而成的白兰地；第二种是水果白兰地，是用其他水果如苹果、梨子、樱桃等制作而成的白兰地；第三种酒渣白兰地，是用发酵后的葡萄皮或者酒渣进行蒸馏制作而成的。白兰地若没有苹果、梨子等前缀标识时，通常就指葡萄白兰地。

白兰地常用白葡萄品种白玉霓（Ugni Blanc）酿造，此外还有鸽笼白（Colombard）、特雷比奥罗（Trebbiano）、白巴科（Baco Blanc）等。白兰地的蒸馏不仅仅是单纯的酒精提纯，还可以将葡萄品种固有的香气以及发酵时所产生的香气成份以一种最优的比例保留下来，奠定了白兰地芳香物质的基础，并在橡木桶中经过漫长的陈酿过程，通过和周围的空气接触，逐渐吸收橡木的香气，形成自己独特的色泽和芬芳。成品白兰地呈焦糖色，酒精度一般≥40%。大多数葡萄酒国家都有生产白兰地，最出名的白兰地产区是来自法国的干邑及雅文邑，著名的白兰地品牌有轩尼诗（Hennessy）、马爹利（Martell）、人头马（Remy Martin）、御鹿（Hine）及卡慕（Camus）等。

干邑（Cognac）产自于波尔多北部的干邑产区，葡萄发酵成葡萄酒后，使用传统蒸馏器进行两次蒸馏，通常带有明显的果香、花香和橡木香，中等到轻酒体，酒精质感柔顺。雅马邑（Armagnac）产自波尔多南部的雅马邑产区，大多使用连续蒸馏器，带有浓郁的李子干、葡萄干等水果干的香气，酒体饱满，酒精感比较粗糙。干邑和雅马邑在装瓶之前必须经过一定时间的橡木桶陈酿，让酒变得柔和，增加更深的颜色以及更多的香草、椰子、烤面包、坚果、香料等橡木风味。酒标上标注的 VS、VSOP、XO 所代表的是酒在橡木桶中的最少陈酿时间，即从采摘后第二年 4 月 1 日起在橡木桶中的陈酿时间，装瓶后的时间不计。VS[或★★★（三星）]表示在橡木桶中至少陈酿二年以上，VSOP[或★★★★（四星）]表示四年以上的陈酿，XO[或★★★★★（五星）]表示六年以上的陈酿（从 2016 年 4 月 10 起，XO 陈酿时间延长至十年起）。

法国其他的地区也有白兰地的生产，通常采用连续蒸馏器，口感会比较粗糙，由于陈酿时间短，酒的颜色大部分来自于后加入的焦糖，加入甜味剂也很常见。在西班牙，使用雪利酒蒸馏得到西班牙白兰地（Spanish brandy），通常颜色较深，中等甜度，带有干果和香料的香气。

2. 威士忌（Whisky）

威士忌是以大麦、黑麦、燕麦、小麦和玉米等谷物为原料，经发酵、蒸馏后，再使用橡木桶进行陈酿，最后经调配而成的蒸馏酒。威士忌的颜色大多为浅琥珀色，酒精含量高于 40%。最具代表性的威士忌有苏格兰威士忌、爱尔兰威士忌和美国波本威士忌等，各种威士忌之间的不同主要在于用来做原料的谷物类型以及酒经发酵后在橡木桶中熟成的时间。著名的威士忌品牌有尊尼获加（Johnnie Walker）、杰克丹尼（Jack Daniel's）以及芝华士（Chivas Regal）等。

① 苏格兰威士忌（Scotch Whisky）：苏格兰高地为威士忌的最好产区，只有在苏格兰酿造和混合的威士忌，并在橡木桶中至少成熟三年以上的，才可称为苏格兰威士忌。因使用泥煤薰干谷物，泥煤会给苏格兰威士忌增加带有特殊的烟熏味（泥煤味），不同产地的泥煤为苏格兰威士忌带来不同风味。按照原料的不同，苏格兰威士忌可以分为麦芽威士忌、谷物威士忌和混合威士忌。麦芽威士忌（Malt Whisky）完全采用使用当地泥煤为燃料烘干的大麦芽作为原料，大麦在发芽过程中将淀粉转化为糖分，取芽心进行粉碎、蒸煮、糖化，发酵后使用传统蒸馏器蒸馏。若完全由同一家酒厂蒸馏出来的麦芽威士忌称为纯麦威士忌（Single Malt Whisky，单一麦芽威士忌），香气复杂，带有水果、花香、蜂蜜、干果、谷物和烟熏香气。

也可以采用多家酒厂蒸馏出来的麦芽威士忌进行混合调配，这种威士忌称为混合麦芽威士忌（Vatted Malt Whisky），主要是为了保证最终统一的口感和风味。谷物威士忌（Grain Whisky）是指采用大麦、小麦和玉米等谷物糖化、发酵后，再经连续蒸馏而成的威士忌。虽然在酿造过程中也可能会使用泥煤熏干的大麦芽，但更多的选择使用不发芽的大麦，所以泥煤风味表现并不明显，大多用作调配混合型威士忌的基酒。混合威士忌（Blended Whisky）是由三分之一的麦芽威士忌和三分之二的谷物威士忌调配而成，通常使用连续蒸馏器制作，和麦芽威士忌相比口感柔和、香气简单且极大的降低了成本。

② 爱尔兰威士忌（Irish Whishkey）：产自爱尔兰的爱尔兰威士忌通常以大麦（约占 80%）及麦芽等谷物原料酿造而成。大多数不用泥煤烘烤，通常没有泥煤味，口感平滑柔顺，带有干果、蜂蜜、花香和橡木的风味。

③ 美国威士忌（American Whishkey）：波本（Bourbon）是最著名也是最古老的美国威士忌，法律规定波本威士忌必须产自美国，用玉米、大麦芽、黑麦和小麦等谷物混合物为原料酿制，而玉米在混合物中的比例至少应达到 51%。通常波本威士忌采用 51% ~ 75%的玉米谷物发酵蒸馏而成，蒸馏采用罐式蒸馏器与连续蒸馏器混合使用，并在新的内壁经烘炙的白橡木桶中熟成两年以上。大多数的波本威士忌会在橡木桶中陈酿 4 ~ 8 年，重度烘烤的美国新橡木桶给酒带来了甜美的香草、椰子等风味，香味浓郁，口感醇厚绵柔。酒液呈琥珀色，酒精含量在 40% ~ 80%，但只有极少数波本威士忌的酒精含量会高于 65%。田纳西（Tennessee）威士忌是波本威士忌的一种，在装瓶前用枫木炭对威士忌进行过滤，过滤后的田纳西威士忌口感更加顺滑，还带有淡淡的甜味和烟熏味。著名的杰克丹尼（Jack Daniel）威士忌就是产自美国田纳西州。

3. 朗姆酒（Rum）

朗姆酒是以甘蔗压榨出来的甘蔗原汁或制糖工业的副产品甘蔗糖蜜为原料经过发酵、蒸馏而成的一种蒸馏酒，因为其原料与糖密切相关，所以也称之为“糖酒”。朗姆酒的发源地及生产核心区域在加勒比海地区，素有“海盗之酒”的美誉，主要产区集中在盛产甘蔗及蔗糖的地区，如古巴、牙买加、海地等加勒比海国家，是古巴的国酒。

大多数朗姆酒的原料是甘蔗制糖工业的副产品糖蜜，少数高品质的朗姆酒采用甘蔗原汁酿造，带有更多青草的风味。甘蔗糖蜜大部分来自巴西，为深色的粘性物质，在发酵之前需要用水稀释，而甘蔗原汁可以直接进行发酵。影响朗姆酒风味最重要的因素是发酵过程的长短，长时间的发酵能产生更多的芳香脂类物质。大多使用连续蒸馏器蒸馏，经过或不经过陈酿，再进行调配。几乎所有的朗姆酒都是用不同年龄、不同国家或者不同生产方法得到的烈酒混合而成。朗姆酒的酒精含量一般在 38% ~ 50%之间，酒液根据酿造工艺的不同呈无色、琥珀色和棕色不等，口感甜润，芬芳馥郁。根据酿造方法和风格的不同，朗姆酒通常分为三类：白朗姆酒、金朗姆酒和黑朗姆酒。著名的朗姆酒品牌有百加得（Bacardi）、丹怀（Tanduay）及摩根船长（Captain Morgan）等。

① 白朗姆酒（White Rum）：白朗姆酒经蒸馏获得高强度的酒精，为干型风格。大多数不经过陈酿，但有些可能会在橡木桶中进行短暂的培养，以柔化其口感，并在装瓶前经活性碳过滤掉颜色。白朗姆酒带有青草、甘蔗和肉桂的香味，较低酒精强度的朗姆酒会有浓郁的热带水果香气，使用甘蔗原汁为原料的朗姆酒则带有新鲜的青草和绿色水果的香气。

② 金朗姆酒（Golden Rum）：金朗姆酒又称琥珀朗姆酒，通常是干或半干的，蒸馏后会经过三年以上的橡木桶陈酿。在加勒比海的炎热气候下，陈酿速度很快，颜色变成金色或琥珀色，略有甜味，酒变得柔和以及具有更多的风味，带有肉桂、香草、太妃糖、热带水果果脯和甘草香料的味道。金朗姆酒也常用作鸡尾酒的基酒。

③ 黑朗姆酒（Dark Rum）：黑朗姆酒又称红朗姆酒，是指在生产过程中加入一定的香料汁液或焦糖调色剂的朗姆酒。大多使用不同地区的朗姆酒调配而成，因加入了焦糖调色，故颜色较深，甜型，有典型的焦糖、蜜糖味。经过蒸馏和长时间的橡木桶陈酿，具有柔顺的口感和浓郁的芳香，带有水果干、香料、丁香、肉桂等香气，高酒精度。优质黑朗姆酒通常来自单一蒸馏厂。

4. 龙舌兰（Tequila）

龙舌兰是墨西哥的国酒，被称为“墨西哥之魂”。酿制龙舌兰的原材料是墨西哥当地的一种特殊植物——龙舌兰草（Agave），龙舌兰草属剑兰科，拥有很大的球茎，当地人称为龙舌兰的心（Piña），重量高达 80 至 300 磅不等，内部多汁并富含糖分，非常适合用来发酵酿酒。龙舌兰草有很多不同的品种，品质最佳的为蓝色龙舌兰（Blue Agave），主要栽培在墨西哥的特基拉镇（Tequila）一带，墨西哥政府明文规定，只有以该地区所生产的特种龙舌兰草为原料酿制的龙舌兰酒，才允许冠以“Tequila”之名出售。用龙舌兰草其他分支酿制出来的酒称为“梅斯卡尔（Mezcal）”，一般如果没有特殊说明的龙舌兰都默认为“Tequila”。依照不同的陈酿时间，龙舌兰主要分为银色龙舌兰和金色龙舌兰二个类型，深受欢迎的龙舌兰品牌有唐胡里奥（Don Julio）、金快活（Jose Cuervo）及塔巴蒂奥（Tapatio）等。

① 银色龙舌兰（Plata Tequila）：也称为白色龙舌兰，不经橡木桶陈酿，干型，带有明显的植物、青椒、胡椒的香气。

② 金色龙舌兰（Golden Tequila）：优秀的金色龙舌兰经过橡木桶陈酿获得金黄色的色泽和独特的风味。其陈酿不超过两个月的为新酒，陈酿不超过一年的为微陈级龙舌兰，陈酿至少一年的为陈年级龙舌兰，陈酿三年以上的为超陈级龙舌兰。年轻的龙舌兰酒酸度突出，带有柑橘和咖啡风味，陈年后龙舌兰酒会变得更柔和、圆润，发展出与陈年威士忌类似的木头、香草和焦糖风味。

5. 伏特加（Vodka）

任何可以发酵的原料都可以用来酿造伏特加，如马铃薯、土豆、玉米、大麦、小麦或黑麦等。通过蒸煮的方法，先将原料中的淀粉进行糖化发酵，再经蒸馏得到酒度含量高达96%的酒液，然后用活性炭过滤以吸附酒液中的杂质，装瓶前将酒精含量稀释到 40%～50%。俄罗斯与波兰是伏特加的起源地，也是伏特加的核心产区，斯托利（Stolichnaya）、灰雁（Grey Goose）及白鲸贵族（Beluga Noble Russian）等都是俄国著名的伏特加品牌。伏特加的主要特点是高强度的酒精，香气纯净，几乎没有其他风味，是鸡尾酒及各类混合酒的理想基酒。

6. 金酒（Gin）

金酒由酒精度 96%以上的烈酒和一系列的植物香料加香酿制而成，是一种干型无色的加香型烈酒。通常使用的植物材料有杜松子、香草、柑橘、香菜、肉桂、生姜、陈皮和当归等，其中杜松子是其最主要的香气，也是金酒的标志性香气。不同的金酒酒厂选用的植物材料不同，酿制的金酒展现出不同的风味。

常见的金酒类型有伦敦干金酒（London Dry Gin）、蒸馏金酒（Distilled Gins）以及往基酒里面加入香精得到的廉价低温勾兑金酒（Cold-Compounded Gins），其中以伦敦干金的酿制过程最为讲究、风格最为典型。将伏特加作为基酒和香料一起浸泡，用传统蒸馏器蒸馏，得到干性、香气芬芳浓郁的金酒，因而从某种程度上说，金酒就是一类用植物香料调味的伏特加。常见的金酒品牌有哥顿（Gordon's）、添加利（Tanqueray）及必富达（Beefeater）等。

第五章　葡萄酒品鉴

在所有葡萄酒爱好者的心目中，品评葡萄酒，学会了解、品尝一种优质葡萄酒，鉴赏它的质量和风格，是一种生活的艺术。

一、品酒基本知识

葡萄酒的品鉴是识别葡萄酒质量的一种方法，以人的感官，对葡萄酒的外观、香气以及滋味获取直接的认识，并与品尝者大脑中已有记忆的葡萄酒质量标准进行对比并作出判断，进而对葡萄酒的质量作出评判。利用感官评价葡萄酒的质量所获得的结论的可靠性，很大程度上取决于评价人员的感官灵敏度及其在葡萄酒品尝方面积累的经验。品酒不是简单的喝酒，而是通过正确的方法和过程，对葡萄酒的风格加以了解，并提升自身的鉴赏能力。

根据品鉴目的的不同，葡萄酒的品鉴主要有市场品鉴、分级品鉴、分析品鉴、好恶品鉴和质量检验品鉴等类型。市场品鉴即选择品鉴，是为了特定目标而进行的商业选酒的主要方式，品评人员拥有丰富的经验，熟知服务对象的爱好倾向，根据自己的意图和目的对葡萄酒进行品鉴，从中选出符合要求的葡萄酒。分级品鉴即竞赛品鉴，是对同一可比类型的葡萄酒按当前类型的质量标准进行排定名次的品鉴方法，其结果的可靠性取决于品鉴人员的专业水平。分析品鉴即研究品鉴，是为了检验新工艺或新品种的表现情况，通过对样品的感官特性进行全面的分析，了解葡萄酒原料状况、生态条件的反映、工艺操作要点及特点、各成分的和谐度以及今后可能的发展方向等。好恶品鉴即消费者品鉴，参加品鉴的消费者应当具有代表性，能够充分代表被调查地区的目标调查群体，其品评表应经周密设计并通过特定的统计方法获取结论。质量检验品鉴是为了确定葡萄酒是否达到了特定的感官质量标准，从而将不符合标准的产品排除。品鉴的目的不同，其标准与结果存在一定的差异。专业的品评人员必须积累足够的经验，熟知葡萄酒行业的产品质量标准和状况，并能够“修正”自己的个人喜好的影响，对被评判的葡萄酒进行准确的描述和做出准确的定位。

（一）品酒的环境和准备工作

葡萄酒的品鉴，就是在一定的环境下，运用感觉器官感受葡萄酒的特点。因此，良好的品酒环境和充分的准备工作能保证我们专注和正确的品尝葡萄酒。

1. 良好的自然光或白光

由于过于强烈的光线会影响视觉，所以品酒室的窗户最理想的是朝北，光线应该稳定，既有充足的自然光线，又可避免过于强烈的直射反光。如果品酒时没有自然光，白色的日光灯则是最佳的选择。注意避免使用荧光灯光源，因为有颜色的灯光会影响对葡萄酒颜色的判断。墙面颜色为令人轻松的乳白色或中性浅灰色，同时，品酒时要准备白色的背景，例如白桌面或白纸板，以便更准确地观察葡萄酒的颜色。

2. 干净无味的环境

品酒室内空气要新鲜，无异味，保持良好的通风和排气，空气温度 20 ~ 22 °C，相对湿度 60% ~ 70%。品评员在品酒之前要保持口腔清新，不应有烟草、咖啡、口香糖、牙膏等异味的出现，女士要避免香水以及口红的味道，因为异味会影响嗅觉，从而影响对葡萄酒香气的判断。在适当位置准备吐酒桶、纯净水、干而无盐的面包、无气味纸巾或干净毛巾，在品酒的过程中，可咀嚼一小块面包或用纯净水漱口，会有助于刷新味蕾，去除残留的气味。

3. 良好的精神状态

品酒的时候需要集中注意力全身心的投入，品酒时间一般应安排在上午，最佳时间应为上午 10 点至 11 点，在该时段人的精神与身体都处于最佳状态，感受力也是最强的。当人有轻微的饥饿感时会增强嗅觉与味觉的灵敏度，所以晚上品酒也是一个不错的选择。大量的品尝是一件非常耗费体力的工作，个人感觉身体疲倦或者感冒生病时则不适合品酒，因为这时感官会变得迟钝，从而影响对酒的判断。在品酒过程中还要注意有间隔地休息，以避免降低嗅觉的敏感度。

4. 标准的 ISO 品酒杯

葡萄酒在不同形状的杯子里的表现会有所不同，香气和颜色也会根据倒入酒的多少而产生变化。在品鉴之前，要确保品评者拥有正确的杯子，至少每个品评者具有相同形状和尺寸的杯子。标准 ISO 品酒杯为无色透明的玻璃高脚杯，无印痕和气泡。酒杯的容量为 210 ~ 225 mL，酒杯总长 155 mm，杯脚高 55 mm，杯体总长 100 mm，杯口宽度 46 mm，杯体底宽 65 mm，杯脚厚度 9 mm，杯底宽度 65 mm。杯座较宽，以保持稳定，杯口平滑、一致，为圆边。杯肚顶端呈锥形（郁金香型），杯口比杯肚要窄，以能够让香气聚拢并传至品评者鼻腔。杯肚较大，方便摇杯帮助释放葡萄酒中的香气，使酒杯空余部分充满香气并且不易将酒洒出，便于对香气进行分析。ISO 品酒杯在 1974 年由法国人设计，它不会突出酒的任何特点，直接地展现葡萄酒原有的风味。无论是哪一种葡萄酒，在 ISO 品酒杯里都是平等的。由于 ISO 品评杯的尺寸和形状被认为是最适合品鉴的，因而 ISO 品评杯被全球各个葡萄酒品鉴组织所推荐和采用。

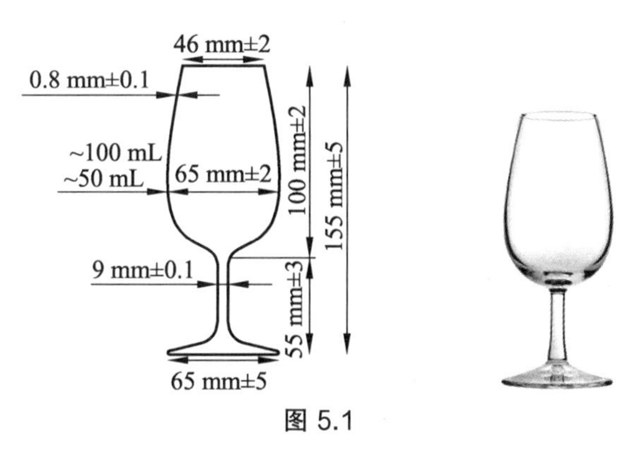

图 5.1

除了杯子的设计合理性外，杯子的干净程度也非常重要。清洗酒杯的最佳方式是用温水漂洗干净，原则上，不能使用清洁剂，除非杯子有酒渍或口红印。洗后应认真用不起毛的布擦拭干净，擦干后立放或挂起，注意不要染上其他气味。

品酒首先应掌握持杯的方法。持杯的基本原则就是：拿杯子只持杯脚或杯底座，尽量避免手与杯身的接触。因为手的温度远远高于任何类型葡萄酒的最佳适饮温度，手与杯身的接触会影响葡萄酒的温度。另外，手指触摸杯身还可能留下指印，会影响酒杯的清澈度，影响下一步观色。为了公平正确的品鉴葡萄酒，在品酒时需要使用标准 ISO 品酒杯，将葡萄酒倒入杯中约 1/3 处，即杯肚最宽处，此时葡萄酒量约为 30 ~ 50 mL，是品鉴最合适的量。倒入的葡萄酒的量太多会减缓香气的释放速度，难以评估葡萄酒的风味特点，而且杯中的酒越多，颜色就越深，也会影响对颜色的判断。

葡萄酒杯的主要类型。

“工欲善其事，必先利其器”，合适的酒杯能通过合适杯形的引导将酒液引向舌头上最适宜的味觉区。专业的品酒者认为不同风格的葡萄酒需要用不同类型的酒杯来盛装才能突出其特点和风味。一般来说，葡萄酒杯大致分为杯肚大的红葡萄酒杯、杯肚略小的白葡萄酒杯以及长笛型的起泡酒杯三种。而按照不同酒杯盛装不同风格葡萄酒的原则，其类型又可大致分为以下几种：

① 波尔多杯：波尔多杯适合大多数法国波尔多红葡萄酒，也适用于除勃艮第红葡萄酒外的其他新旧世界红葡萄酒。因波尔多红葡萄酒酸度高，涩味较重，所以要求杯身长而杯壁呈弧线的郁金香杯形，因为杯壁的弧度可以有效地调节酒液在入口时的扩散方向，可以将酒直接送入舌头的中后部，强调出单宁的苦涩，同时凸显出甜、酸的平衡。另外，较宽的杯口则有利于我们更为敏锐的感觉到波尔多葡萄酒渐变的酒香。

② 勃艮第杯：勃艮第杯适合品尝果味浓郁的勃艮第红葡萄酒。其大肚子的球体造型可以让酒体与空气的接触面积增大，引导葡萄酒从舌尖漫入，实现果味和酸味的充分交融。而向内收窄的杯口可以更好地凝聚勃艮第红葡萄酒潜在的酒香。

③ 白葡萄酒杯：因为白葡萄酒的最佳饮用温度较低，为了防止杯中葡萄酒的温度快速上升，白葡萄酒杯大多都较小。相对红葡萄酒杯它的开口会小一些，杯身和杯肚都较瘦，就像一朵待放的郁金香，因而减少了酒和空气的接触，可令香气更持久一点。

④ 香槟杯/笛形杯：香槟杯适合所有的起泡酒。香槟杯的突出特点是杯身细长，给气泡预留了足够的上升空间。标准的香槟杯杯底都会有一个尖的凹点，这样可以让气泡更加丰富且漂亮。冰酒也可以使用香槟杯来品尝。

波尔多红酒杯　勃艮第红酒杯　白葡萄酒杯　郁金香型香槟杯　香槟笛杯　白兰地杯

图 5.2

（5）白兰地杯：白兰地杯为杯口小、腹部宽大的矮脚酒杯，其圆润的身材、稍微狭窄的杯口，可以让百年琼浆的香味一丝一毫都存留于杯中。杯子实际容量虽然很大（240～300 mL），但倒入酒量不宜过多（30 mL 左右），以杯子横放、酒在杯腹中不溢出为量。饮用时常用手中指和无名指的指根夹住杯柄，让手温传入杯内使酒略暖，从而增加酒意和香气的释放。

（二）开瓶器

开启葡萄酒需要专门的开瓶器，开瓶器（也称酒刀、起塞器）是最重要的葡萄酒器具，很多时候，会不会使用开瓶器，决定了你能不能享受到纯正美味的葡萄酒。学会使用开瓶器是享受葡萄美酒的第一步，虽然现代有越来越多的葡萄酒使用螺旋盖可以徒手开启酒瓶，但使用开瓶器不仅仅是把葡萄酒的软木塞拔出来，更可通过优雅流畅的动作让人产生赏心悦目的感觉。

普通开瓶器主要由两个部分构成：螺旋状锥和手柄。螺旋状锥通常是金属材质，坚固、不易变形，用于钳住软木塞。手柄与螺旋锥呈垂直，要求具备一定强度。最简单的就是 T 型开瓶器，其他的开瓶器都是在这种基本结构上演变而来。

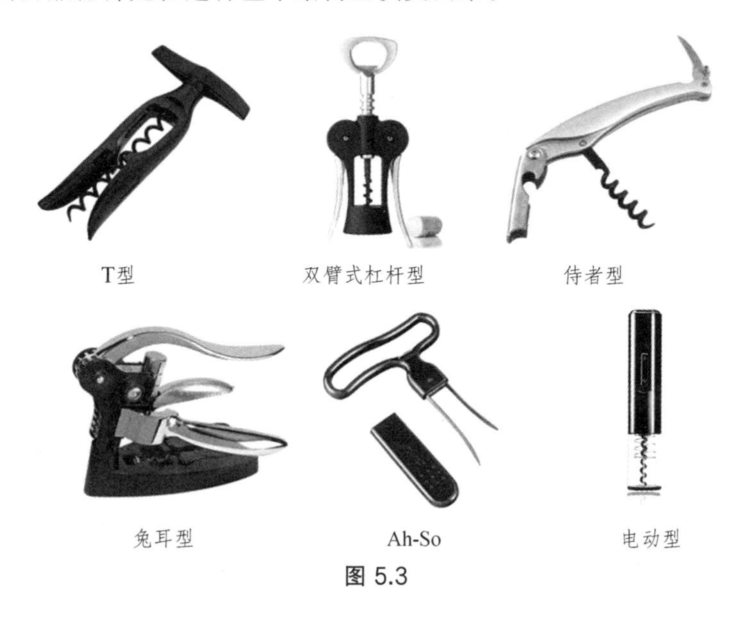

图 5.3

T 型开瓶器用法简单，但使用起来比较费力，容易把软木塞拔断或弄碎，进而对葡萄酒造成污染。双臂式杠杆型开瓶器又称为蝴蝶型开瓶器，由两个可升降的手臂和螺旋钻头组成。随着钻头钻入软木塞，其双臂也向上抬升，抬升到尽头后，只需要按下双臂，酒塞就被拔出了。其特点是省力、高效，但不易操作，体积大，不便携带，仅适合居家使用。兔耳型开瓶器因其两个用于夹住葡萄酒瓶颈的把手像兔耳而得名。在“兔耳”把手夹住瓶颈后，快速压下压杆，使螺旋钻快速进入瓶塞，然后回拉压杆，使瓶塞脱出。其操作简单高效，但笨重不便携带，而且价格昂贵。顺利开启上了年份的陈年老酒是一门技巧与学问，随着酒龄的增长，酒塞也在不断地老化，变得脆弱，开启时一不小心就会被弄断使木屑碎片掉入酒液中。选用最安全的 Ahso 开瓶器就能避免这种遗憾的发生。Ah-So 开瓶器主要由把手和 2 个一长一短的铁片组成，将铁片沿着酒塞和瓶子缝隙缓缓插入，夹住整个软木塞后，边轻轻旋转边慢慢向上拔出木塞，不用担心软木塞会拔断或碎掉而卡在瓶中。电动开瓶器融合了现代科学技术，可以进行全自动的操作，使用起来简单便捷，只需先利用“割纸器”将瓶封取下，把开瓶器置于瓶口顶端然后按下操作键，只需几秒钟就可轻松将瓶塞拔出。

侍者型开瓶器也称“海马刀”，是大多数侍酒师常用的工具，因此有着“侍者之友”的称号。其通常由酒刀（用于割开包装瓶口的锡箔）、螺旋钻头和起塞支架组成。在螺旋钻头被钻入酒塞后，将起塞支架置于瓶颈边缘，一步一步把酒塞拉出。它可折叠便于携带，而且功能多样，因此深受侍酒师们的青睐。

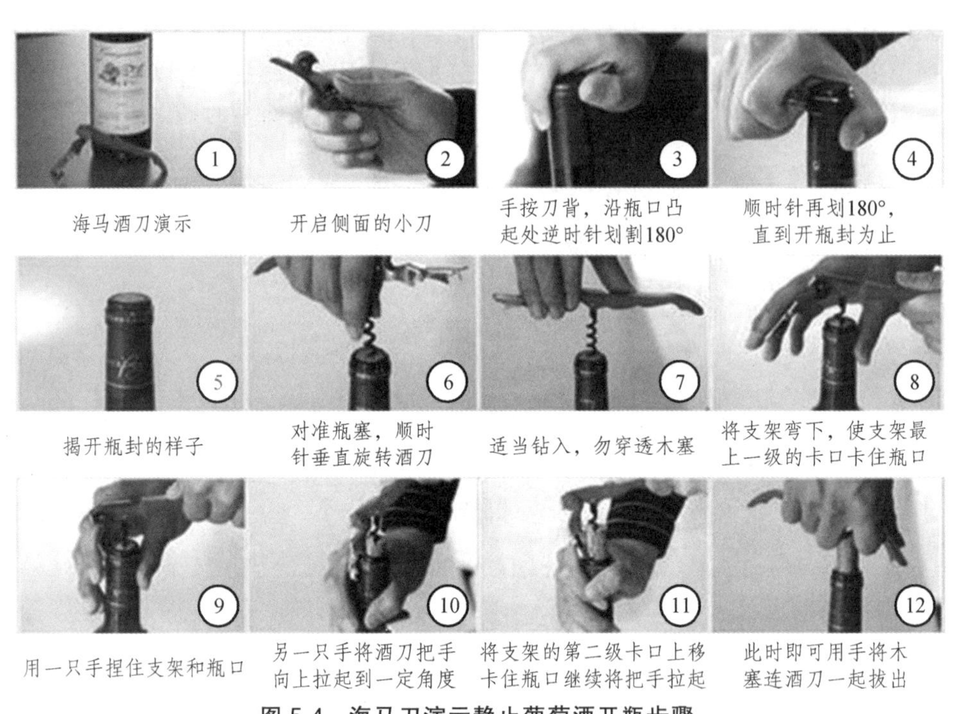

图 5.4 海马刀演示静止葡萄酒开瓶步骤

对于起泡葡萄酒可以使用经典的徒手开瓶法。用左手握住瓶颈下方，瓶口向外倾斜 15°，右手撕开铝帽。为了防止软木塞因气压而迸出，用左手大拇指按住软木塞的顶部，其余四指握住瓶颈，右手小心解开绑扎瓶塞的金属丝。左手大拇指用力按住软木塞的顶部，右手托住瓶底，双手向相反方向慢慢地转动酒瓶，使软木塞松动。软木塞因气压而一点点向瓶口推出，当塞子即将弹出时，稍微斜推一下软木塞头，腾出一个缝隙，使酒瓶中的碳酸气一点一点释放到瓶外，然后轻轻地将其拔起，如果操作正确的话，会听到优雅的“砰”的一声。当然，起泡酒特别是香槟，还有另外一种开瓶方法——香槟刀，这种刀其实就是缩小版的马刀。据说在拿破仑时期，当军队从战场凯旋而归时，战士们从聚集欢庆的人群手中接过香槟，他们兴奋之余直接抽出随身携带的马刀砍断香槟瓶塞，从而缔造了用军刀开瓶的豪情传统。

（三）葡萄酒品鉴方法

葡萄酒品鉴对于葡萄酒专业人士和爱好者而言是最重要的技能，需要集中精力并且具备敏锐的感知能力。品鉴的顺序蕴含着逻辑性：先看、后闻、再尝，最后进行结构分析。在品酒过程中几乎要调动我们所有的感觉器官，眼睛、鼻子、上腭以及舌头，由此呈现出一个色、香、味俱全且丰富多彩的美酒世界。

葡萄酒品鉴步骤：

开瓶划线—擦瓶口—开瓶—擦瓶口—倒酒—观色—闻香—尝味—清洗

① 开瓶划线：小刀在接近瓶口顶部的下陷处将热收缩性胶帽的顶盖划开除去。

② 擦瓶口：用干净细丝棉布擦除瓶口和木塞顶部的灰尘。

③ 开瓶：将开瓶器上的螺旋起子钻入木塞，应注意不能过深或过浅，用开瓶器将木塞拉出（注意钻入时不能过深或过浅，过深不小心会将木塞穿透，使木塞屑落进酒中；过浅起塞时易将木塞拉断）。

④ 擦瓶口：用干净细丝棉布从里向外将瓶口部的残屑擦掉。

⑤ 倒酒：首先应根据葡萄酒的类型选择不同的酒杯。品尝时倒酒量应为酒杯容积的 1/3，一般为 30 ~ 50 mL 左右。这样在摇动酒杯时不会将酒洒出，而且使酒杯空余部分充满葡萄酒的香气，便于对香气进行分析。

⑥ 观色：举高脚杯杯底或杯柱，防止手温影响杯中酒。选择一个白色的背景，将酒杯侧斜 45°，从杯侧看液面，观察酒的颜色和澄清度。

⑦ 闻香：第一次闻香：将酒杯中的葡萄酒在处于静止的状态下分析其香气。方法可以是将酒杯慢慢举起，或是将酒杯放置于台面，进行闻香。闻香时，集中注意力将酒表面空气慢慢吸入鼻腔，以初步分析香气的类型。第一次闻香只能闻到酒表面扩散性最强的这部分香气，香气较淡，所以第一次闻香只能作为香气评价时的参考。第二次闻香：摇动酒杯，使葡萄酒在杯中作圆周运动，当葡萄酒表面的静止“圆盘”被破坏后立即闻香。此时葡萄酒与空气接触，可促进香味物质释放。在摇动结束后再次闻香。由于酒体的圆周运动使杯内充满了挥发性物质，所以，对于香气质量好的葡萄酒，此时的闻香，其香气最为浓郁、优雅和纯正。对于香气质量不好的葡萄酒，此时闻香，其香气缺陷可以反映出来。第二次闻香可重复进行，以第二次闻香的结果作为评价葡萄香气的重要依据。

⑧ 尝味：含一小口酒在嘴中，用舌头搅动几下，让味道在口腔中扩散开来，然后轻张嘴唇吸气，让酒香进入鼻腔，最后将酒轻吞入喉，品其余韵。

⑨ 清洗：清洗酒杯，用温水洗净，立放、或者挂起。

葡萄酒的感官评价包括四个阶段：① 利用感觉器官（包括眼、鼻、口）对葡萄酒进行观察，以获得相应的感觉。② 对所获得的感觉进行描述。③ 与已知的标准进行比较。④ 进行归类分析，并做出评价。

品酒时嗅觉与味觉的反应速度远比我们想象中的更快，所以在品酒过程中要善于做好品酒笔记。每款酒的品鉴方式是一样的，对每一款品鉴的酒，都应该有详细、规范的品酒笔记，来记录当时的体验。在这个过程的每一步，品鉴者都会对杯中的葡萄酒有新的认识。品酒笔记能帮助增加记忆，是积累经验很好的方式，它不仅可以见证品酒水平的成长，还记录了对世界葡萄酒的认知，对于品鉴者能力的提高至关重要。

通过对葡萄酒进行品鉴，可以对葡萄酒进行准确的描述，正确评估葡萄酒的质量和价格。葡萄酒是有生命的，在储存过程会发生缓慢的变化，壮年期的葡萄酒能表现出最佳的风味，而过了巅峰期其品质就会大打折扣，因此，对储藏的葡萄酒需要定期进行品评，定期监控酒的状态，以便做出合理的判断，这对葡萄酒投资是非常重要的。

(四)葡萄酒品鉴技巧

葡萄酒具有多样性和复杂性，观其色、嗅其香、品其味，就把握了品酒最基本的技巧。眼睛、鼻子、嘴巴是品鉴过程的三要素，葡萄酒品鉴本质上就是“测量”，利用眼睛、鼻子、嘴巴作为测量工具，来判断葡萄酒颜色的深浅、香气的浓郁度、酸度的高低、酒体的轻重、单宁的高低及柔顺度等等。在品鉴时应注意利用相同的品鉴标准来判断每一款酒，精确对比每款酒之间的不同。相对来说，品鉴的葡萄酒越多则经验越丰富，品鉴标准就越精确。

图 5.5

1. 观色——外观

观色，即观察和对比葡萄酒的颜色和透明度，并适时地调整好品酒心态，根据葡萄酒颜色深浅、透明或浑浊以及流动性能的好坏，来判断酒的年龄、品种、浓稠度、酒体等。

① 观察颜色：把葡萄酒放在白色背景上方，倾斜酒杯至 45 度，观察葡萄酒的边缘颜色和中心颜色。红葡萄酒的边缘颜色比中心颜色浅，白葡萄酒的边缘颜色则比中心颜色要深，这主要是酒精张力带来的折射差别，酒龄越长，边缘与中心的色差就越大。有经验的品酒师甚至可以通过边缘的颜色而推断出酒的近似年份。

红葡萄酒的颜色会随着年龄的增长而变浅，年轻的时候，边缘通常是紫色，大概 1~3 年后，慢慢会变为宝石红，随后宝石红变为石榴红，如果酒的边缘是石榴红色，代表这款酒已经存放 3 ~ 5 年以上了，如果出现褐色，则表示酒已经过了巅峰期，开始走下坡路了。

白葡萄酒随着年龄的增长颜色慢慢变深，年轻的白葡萄酒通常都是浅柠檬黄色，慢慢会变成金黄色，金黄色通常代表酒已经过很较长时间的窖藏，随着酒近一步陈放，慢慢会变成琥珀色。白葡萄酒最终也会变成褐色，这个时候通常就代表这款酒已经衰老了。不过要注意的是，葡萄酒在橡木桶中的熟成也会给白葡萄酒增添颜色，即使是很年轻的白葡萄酒一旦放入新橡木木桶中熟成也会得到金黄色的液体。

桃红葡萄酒的颜色根据葡萄品种的不同而有所区别，不同的酿造工艺和葡萄酒的保存时间也会对颜色造成影响。桃红葡萄酒的颜色主要是在黄色与红色之间变化，如黄玫瑰红、橙玫瑰红、玫瑰红、橙红、洋葱皮红和紫玫瑰红等。

我们经常还会使用颜色强度的形容词（浅、中等、深）来描述葡萄酒的颜色，例如浅稻草黄、中等宝石红、深石榴红等。葡萄酒的颜色除了和葡萄品种、成熟度及陈年有关外，通常来自热带地方的葡萄酒颜色会比较深，而来自较冷地区的葡萄酒颜色会浅一些。

② 观察澄清度：观察酒的澄清度，需要将酒杯置于眼睛与光源之间，观察杯中的葡萄酒是清澈还是混浊。大多数年轻的葡萄酒都是清澈的，现代酿酒技术可以消除导致葡萄酒混浊的因素。如果出现混浊也分为好坏两种情况，一种情况是葡萄酒中含有沉淀。产生沉淀的原因有好几种，例如卢瓦尔河地区特有的密斯卡岱葡萄酒带酒脚熟成，保存在酒中的酵母残体会形成细微沉淀；有些勃艮地的酒庄为了保持酒中优雅的风味，装瓶前不经过滤工序，酒中的悬浮物让酒看起来有些朦胧；而对较老年份的红葡萄酒而言，酒中的色素和单宁会结合形成细微的沉淀，倒酒前没有滗酒或滗酒不仔细就会出现沉淀，这些都是正常的现象。另一种坏情况则是因为酒受到了污染产生了混浊。如酒在瓶中出现二次发酵或被细菌所感染，这时需要通过嗅觉和味觉再次加以鉴定。

③ 观察流动性：持杯轻轻转动杯身，让酒液按照一个方向转动，观察酒液的流动性。流动性好，说明酒体薄或者酒精度高，流动性差则说明酒体厚或者含糖量高。

* 挂杯（Legs）（酒痕、酒泪）：指酒液在杯内摇动或转动后，附在内杯壁的酒液，在向下的重力和由于酒精挥发产生的向上的拉力以及酒液与玻璃之间的表面张力作用下，向上和向下移动，酒液在杯壁形成细柱或者泪痕的现象。挂杯现象的形成主要是因为当酒液铺满杯壁时，和空气的接触面积增大，蒸发作用加强，由于酒精的蒸发速度比水快，于是形成一个向上的牵引力，同时酒精蒸发使得水的浓度增大，表面张力增大，在杯壁上的附着力也增大，在酒液到处便累积形成一个拱起。由于万有引力的作用，最终重力破坏了水面张力，酒液下滑释放出“酒的眼泪”。挂杯其实是酒中酒精、甘油和残留糖分的张力的表现，挂杯现象明显，表示酒的酒精度高，相对来说酒的口感也会比较丰富，酒体也相对厚重。挂杯现象也是烈性白酒的品评常用指标，以前常被作为好酒的特征，因为以前葡萄酒只有碰到好年份，才可以酿造出高酒精度的葡萄酒。随着科技的进步，酿造出高酒精度的葡萄酒已经非常容易，因此，现在挂杯只能说明葡萄酒的酒精含量较高，并不能说明酒的好坏。挂杯的密度、流动速度和持续时间，主要跟酒精度、浓稠度、残糖和甘油的含量、干浸出物（除残糖以外所有非挥发性物质）含量有密切关系，与酒的内在品质无必然联系。当然，挂杯也可能跟酒杯的材质或洁净程度有关。

2. 闻香——嗅觉

葡萄酒的香气分为三层。

① 初级香气（品种香气）：是葡萄浆果本身的香气，主要和葡萄品种本身携带的香气有关，大多以果香为主，例如黑皮诺的黑樱桃香气、琼瑶浆的荔枝香气、赤霞珠的黑醋栗香气等。

② 二级香气（发酵香气）：为发酵过程中生成的香气，产生于酵母菌引起的酒精发酵过程中，例如霞多丽葡萄酒在苹果酸-乳酸发酵过程中，会产生黄油和奶油香气。

③ 三级香气（醇香）：在熟成过程中形成的香气，一方面为大容器中陈酿时在有控制的有氧条件下形成，为陈酿醇香；另一方面是在密封的瓶内无氧条件下贮存时还原物质产生的芳香，为还原醇香。葡萄酒在熟成的过程中，香气变得更加细致和复杂，开始脱离果香向醇香转变，常见的第三层香气包括李子干、蘑菇、松露、雪松、皮革、麝香等。

闻香识酒，轻轻的旋转酒杯，破坏酒液表面的张力，释放出挥发性物质及芳香物质，让酒的香气更好的展现出来。如果进行专业性的香气分析，需要进行第一次闻香、第二次闻香以及视需要进行的第三次闻香。

① 第一次闻香：端起酒杯，在摇动酒杯前，先在静止状态下分析葡萄酒的香气。将鼻子置于杯口正上方，轻轻吸气，感受葡萄酒的主体香气。此时闻到的是葡萄酒中扩散性最强的一部分香气，为初级香气，又称品种香气，是葡萄浆果本身的香气。

② 第二次闻香：摇杯，将酒杯按照一个方向转动 3 ~ 5 次，使酒液沿着酒杯内壁做圆周运动，促进挥发性较弱的物质释放，然后将鼻子于酒杯内闻香。此时闻到的香气主要是酵母菌引起的酒精发酵过程中形成的二级香气（发酵香气）、橡木桶中培养以及瓶中陈酿形成的三级香气（醇香）。第二次闻香可重复进行，以求获得准确的感受和描述。每两次闻香之间，需要平静地呼吸 2 ~ 3 次，让嗅觉感觉器官休息调整后再进行下一次。记住，千万不能对着酒杯呼气。

③ 第三次闻香：也称破坏式闻香，主要用于鉴别香气中的缺陷。如果闻香气的时候发现酒中带有不愉快气味，可用手将酒杯口封住，剧烈摇晃酒杯，这样可使葡萄酒中不良的气味如醋酸乙酯、氧化、霉味、硫化氢等充分释放出来。

（1）气味状态。

在品鉴葡萄酒的时候，首先要识别酒中是否有浊味出现，之后才谈得上鉴赏，如果香气闻起来令人欢愉，没有不愉快的气味，我们称此状态为干净（Clean）。

（2）浓郁度。

香气的浓度是怎么样的，是非常明显、还是清淡还是难以察觉？常用高、中、低，或浓郁、中等、清淡来描述香气的浓郁度。

（3）香气特征。

香气特征，就是描述在葡萄酒里闻到的香气类型。将酒放在鼻子前面，香气会通过鼻腔到达后端的的嗅觉组织，嗅觉组织会将香气变成一个电信号传给丘脑。丘脑就如同一个香气数据库，如果对比发现和数据库里面的香气一致，就会返回一个明确的结果，这是“XX”香气，并产生对应的感觉。假如数据库里面没有此香气，丘脑就会告诉你这个香气识别不出。因此，大脑中储存足够的香气样本是非常重要的。香气的类别主要分为果香、花香、植物香、辛香、动物香、橡木香等，通常说出 2 ~ 4 种主要类型即可。

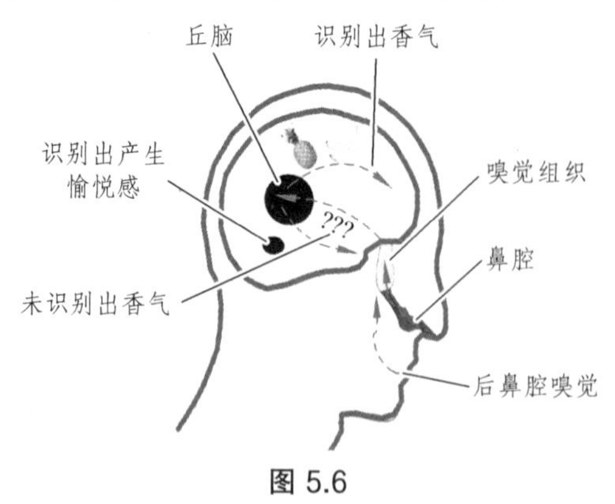

图 5.6

如果需要大脑识别香气，首先需要建立足够的香气数据库，可以通过多种方法来进行香气训练。

① 使用酒鼻子，帮助在大脑里面建立一个含有 78 种全球葡萄酒典型香气的坐标。

② 试着从花园、草地、牧场、果园、香料和调味品中不断收集新的香气，填充记忆库。

③ 积极参加品酒会，尝试将大脑里面的香气和葡萄酒里面的香气一一对应。

表 5.1

常见香气汇总	
水果类	柑橘类：柠檬、葡萄柚、橙子
	热带水果类：菠萝、香蕉、荔枝、香瓜
	仁果类：麝香葡萄、苹果、水梨
	浆果类：红色浆果（草莓、覆盆子、红醋栗）、黑色浆果（黑莓、黑醋栗、蓝莓）
	核果类：樱桃、杏、水蜜桃、李子
	干果类（坚果类）：杏仁、李子干、核桃、葡萄干、榛子
花卉类	山楂花、洋槐花、椴花、蜂蜜、玫瑰、紫罗兰
植物类	菌类：蘑菇、松露、酵母
	草本类：青草、树叶、芦笋、桉树叶、青椒、雪松、松果、薄荷
香料类（辛香）	香草、桂皮、丁子香花蕾、黑胡椒、甘草、百里香、茴香
动物类	皮革、麝香、野味
矿物类	矿物、土壤、石头、汽油
烘焙类（橡木香）	烤面包、烤杏仁、烤榛子、焦糖、咖啡、黑巧克力、烟熏味、雪茄、橡木、椰子
油　味	软木塞、硫磺、臭鸡蛋、醋、烂苹果、肥皂、洋葱、马臭、霉土

3. 品味——味觉

无论葡萄酒的颜色多么漂亮，香气多么迷人，葡萄酒最终是用来喝的，因此通过品尝来感受葡萄酒在口腔中的质感是品鉴的重中之重。葡萄酒的口感构成元素通常包括甜味、酸味、单宁、酒精和风味物质。喝一小口葡萄酒在口中，以整个舌面覆盖有一层酒液为标准，轻轻吸气，让酒液自舌尖沿舌面一次流入口腔。酒液进入口腔后，依靠舌与口腔壁搅动酒液，使之在口腔内转动，确保酒跟舌头、面颊、牙龈充分接触，感受酒体结构、平衡与回味长度。微微低头，将酒液集中于口腔前部，两唇离隙并轻轻吸气，依靠气体搅动酒液，感觉酒香。让葡萄酒在口内保持 12 秒左右，充分感受葡萄酒的滋味后，或咽下或吐掉酒液，体验收尾时的感受以及回味长度与质量。

（1）甜味（Sweetness）。

葡萄酒中甜味的主要来源是葡萄糖、果糖、酒精和甘油，一方面来自于未发酵的残留糖，主要是葡萄糖、果糖、阿拉伯糖、木糖等；另一方面来自于包括酒精在内的醇类和甘油等，如乙醇、甘油、丁二醇、肌醇、山梨醇等，它们是在酒精发酵过程中形成的。葡萄酒中的甜味物质是构成柔和、肥硕和圆润等感官特征的要素，在尝味过程中舌头感觉不到甜味的葡萄酒为干型葡萄酒，但如果酒中的甜度较高，却缺乏足够的酸度来平衡时，酒就会显得厚重而呆滞。但要注意的是，酸味往往会掩盖甜味，会使高酸度葡萄酒的甜味降低。

（2）酸味（Acidity）。

葡萄酒中的酸味物质包括来源于葡萄浆果的酒石酸、苹果酸和柠檬酸，以及酵母和细菌发酵时产生的琥珀酸、乳酸和醋酸等。酸度是葡萄酒的灵魂，让酒充满活力和新鲜，是维持白葡萄酒生命的主要支柱，如果酸度过低，则葡萄酒柔弱、平淡而乏味，但若酸度过高也会使葡萄酒生硬、粗涩和枯燥。雷司令、长相思都是高酸度的白葡萄品种，红葡萄酒中含有较多发酵产生的乳酸因而酸度表现的更为柔和。酸度也可以让葡萄酒具有更佳的陈年潜力。另外，寒冷地区生产的葡萄酒比热带地区的葡萄酒通常酸度要更高一些。

（3）单宁（Tannin）。

单宁为多酚类物质，来自于葡萄的果皮、种子及果梗中（一些会来自于橡木），单宁是红葡萄酒中最重要的元素，是维持红葡萄酒生命的骨架。从技术上来讲，白葡萄酒中也可能有单宁，但含量很少几乎很难被感觉到。单宁在口腔的前端——舌头、牙龈和面颊内侧形成收敛的、发干、发涩的感觉，尤其在上颚和下颚的牙龈部分。单宁可以增加酒的酒体和结构感，同时还给口腔带来不同的质感。成熟细密的单宁在口中有天鹅绒、丝绸一般的柔滑感，不够成熟的单宁则表现得涩口，不过酸可以柔化单宁在口腔中的刺激。常用粗糙、干涩、柔滑来描述不同的单宁质感。较高的单宁能赋予葡萄酒更多的陈年潜力，是葡萄酒耐贮藏性的保证。

（4）酒体（Body）。

酒体是指葡萄酒在口腔中的重量，也称为口感（Mouth feel），常用轻、中、重来描述不同酒体在口腔中的感觉。葡萄酒的酒体取决于酒精度、残留糖分、可溶性风味物质（如果胶、酚类、蛋白质等）以及酸度。酒精度是判断酒体的主要依据，通常高酒精度葡萄酒的酒体也相对较重。高酒精含量的葡萄酒会在喉咙中出现灼热的感觉，在口腔中也会显得更加圆润饱满，有时还会带一点点甜味，热带地区生产的葡萄酒酒精含量往往较高。残留糖分、可溶性风味物质的含量越高，酒体也越重，而酸度高的葡萄酒酒体会更加轻盈。只有优质葡萄酒才能建立起均衡、和谐的酒体。

（5）风味物质（Flavour Character）。

风味物质是指葡萄酒在口中的香味，是通过后鼻腔感受到的。口腔的温度能使葡萄酒的温度上升，增加葡萄酒中香气分子的挥发程度，香气在口腔中会变得更加的浓郁和复杂。

（6）回味（Length）。

回味指葡萄酒咽下或者吐出后葡萄酒中的风味在口腔中持续的时间。长而复杂的香气是好酒的特征，高品质的葡萄酒通常风味浓郁集中，回味很长；低品质的葡萄酒尤其是来自高产量葡萄园的，一般口感寡淡、回味很短。回味在确定葡萄酒的等级和质量方面具有重要作用，通常好的干白葡萄酒回味香而微酸、清爽，能持续 8 ~ 10 秒，优质红葡萄酒在口腔留下醇香和丰满的单宁滋味，持续 12 ~ 15 秒，甜酒能长达 30 秒至 1 min。可用短、中、长来形容葡萄酒风味在口腔中的回味。

4. 结论

通过观色、闻香、品味等程序品鉴葡萄酒后，需对葡萄酒的品质、平衡性、陈年潜力、葡萄品种特性、产区和价格等方面进行评价并对葡萄酒质量进行综合描述。

平衡（Blance）指酒中的酸度、甜度、单宁、酒精、风味物质以及回味等各种元素协调完美，给人以整体愉悦的享受。不管是红葡萄酒还是白葡萄酒，只有各因素之间达到了一定的平衡才能称之为好的葡萄酒。例如，单宁是红葡萄酒的灵魂且能赋予葡萄酒更多的陈年潜力，如果想要酿造适合陈年的红葡萄酒，那么必须提高葡萄酒中单宁的含量。不过单宁有削弱果香的作用，因此如果想要酿造一款果香突出的葡萄酒，其单宁含量则不能过高。酒精虽有柔化单宁的作用，但由于酒精本身带有甜味，过多的酒精也会影响酸度和甜度之间的平衡。而酒中这几大物质的平衡更会影响其回味的长短。白葡萄酒方面，对于干白来说，由于残糖含量不高，因此需要有比较高的酒精度，让酒精的甜味来平衡葡萄酒的酸味。但酒精也不宜过多，否则酒精的甜味就会被其本身的烈性口感所掩盖。而对于甜白葡萄酒来说，酸度和甜度的平衡更是至关重要。由于甜白葡萄酒本身的残糖含量较高，为使甜味不过于单调，通常会以酒精的灼热感来与之平衡，但由于酒精本身也带有甜味，因此甜白葡萄酒的酸度应当相应偏高，才能很好的平衡葡萄酒中的甜度，而酸度又有突出果香的作用，因此白葡萄酒中一般有着清新的果香，其余味自然也更干净爽脆。

葡萄酒也是一种生命体，它也要经过从出生、成长、成熟到衰败的生命周期，葡萄酒的品质是有一定的时间期限的。成熟度（Maturity）就是指葡萄酒的生命周期，是年轻的、发展中的还是成熟的。由于自身品质和外界因素的影响，不同葡萄酒的生命周期长短不一，有的迅速成熟达到顶峰，终其一生只有短短的几个月，而有的则要经过漫长的发展、成熟期，酒龄可达数十年，甚至上百年。根据生命周期的长短，葡萄酒分为四类：需新鲜饮用的葡萄酒、中等储藏期葡萄酒、可长期储藏的葡萄酒、超长储藏期的葡萄酒。新鲜饮用的葡萄酒的一般是一些比较清淡、简单的葡萄酒，其适饮期往往只有几个月到 3 年左右，主要享受的是新鲜的果味及清新度。中等储藏期葡萄酒的适饮期在 3 ~ 8 年，一般在 5 年的时候，达到顶峰期，保持着一定的新鲜度，但果味已向更成熟、甚至果酱的方向发展。可长期储藏的葡萄酒经过陈年后适饮期一般在 10 ~ 15 年，达到顶峰期，新鲜果味降低，取而代之的是复杂的、陈酿的香气并发展出新的香气，如干果、干花香、野味，甚至蘑菇等。超长储藏期的葡萄酒适饮期可达到 20 年以上，经过漫长的成熟期，大都拥有十分强劲但细腻的酒体，随着年岁的增长，越发增添了复杂、细腻、醇美的风味。如果酒中的酸度和单宁还很高，则说明酒还可以放置一段时间，如果酒在口中，已经失去了酸度的支撑，单宁也变得松散，则需尽快饮用。一款价值 1000 元正在适饮期的葡萄酒，往往会比一款价值 3000 元但还需要 5 ~ 10 年成熟的葡萄酒表现的要更好。

葡萄酒的品质（Quality）通常从葡萄酒的浓郁度、复杂度、平衡性、回味和典型性等角度来进行评价可以分为差（poor）、一般（acceptable）、好（good）、非常好（very good）、卓越（outstanding）这几个级别。如国际流行的杂志和著名的品酒师帕克则喜欢用百分制来区别，给出 95 分以上的酒就是卓越的葡萄酒。品质同时也代表了一款葡萄酒的相对价值，当葡萄酒的价值被认为高于它的价格时，这就是一款高品质的葡萄酒。

表 5.2 品酒表

项目	评　　价	备注
葡萄酒名称		
葡萄品种		
葡萄产地		
葡萄酒年份		

续表

项目	评　　价	备注
观色	澄清度：清澈——混浊 颜色强度：浅——中等——深 颜色：白：柠檬黄——金黄色——琥珀色 红：紫红——宝石红——石榴红 桃红：粉红色——橙黄色	
闻香	气味状态：无异味——浊味 浓郁度：清淡——中等——浓郁 香气特征：果香——花香——植物香——辛香——动物香 ——橡木香——其他	
味觉	甜味：干——微干——中甜——甜 酸味：低——中——高 单宁：低——中——高　　粗糙——干涩——柔滑 酒体：轻——中——重 风味物质：果香——花香——植物香——辛香——动物香 ——橡木香——其他 回味：短——中——长	
结论及食物搭配建议	结论：品质：差——一般——好——卓越 （平衡、品质、成熟度） 搭配建议：	
葡萄酒加工工艺		

二、侍酒与储酒

（一）侍酒

葡萄酒种类繁多，风格多样，只有正确选择、侍奉、品鉴和储藏葡萄酒才能全面地领略葡萄酒的风采。将储存的葡萄酒呈献给饮用者享用的过程，称之为侍酒，通过专业化的准备、专业的知识和专业的技能，充分享受葡萄酒的魅力。

1. 外观判断

在开瓶之前，首先通过酒瓶的外观信息判断葡萄酒的质量。

（1）瓶内物观察。

将酒瓶倒立，对着光源，观察是否有沉淀物。假如有丝状和絮状沉淀物，表明酒质存在问题。但是，存储一年以上的红葡萄酒中出现少量的黑色粉末状沉淀属正常现象，这是葡萄酒中的天然色素和单宁沉淀，并不影响饮用。

（2）瓶外包装物观察

① 酒标是否有污损。保存良好的葡萄酒酒标应整洁，无污渍、破损（稀世或陈年老酒另论）。

② 背标信息是否完全。背标应注明的信息包括：原料、含量、执行标准、产品类型、厂名、地址。

③ 进口葡萄酒必须有中文标签，仅有外文标注的葡萄酒来源不可靠。

④ 胶帽是否整齐、牢固，是否有胀塞、漏酒的现象。

⑤ 瓶内酒液面高度与胶帽下缘的距离一般不超过 1 cm。

2. 侍酒温度

侍酒温度是影响葡萄酒品鉴的决定性因素之一，葡萄酒只有调整到适合的温度才能促使其发挥出最好的品质，葡萄酒的香气和风味才可充分完美的呈现出来。不同类型的葡萄酒，其最佳适饮温度是有差异的，将不同的葡萄酒在饮用前先调整到正确的侍酒温度，凸现不同风格葡萄酒的特色，是重要的准备工作。

葡萄酒如此讲究饮用时的酒温是为了扬长避短，因为温度过低会压抑酒中香气的释放，但温度的升高也会使葡萄酒失去果香味，另外，酒温升高会提升酸在口中的感觉。

（1）侍酒温度高低对葡萄酒的影响。

温度低于 8 °C 时，大多数葡萄酒的香气和口感会很封闭，使风味平淡，还会加强苦味和单宁紧涩感的表现，影响葡萄酒的品鉴愉悦感。温度在 8 ~ 20 °C 之间，随着温度的升高，果香味逐渐降低，却能提升葡萄酒的醇香之味，加快葡萄酒的氧化反应，单宁柔化使口感变得圆润和柔和，还会加强甜度和酸度在口中的表达。当温度高于 20 °C 时，酒精会快速挥发，使酒精味占主导，覆盖葡萄酒中的果味和花香气息，同时带来强烈的刺鼻感，并放大葡萄酒的缺陷。葡萄酒的香气、甜度、酸度和单宁等都会受温度的影响，由于红葡萄酒、白葡萄酒、甜酒和起泡酒等中的这些物质含量不一样，所以最佳侍酒温度也会有所不同。

（2）侍酒温度的四大标准。

① 葡萄酒单宁越高，侍酒温度相对越高。

② 葡萄酒酸度越高，侍酒温度相对越低。

③ 葡萄酒甜度越高，侍酒温度相对越高。

④ 葡萄酒香气越浓郁，侍酒温度相对越高。

总体来说，浓厚复杂的葡萄酒饮用温度会高于简单清淡的葡萄酒。通常重酒体、高酒精度的葡萄酒的侍酒温度相对较高，轻酒体、高酸度的葡萄酒的侍酒温度相对较低。

（3）各类葡萄酒的理想侍酒温度。

一般来说，红葡萄酒的侍酒温度应稍低于室温。温度过高会让红葡萄酒中的多酚类物质加速氧化，香气物质太快挥发，失去其应有的强劲口感及独特的芳香和风味。但温度过低，会导致单宁过于突出，口感紧涩，同时果味也会受到抑制，香气封闭。酒体醇厚的红葡萄酒如上好的波尔多、巴罗洛、澳洲西拉、波特酒等，理想饮用温度应在 16 ~ 18 °C。中等酒体的红葡萄酒如基安帝葡萄酒、黑皮诺葡萄酒以及金粉黛葡萄酒的侍酒温度要略低，在 13 ~

16 °C 左右。类似博若莱、瓦尔波利切拉的酒体轻盈、果味浓郁的红葡萄酒则适合在较低一点的温度下饮用，一般为 12 ~ 13 °C。

白葡萄酒的侍酒温度整体比红葡萄酒更低一些。因为低温可以凸显白葡萄酒的酸度，但也不能过低，否则会禁锢白葡萄酒原有的芳香和风味，使葡萄酒的口感单一、缺乏活力，稍高点的温度更能释放酒质展现其天然的果香和口感。重酒体的干白葡萄酒，例如来自默尔索、普里尼—蒙哈榭、纳帕等地区使用橡木桶熟成的霞多丽，来自波尔多佩萨克-雷奥良地区的顶级干白，理想的饮用温度在 12 °C 左右。中轻酒体的干白葡萄酒，例如清新的长相思、雷司令、白诗南以及夏布利白葡萄酒，侍酒温度在 10 °C 左右。对于苏玳甜酒或德国的冰酒，温度需要低至 6 ~ 8 °C，否则酒会过于甜腻。起泡酒和香槟酒最理想的温度也是 6 ~ 8 °C，可以体现出起泡酒细腻的气泡、优雅的香气和精致的口感。

桃红葡萄酒的饮用温度根据酒体的不同，大体在 10 ~ 12 °C 之间，比如美国的白金粉黛和法国的安茹桃红。

图 5.7

从酒窖或者酒柜中刚取出的葡萄酒，一般温度为 10 ~ 13 °C，如果为红葡萄酒，饮用时就不需要做温度的处理，经开瓶、醒酒、倒酒后，温度基本在合理范围。如果是白葡萄酒、起泡酒、甜葡萄酒，则还需置于冰桶内降温。

降温最快的方法是使用冰桶。根据冰桶容量，加入适量的冰块和水（冰水比例约为 1∶1，冰水体积约为冰桶容量的 3/4），将酒瓶正放入冰桶中，让冰水混合物漫过酒瓶的瓶颈，特别建议在葡萄酒和桶的底端之间留一层大约 2 cm 厚的冰。约 5 min 后，再将酒瓶翻转置于冰桶内约 2～3 min，取出，开瓶。倒酒后，将盛有余酒的酒瓶置于冰桶内，有时也需要视环境温度情况及酒质需要置于室温中。这种方法可让温度快速下降，15 min 就可以降至 8 °C，但是却容易让香气封闭，影响品质，只能做为应急措施。

3. 醒酒与滗酒

醒酒，也称为换瓶，顾名思义，就是将瓶中的葡萄酒倒入醒酒器中，“唤醒”葡萄酒，让它潜在的优秀风味体现出来。醒酒的目的主要有两个：一是醒酒，让年轻的葡萄酒与空气充分接触，加速香气的释放，柔化单宁；二是滗酒，为了去除老酒中的沉淀物。

（1）醒酒。

将葡萄酒移至醒酒器中，醒酒器的大肚子可增大葡萄酒和空气的接触面积，单宁充分氧化，并让表面的杂味和异味挥发散去，葡萄酒本身的花香、果香逐渐散发出来，还能发展出一些更加微妙复杂的风味，口感变得更加醇厚和柔顺，使葡萄酒的香气与口感特点充分展现出来。不是所有的酒都需要醒酒的，醒酒适于年轻的、紧致的、酒体丰满、带有厚重单宁结构的酒，新酒可不醒。而那些酒体较轻的葡萄酒也不需要醒酒，如大部分白葡萄酒可以开瓶即饮。一般情况下，桃红葡萄酒、香槟及其他起泡酒也不需要醒酒。

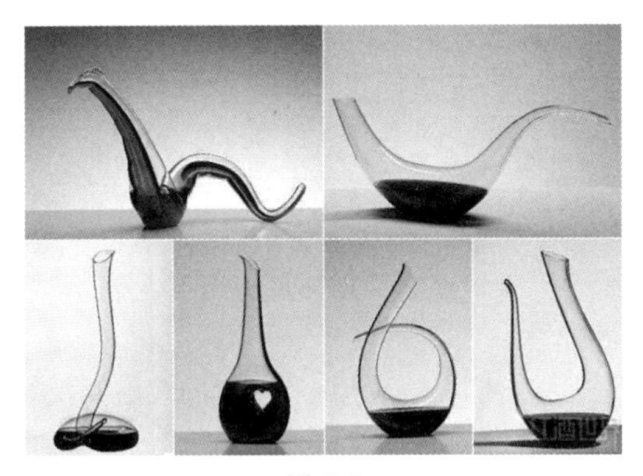

图 5.8

（2）滗酒。

葡萄酒中的沉淀可能是来自于酿酒工艺。葡萄酒在熟化的过程中可能会带酒泥进行陈酿，以赋予葡萄酒更复杂的风味。酒泥一般是死去的酵母和一些大分子的蛋白质，为了去除这些物质，保证葡萄酒的澄清度，酒庄一般会在装瓶前进行下胶和过滤操作。但是也有一些酒庄为了减少人为因素对葡萄酒的干扰，选择直接装瓶，这样葡萄酒中就会带有一定量的沉淀。此外，虽然大多数葡萄酒在装瓶前都经过了初步过滤，葡萄酒在陈年的过程中，尤其是那些经过长期瓶中陈酿的葡萄酒，酒中的单宁、色素和一些大分子物质会逐渐在瓶中结合形成细微的沉淀。沉淀不会影响葡萄酒的品质，却会影响口感和美观。滗酒即是把葡萄酒平稳而缓慢地注入醒酒器，通过换瓶将沉淀去除，使酒液更加清澈。

一般情况下，需要滗酒的葡萄酒以陈年老酒居多。在倒老酒时，通常在瓶底留下一点酒和沉淀，而不是全部倒入醒酒器中。对于特老年份的葡萄酒，需要在换瓶前将酒瓶垂直放置24 h，让附着在瓶壁的沉淀物质慢慢沉淀到瓶底，然后再进行换瓶。开瓶时要小心谨慎，避免沉淀泛起。开瓶后，小心地将酒缓慢倒入醒酒器，避免已经略显脆弱的葡萄酒与氧气猛烈地接触。可在瓶颈下方放置一个光源（蜡烛、专用手电筒等），方便观察沉淀物从瓶底向瓶颈移动的过程，以保证换瓶后葡萄酒的清澈度。将酒瓶置于眼睛与光源的中间位置，透过光源，可以很清楚地看到瓶内沉淀物的位置，当沉淀物到达瓶颈和瓶肩的交会处时，应该停止倒酒，稍待片刻，再倒。请切勿中途竖立酒瓶，防止沉淀混入酒液中。由于滗酒同时也有一定的醒酒作用，而老酒“经不起折腾”，容易过度氧化和衰老，所以滗酒结束后，可使用瓶塞，或餐巾纸叠成的圆锥物作为塞子，仔细封好醒酒器，

图 5.9

（3）醒酒时间。

醒酒时间没有统一的标准，待香气释放出来即可。总的来说，醒酒时间的标准是：比起酒龄较长、酒体较轻的葡萄酒，年轻、多单宁、高酒精度的葡萄酒可以经得起更长时间的醒酒。处于陈年期的葡萄酒需在醒酒器中醒酒 1 h 左右，较年轻的红葡萄酒醒酒时间约为 2 h 左右，而一些年轻强劲、单宁含量高的葡萄酒如西拉、巴罗洛和基安帝等的醒酒时间甚至更长。对于一些陈年老酒，醒酒只是为了去除酒中的沉淀，因此通常短短几分钟的醒酒时间便已足够，香气雅致且容易消散的老酒甚至不需要醒酒。甜白葡萄酒和贵腐酒不需要倒入醒酒器中，开瓶静放 1 h 左右即可饮用。酒体轻盈、果香精致的白葡萄酒和桃红葡萄酒，几乎不需要醒酒，因为这些酒本身风味柔和，醒酒时氧气的介入会使得口感变得寡淡。

醒酒的原则是“宜短不宜长”，没有把握时，宁愿醒酒不够，也不能醒酒过长，否则会使葡萄酒氧化过度，内部物质发生化学反应，产生醋酸并失去活力。

（4）醒酒器。

醒酒器的腹部往往有径较大，可增大葡萄酒和空气的接触面积，加速香气的释放，柔化单宁。醒酒器口径的长短和直径的大小直接影响着葡萄酒与空气接触面积的大小，从而影响葡萄酒的氧化程度，进而决定葡萄酒气味的丰富程度。所以，选择合适的醒酒器非常重要。通常来说，年轻的葡萄酒可以选用比较扁平的醒酒器，因为扁平醒酒器有一个宽大的腹部，有助于葡萄酒的氧化；而年老脆弱的葡萄酒则可以选择直径稍小的醒酒器，最好选择带塞子的，这样可以防止葡萄酒的过度氧化和加速衰老。另外还需注意的是，最好选择容易清洗的醒酒器。

4. 葡萄酒的饮用顺序

葡萄酒品鉴是一个非常复杂的过程，不同的人对于葡萄酒的感受是不可能完全相同的。即便是同一个人，从感官传到大脑的信息也会因为味蕾的不同状态而发生变化，所以不同风格葡萄酒的品尝顺序对于葡萄酒的正确评价起着关键的作用。

如果一次品尝多款葡萄酒，不同类型葡萄酒的品鉴顺序一般为：起泡酒—白葡萄酒—红葡萄酒—甜葡萄酒。饮用时排序的基本原则是：先白后红、先干后甜、先轻后重、先新后老。

（1）起泡葡萄酒先于静止葡萄酒。

由于起泡酒比静止葡萄酒要更加轻盈爽脆、清新活泼，而且酒体也相对较轻，适宜用作餐前开胃酒，因此一般会最先饮用。对于多款不同风格的起泡酒，同样要遵循先白后红，先干后甜的原则。

（2）干型葡萄酒先于甜型葡萄酒。

舌头对甜味最敏感的位置是在舌尖，甜型葡萄酒糖分含量高，若优先饮用甜型葡萄酒，被甜味冲刷过的舌头则很难辨别出干型葡萄酒的风味特点，而且甜型葡萄酒的悠长余味会影响干型葡萄酒的口感，甚至使其酸感更加突出。葡萄酒按含糖量分为干型、半干型、半甜型、甜型，安排葡萄酒顺序时，从干型开始，慢慢拉高甜度，半干型、半甜型，最后到甜型。

（3）轻盈型葡萄酒先于厚重型葡萄酒。

先品尝酒体轻盈型葡萄酒可以更容易感受其细腻雅致之美，尽情享受葡萄酒的精妙，之后再品尝酒体厚重型葡萄酒，能更加突出它的复杂性。先轻盈再厚重不会影响后续品尝酒体饱满型葡萄酒时的复杂度。如果先品尝厚重型葡萄酒，在厚重酒体的影响下，会觉得酒体轻盈型葡萄酒口感平淡简单，丧失其细腻度。

（4）白葡萄酒先于红葡萄酒。

红葡萄酒含有单宁成分，若先喝红葡萄酒，则口腔中充满浓重的单宁涩感，甚至有烘烤、香草味，之后再喝白葡萄酒，就很难品尝出白葡萄酒的花香、果香和轻盈度。由于白葡萄酒较少含有单宁，而且相对红葡萄酒而言酒体一般也更加新鲜轻盈，优先饮用才不至于被红葡萄酒厚重的味道盖住其活泼特性。有的高酸清爽的白葡萄酒如德国雷司令还可以作为开胃酒来调动食欲。但若是酒体丰满的勃艮第特级园的白葡萄酒，甚至可以排在博若莱新酒后面饮用，其风味不会被这类酒体轻盈的红葡萄酒所掩盖。

（5）年轻葡萄酒先于陈年老酒。

通常，喝葡萄酒应该先简单后复杂。年轻的葡萄酒口感新鲜、果味突出、单宁较强硬，陈年的优质葡萄酒经过多年熟成，香气的种类和层次更加丰富，酝酿出醇厚的口感。按照先年轻后陈年的顺序来品尝，我们可以体会着单宁从粗糙到优雅的不同，感受着时间带给葡萄酒的魅力，在感受新酒强劲的口感之余，细品陈年葡萄酒丰富的余味。

（6）加强酒最后。

相比非加强型葡萄酒而言，加强酒的酒精度和口感浓郁度都更高，因此更适合最后饮用。

（二）储酒

葡萄酒是有生命的，无论保存条件如何，在保存过程中品质都会不可避免的发生变化。一些葡萄酒可能比其他葡萄酒更具陈年能力，但是并非所有的葡萄酒都适宜陈年，事实上，90%的葡萄酒应该趁年轻和新鲜的时候享用。在一定程度上，世界上最优质的葡萄酒和最简单的量产葡萄酒都是非常脆弱的，为了避免变质，必须正确地储存，通过调控保存条件控制变化的速度。

1. 储酒温度

储存葡萄酒时，温度是非常关键的因素。葡萄酒贮藏环境的温度要求凉爽并且恒定，理想的长期储酒温度为 10 ~ 13 °C。通常 5 ~ 20 °C 范围都是可以接受的。温度的变化会影响葡萄酒的成熟速度和口感，在较低的温度下储存会使葡萄酒的成长变缓，需要等待更久的熟成时间，而温度较高则会使葡萄酒的成熟速度加快，可能减少细腻丰富风味的养成。过高的温度甚至可能会让酒产生类似煮过和氧化的味道。重要的是温度要保持相对恒定。若温度变化太大，不仅会破坏了葡萄酒的酒体，在冷缩热胀的作用下，还会影响到软木塞的弹性而造成渗酒的现象。如果葡萄酒的存放温度多次急剧变化，会使得口感粗糙缺乏细腻，也会影响对其瓶中陈酿时间的控制。

如果是在酒窖中储存葡萄酒，酒窖入口最好设在向阴处以避免进出时温度的影响。温度同时也决定酒窖中酒瓶摆放的位置，酒窖的最低处最为凉爽，通常建议将起泡酒和白葡萄酒放在架子底部，其次是桃红葡萄酒和轻酒体的红葡萄酒，最上面是重酒体的红葡萄酒。

2. 储酒湿度

理想的储酒湿度为 70%～75%。湿度过低，会使软木塞干燥萎缩，空气“趁虚而入”进入瓶中氧化葡萄酒，或者细菌进入影响酒质，同时也容易使酒因挥发而损失过快。湿度过高则容易造成软木塞及酒标发霉。

3. 储酒场所

葡萄酒可储存在酒窖、酒柜或冰箱中，要充分考虑温度、湿度、光照、气味条件以及震动对葡萄酒的影响。精准控温、湿度调节、避振性好、避光性好、通风、无异味物质等条件，是保证葡萄酒长期健康储存的必要因素。

除了温度和湿度外，光线尤其是阳光，会给长期储存的葡萄酒带来威胁。葡萄酒中的色素是感光的，会被紫外线破坏显著改变其色泽。单宁等多酚类物质遇光会加速氧化受损，严重影响熟成过程中的化学反应所产生的风味，降低葡萄酒的质量。葡萄酒生产商使用深色瓶子来装葡萄酒的原因之一就是为了避免紫外线对酒质的影响。当需要光源的时候，最好选择亮度低、带有 UV 涂层的卤素灯，一般家庭光源不会影响葡萄酒的品质，不过长时间照射会让酒标褪色。葡萄酒对气味十分敏感，由于储藏过程中葡萄酒时刻都在通过软木塞进行“呼吸”，所以应该保证良好的通风条件，用流动的新鲜空气驱赶酒窖中的霉味和腐烂的气味。在大型的葡萄酒储存设施中，空气的过滤也是必不可少的措施，可以防止有害细菌和气味的侵入。储存过程中还应该避免葡萄酒频繁震动，因为震动会加快葡萄酒中各种化学物质之间发生的反应，葡萄酒长期处于震动状态下其品质会受到损坏。理想的状态是葡萄酒静置缓慢地熟成，不应该被打扰。

冰箱其实并不是储存葡萄酒的好场合，只适合暂时存放几天，并且是价格不贵的葡萄酒。葡萄酒长时间放置冰箱会使瓶塞变硬导致氧化，葡萄酒还可能会受到冰箱定期震动的影响。通常酒窖的恒温效果较好，但要注意瞬间的温差变化，酒窖温度与室温若相差太大，在取出葡萄酒时，对比较敏感的葡萄酒也会产生一定的伤害，所以自动控温的酒窖或酒柜最好在夏季时将温度略微调高一点。储存葡萄酒最实用和最便捷的方法，就是使用酒柜，控温精确、调节湿度、避振避光性能好的专业电子酒柜可以达到储存葡萄酒所需要的相关标准。当然如果要长期贮藏品质卓越的葡萄酒，最好还是选择专业的葡萄酒贮藏公司，专业的葡萄酒贮藏公司有着葡萄酒贮藏所需的各种硬件设施和调控能力。

4. 摆放方式

葡萄酒的正确摆放应是平放或瓶口略微向上倾斜 15°，这样可以使软木塞接触酒液保持湿润，防止空气或细菌的进入。对于需要储存较长时间的葡萄酒，瓶口向下的方式并不可取，因为长时间储存会有沉淀聚集在瓶口处，并粘附在瓶口，倒酒时会连同沉淀一起倒入酒杯，影响葡萄酒的口感和观感。平放或瓶口略微向上，可以使沉淀聚集在瓶子底部。

5. 关于未喝完葡萄酒的存放

至于已经开了瓶而未喝完的葡萄酒，比较理想的方法是使用葡萄酒保鲜器。保鲜器可以把酒瓶中的空气抽光，同时起到瓶塞的作用，防止空气进入瓶中，可以在冰箱中冷藏 1 周至 2 周的时间。如果没有保鲜器，只能用原瓶塞塞住瓶口并直放，以减少瓶中的酒和空气接触的面积，在冰箱中的冷藏时间不要超过 3 天。其实，冰箱并不是保存葡萄酒的好地方，因为冰箱内部有各种异味，所以葡萄酒开瓶后应尽早喝完，保存的时间越长，其风味也就散失得越快。

三、葡萄酒与食物的搭配

美酒美食永不分家，品美酒、尝美食、好食配好酒。葡萄酒与美食的搭配可能体现出三种效果，一是互相提携美味，二是用葡萄酒衬托出菜肴的最佳风味，三是用菜肴反衬出葡萄酒的香醇可口，因此需要先确定是“酒配餐”还是“餐配酒”。搭配的总原则是不要喧宾夺主，一般用复杂的葡萄酒搭配简单的菜肴来充分体现葡萄酒的特性，或者用简单的葡萄酒搭配复杂的菜肴以充分体现菜肴的美味。当然，如果葡萄酒和食物能相辅相成得到 1+1>2 的超值享受，那是再好不过的了。世间美酒美食何其多，应该如何搭配才是真正的“合拍”呢？葡萄酒配餐的一个简单搭配方法是：当地酒配当地菜。早前欧洲各个产区所生产葡萄酒的风格就是为了和当地的美食搭配，比如法国勃艮第的红酒配当地的红酒公鸡，卢瓦河的白酒配当地的河鲜……

葡萄酒和食物的搭配并没有死板的标准公式，我们不能说某种酒一定要搭配某一特定的食物，只能说某些搭配会更好一些。如果以葡萄酒风味特点为出发点，选择与之搭配的食物，需要考虑葡萄酒的酸度、甜味、单宁以及葡萄酒的香味特点。如果以食物风味特点为出发点，选择与之搭配的葡萄酒，不仅要考虑食材原味，还要考虑调料以及加工的影响。葡萄酒和食物里面有些元素是相辅相成的，想要搭配得当，就必须了解葡萄酒和食物的基本元素，以平衡为重点，掌握一些葡萄酒与食物搭配的基本原则，才能更好的体验美味的交融。

（一）味道的基本元素

在品尝葡萄酒风味的过程中，尽管我们的鼻子能辨别很多种气味，但口腔中的味蕾只能分辨出四种基本味道：酸、甜、苦、咸。了解各种味觉间的相互关联、以及它们在葡萄酒和食物中的相互作用，为餐酒搭配提供合理的依据，以使食物充分地烘托出葡萄酒的最佳风格特征。

1. 酸度

葡萄酒通常具有一定的酸度。葡萄酒中的酸能清洁味蕾，降低食物的肥腻感，还能化解一些海产鱼类的腥味。脂肪含量较高或带有浓郁奶油汁的食物，都是搭配具有较好酸度的葡萄酒的佳选，如贝壳类海鲜、沙丁鱼、奶油意大利面等。清新的雷司令葡萄酒和没有经过橡木影响的巴贝拉葡萄酒，能够很好地搭配肥腻的肉类，比如鸭肉或鹅肉等。葡萄酒中的酸还能与食物中的酸性物质如柠檬、番茄等相互补充，所以酸度低的葡萄酒可以搭配带有一定酸味的食物。但要注意的是，葡萄酒中的酸度应比食物的酸度要高，否则食物的酸会盖过葡萄酒而破坏其原有的平衡口感，葡萄酒的活力感和清爽度会随之下降。因此，任何食物里面的酸度必须和葡萄酒里的酸度相匹配。如意大利菜主要配料使用西红柿，柠檬，醋油等，搭配高酸度的意大利酒是最佳的选择。

2. 甜度

甜度是餐酒搭配中一个重要的考虑要素。葡萄酒的甜度至少要与食物中的甜度一致，否则美食中的甜味容易突出葡萄酒的苦、酸、涩，而且会降低葡萄酒中的甜味和果味，酒体变轻。“甜酒配甜食”，晚收葡萄酒，特别是贵腐酒是搭配甜点的理想选择。葡萄酒中的甜味还能中和食物中的辣味和咸味，辛辣食物与甜酒搭配能够降低辣味，减轻口腔刺激感，如川菜最适合搭配微甜的干白葡萄酒，如半干或半甜的雷司令、琼瑶浆，却不适合浓郁的红葡萄酒，其辣味会凸显酒中的酒精味。搭配具有一定甜味的食物时，干型葡萄酒会显得尖酸和过酸，除非是酒精度很高的葡萄酒，这就是波特酒完美搭配甜食和甜点的重要原因。

3. 苦和单宁

葡萄酒中的苦味来自浸渍和压榨时从葡萄的皮、梗和籽中萃取出来的单宁，也有少量来自熟成时使用的橡木桶，具有明显的涩感。红葡萄酒中的单宁能与动物性蛋白质结合，柔化葡萄酒在口腔中的粗涩感，同时肉质也显得更加鲜嫩，所以赤霞珠、西拉等高单宁含量的葡萄酒可以很好地搭配烤红肉和牛排等肉食，即“红酒配红肉”。但高单宁葡萄酒搭配过甜、过咸的食物时会使酒的涩感加重，与辛辣食物搭配会加强口腔中的辣味和苦味。高单宁葡萄酒还应避免与油腻食物搭配，否则会在口腔中产生不愉快的金属味，如黑鲔鱼腹部的脂肪含量丰富，口感最佳，但不适合与高单宁红酒搭配，搭配低单宁口感柔和的葡萄酒会更好。

4. 咸

尽管葡萄酒中很少会有咸味，但咸味在食物中却很常见。咸的食物可以搭配爽口的高酸葡萄酒，带有咸味的新鲜生蚝能与未经橡木桶的夏布利霞多丽完美搭配。食物中的咸可以增强葡萄酒的甜味，还能降低苦味和酒精感，如羊乳干酪和苏玳甜酒的搭配。

（二）葡萄酒和食物搭配的基本原则

1. 质感和酒体

质感是指食物在口腔中的重量和感觉，如果食物的味道精致、回味不长或不太刺激，可认为其质感轻。如果食物的味道充满整个口腔，在口中的质量重，则认为质感重或饱满。酒体指葡萄酒在口腔中的重量，葡萄酒的酒体取决于酒精度、残留糖分、可溶性风味物质以及酸度。比起颜色和香气来说，酒体是考虑配餐时最重要的部分，也是首要考虑因素。匹配食物和葡萄酒的重量，将相同质感的食物与葡萄酒搭配，是葡萄酒和食物搭配的基本原则之一。

对于质感较重的食物，如野味、熏肉、红烧肉和烤龙虾等，优先考虑厚重浓郁的葡萄酒，如烤牛肉或牛排搭配浓郁的西拉或赤霞珠干红葡萄酒，肥美、油质感强的苏玳搭配同样肥美的鹅肝。和肉类搭配时，重酒体的白葡萄酒比轻酒体的红葡萄酒可能会更加适合。清淡的食物如白肉或者清蒸鱼则需用细致的葡萄酒来搭配，常选择白葡萄酒如霞多丽、长相思干白等，也可搭配轻酒体、低单宁的红葡萄酒。如清蒸梭子鱼搭配年轻的雷司令，葡萄酒与食物的质感相似并且风味融和，但若搭配西拉干红葡萄酒则梭子鱼细微的味道会完全被酒所掩盖。

2. 风味浓郁度

浓郁度是指葡萄酒或食物在口腔中被感觉到的力度和复杂度。食物的浓郁度应与葡萄酒的浓郁度相匹配，如果葡萄酒的香气比较突出，那么选择与之搭配的食物气味也要与之协调。葡萄酒与食物的味道浓淡差距不能太大，否则会使食物的细致优雅荡然无存，或使葡萄酒更加淡而无味。香气浓郁、风味复杂的食物能刺激口腔中的味蕾，搭配同样浓郁的葡萄酒，风味相得益彰。同样，简单、精致的食物也适合搭配清爽风格的葡萄酒。

香气重的食物可搭配香气浓郁的葡萄酒，如哈密瓜配琼瑶浆、烤肉配西拉干红，而蒸食则配香气清淡的葡萄酒更加合适。添加香料的菜肴需要香气浓郁、口感浓重、甚至带有甜味的葡萄酒搭配，如香辣川菜配微甜干白葡萄酒，其甜味能够降低辣味，但却不适合搭配浓郁的赤霞珠，因为辣味会凸显赤霞珠葡萄酒的高酒精度并使葡萄酒变苦。

3. 对立和补充风味

通常，当葡萄酒与特定的食物搭配后，可以展现出一些之前所没有出现的风味。同样的，当食物与适当的葡萄酒搭配后也可能产生新的味道。香气常为同向法则，口感为同向或反向法则。食物里的香气经常和葡萄酒的香味相互补充又形成反差，关键是使葡萄酒与食物中的细微差别能互相弥补，从而让那些隐藏的风味展现出来。如意大利的桑娇维斯可能会有一些微妙的、含蓄的橡木和香料的香气，当与带有烟熏味、胡椒味的烤鸭搭配时，桑娇维斯的香气会变得更加明显。所以，餐酒搭配的一个决窍是，首先找出葡萄酒的主要风味。一旦确定了葡萄酒的主要风味，就可以运用味道的基本元素和专业知识，找到正确搭配的食物。

第六章　主要酿酒葡萄品种

目前世界上约有 10 000 多个葡萄品种，但只有少部分用于商业酿酒，重要的酿酒葡萄约有百余种。酿酒葡萄的特点是颗粒小，皮厚汁多肉少，厚厚的果皮可以用来提取色素和香气，葡萄籽则能够给红葡萄酒带来充足的单宁,果皮的厚度和色泽程度与葡萄酒的风味密切相关。通常酿酒葡萄按照其成熟时的色泽可以分为红葡萄和白葡萄两大系列。白葡萄颜色多为黄色至浅绿色，主要用于酿制起泡酒及白葡萄酒。红葡萄颜色有黑、蓝、紫红、深红色等，果肉有的深色，有的与白葡萄一样呈无色，因此红葡萄不仅可以酿制红葡萄酒，白肉的红葡萄去皮榨汁之后也可用于酿造白葡萄酒。

葡萄品种是葡萄酒风味的最根本影响要素，葡萄品种的差异主要表现在颗粒的大小、果皮厚度、色泽、单宁质量、风味成分的构成、熟成难易度、土壤和气候的适应性等方面，这些因素不同，所酿制葡萄酒的风味及其特性、香味、酸度和个性等也都不同。葡萄品种各自特有的香气物质形成了各种葡萄酒的独特性，可以说葡萄品种是葡萄酒的灵魂，而其品种香气则是灵魂的支撑。葡萄品种的浆果香气正是葡萄酒果香的来源，不同的葡萄品种，含有不同的果香成分，因此酿成的葡萄酒果香也就各不相同，形成的风味也独具特色。红葡萄品种多以黑色水果或者红色水果为主，浆果香气比较浓郁，酿制出的红葡萄酒香气也浓郁。白葡萄品种多以花香以及青苹果、柠檬、香蕉，菠萝等水果为主，果香淡雅，酿制出的白葡萄酒的香气也较清淡。不管是红葡萄品种还是白葡萄品种，它们的生长特性及种植所必需的自然条件，如气候、土壤、日照等因素都决定了每个葡萄酒产区对葡萄品种的选择。

一、主要红葡萄品种

（一）赤霞珠（Cabernet Sauvignon）

赤霞珠是世界最著名的红葡萄品种，和美乐一起在世界上的种植面积最为广泛。赤霞珠属欧亚种，与蛇龙珠、品丽珠同为 Cabernet 姐妹，DNA 试验发现，赤霞珠是在 17 世纪时由品丽珠（Cabernet Franc）和长相思（Sauvignon Blanc）通过自然杂交而形成。赤霞珠是红葡萄品种中当之无愧的王者，全球很多顶级红葡萄酒都是使用大比例赤霞珠酿造的，尤其以在波尔多左岸的特级产区葡萄酒酿造中占主导地位而闻名于世。

1. 生长条件

赤霞珠原产法国波尔多，温暖的海洋性气候正适合于赤霞珠的成熟。赤霞珠适宜在深厚、排水性能好的砂砾土质中生长，喜欢温暖而炎热的气候，在寒冷的天气里较难成熟。其特点是果小皮厚，颜色呈蓝黑色，产量较低。赤霞珠是一个晚熟的葡萄品种，发芽和成熟都比较晚，春寒霜冻较难影响到它的生长，也不太会有秋天采摘前雨水较多导致果粒腐烂的问题，因而对采摘时间的要求并不高。良好的种植性和产量的稳定性，是赤霞珠在全世界范围内广受欢迎的原因之一。

2. 主要特点

赤霞珠的香气以黑色水果为主，如黑莓、黑醋栗、黑樱桃和黑李子等，常伴随有薄荷、桉树、雪松、青椒、青草等植物香气。赤霞珠酿制的葡萄酒单宁含量丰富、香气浓郁复杂、颜色深浓，年轻的赤霞珠常带有蓝色。骨架结实而凝重，高酸，高单宁，重酒体。由于赤霞珠口感强劲，单宁感较重，通与美乐、品丽珠等混酿，以柔化自身的生涩特性。

赤霞珠非常适合在橡木桶中熟成，在柔化单宁的同时也给酒增添了烟草、咖啡、香料、橡木和巧克力等烘烤香，这些香气在老熟的酒中非常突出。赤霞珠籽多皮厚，单宁和色素含量高，会带给葡萄酒较重的酒体和结构，具有极佳的陈年潜力，陈年后逐渐可以发展出雪松、雪茄盒、麝香、皮革、蘑菇和泥土的气息，顶级的赤霞珠葡萄酒可以陈放数百年。赤霞珠的真正魅力就在于其瓶中陈酿过程中发展出来的风味物质。

由赤霞珠酿造的葡萄酒，受葡萄采收时果实成熟度影响很大，如果葡萄的成熟度不够，酿出的葡萄酒中青草及青椒等植物性气味明显。若果实成熟完美，酒中呈现出黑莓果酱的香气，并伴有胡椒以及陈年黑醋栗的气味。

3. 著名产区

赤霞珠原产法国波尔多，目前，在法国及新旧世界的其他众多产区如美国、澳大利亚、智利、阿根廷、南非、意大利、西班牙等均有种植。赤霞珠在法国主要种植在波尔多地区以及法国西南部，是波尔多左岸梅多克地区的明星葡萄。在梅多克南部的上梅多克，地势较高，有着最适合赤霞珠生长的砾石土壤，最富盛名的村庄就是以气势雄伟著称的波亚克村，许多顶级的赤霞珠葡萄酒产于此地，5 个一级庄中就有 3 个都在此处：拉菲堡、拉图堡、木桐堡。梅多克以南的格拉夫地区，气候更加温暖一些，适合种植一些早熟、多果香的赤霞珠。在波尔多右岸，也有少量的赤霞珠种植。

新世界国家由于气候温暖炎热，成熟的赤霞珠会有更多甜美的黑樱桃、黑莓的果香，成熟的单宁在口中也会柔和许多。美国加州的索诺玛和纳帕谷，赤霞珠在这里展现出深不见底的色泽，甜美浓郁的果香和橡木风味，厚丝绒般的单宁，丰满的酒体，既可以年轻时饮用，也拥有数十年的陈年潜力。澳大利亚南澳的库拉瓦拉和西澳的玛格丽特，气候较为温和，赤霞珠具有更多细腻的变化，不仅具有张扬的果香，还常常带有一丝桉树叶以及薄荷的香气。

除了一些较温暖的地区外，一般情况下，用赤霞珠酿制而成的单一品种葡萄酒丰富度不够，缺少与强劲的单宁和深浓的颜色相平衡的物质。在波尔多，赤霞珠通常与美乐和品丽珠一起混酿，果香浓郁而又早熟的美乐和口感强劲的赤霞珠是天作之合，赤霞珠主要用于增添颜色、单宁和酸度，美乐增添酒体以及柔化单宁，品丽珠则可以给葡萄酒增添更多的香气。这样的经典组合称为“波尔多混酿（Bordeaux Blend）”。在意大利托斯卡纳地区赤霞珠常与桑娇维塞搭配，在澳大利亚和法国的普罗旺斯，赤霞珠还常与西拉搭配，酿出的葡萄酒口感极为丰富。

（二）美乐（Merlot）

美乐与赤霞珠一样，原产于法国，是世界上分布最为广泛的红葡萄品种，可说是赤霞珠最好的亲姐妹，是目前波尔多种植面积最广的葡萄品种。

1. 生长条件

美乐葡萄的果粒呈蓝黑色，体小皮薄，产量高，在炎热或凉爽的地区都能生长。炎热气候下的美乐展现的风味会更为成熟，而在凉爽气候下则呈现出更为优雅的个性。美乐喜欢潮湿凉爽、富含石灰石的黏土土壤，这种土壤有着很好的蓄湿功能，能帮助葡萄健康生长。采摘时间对美乐十分重要，美乐的成熟期比赤霞珠要早一些，发芽、开花和成熟至少早一个星期，在波尔多地区美乐常比赤霞珠提前二周采摘。若采摘时间过晚，葡萄中的酸度则会极低。

2. 主要特点

美乐酿制的葡萄酒颜色较深、果香丰富，在较凉爽地区，常带有李子、草莓和红樱桃等红色水果的香气，炎热气候下则带有黑莓、黑李子等黑色水果的香气。美乐也非常适合在橡木桶中培养和熟成，以获得更多的巧克力、香草、椰子、丁香风味，其陈酿成熟速度快于赤霞珠。大多数美乐葡萄酒无需长期陈年就能达到魅力的顶峰。

与赤霞珠相比，美乐的果皮颜色稍淡，果实含糖量较高，苹果酸含量略低，单宁柔顺，能够比赤霞珠适应更凉爽的环境条件。单品种美乐酿造的新酒呈漂亮的深宝石红，果香浓郁，酸度中等，重酒体。其单宁中等柔顺，如丝绒般的口感，具有梅子气息，常用来柔化赤霞珠强劲的口感，增添酒体。

3. 著名产区

美乐原产法国，是一种备受人们喜爱的国际红葡萄品种，几乎所有的主要葡萄酒产国都有广泛种植，种植区域包括法国、美国、意大利、智利、澳大利亚、南非、阿根廷等国家，它在全球的种植区域分布甚至比赤霞珠还要广泛。

美乐在法国的西部和南部都有着非常广泛的种植，最著名的产区是波尔多。在左岸出产的红葡萄酒中，美乐更多是为酒提供骨架和饱满感，风格较为强劲，酒体较饱满，单宁含量和酸度较高，以黑色水果风味为主。右岸的美乐葡萄酒风格更为柔和，单宁含量和酸度中等，以红色水果风味为主。美乐在波尔多左岸比例较小，主要用于柔和赤霞珠强劲的口感，在右岸则是绝对占主导地位的明星，尤其是在圣爱美容和波美侯等产区是最重要的葡萄品种。圣爱美隆的葡萄酒以美乐为主，有些地区会使用更多的品丽珠和美乐调配，通常使用橡木桶熟成。年轻的圣爱美隆酒带有红色水果香气，成熟后会生成复杂的皮革、松露香气，顶级的圣爱美隆酒有 20 年以上的陈年能力。紧挨着圣爱美容的波美侯在右岸具有帝王般的地位，最著名的柏翠酒庄几乎完全采用 100%美乐来酿造葡萄酒。在波尔多的两海之间以及朗格多克等产区也种植了大量美乐，朗格多克地区的美乐葡萄酒大多属于地区餐酒，产量很高，风格温和，个性甜美，带有少许的植物香气。

新世界种植赤霞珠的地方几乎都种植美乐，许多新世界国家都偏爱用美乐酿制果香浓郁、口感柔和的葡萄酒。美国加州纳帕谷出产的美乐有着天鹅绒般的单宁，厚重的酒体，高酒精度以及经典的黑莓和李子香气。智利中央河谷的美乐则价格便宜、柔和多汁、适合大口饮用。

（三）品丽珠（Cabernet Franc）

品丽珠是源自法国波尔多地区最古老的酿酒葡萄品种之一。DNA 的分析表明，赤霞珠、佳美娜和美乐都是品丽珠的后代。

1. 生长条件

相对于赤霞珠和美乐来说，品丽珠更适合凉爽的气候，适合在凉爽的内陆气候条件下生长，且成熟时间更早。品丽珠喜欢凉爽、湿润的粘土，在波尔多北面的卢瓦尔地区特有的杜佛岩上表现完美，是卢瓦尔河谷最重要的红葡萄品种。波尔多右岸地区的土质尤其适合品丽珠的成熟，让香味得到充分的发挥，所以右岸的葡萄酒中品丽珠的含量都比较高。

2. 主要特点

品丽珠果实果粒较小，果皮呈蓝黑色，果皮较薄，容易完全成熟，酿制的葡萄酒颜色浅，单宁低，中高酸度，酒体在轻盈和适中之间，口感更为柔和。品丽珠年轻时呈现微妙的红色水果如草莓、覆盆子、紫罗兰的香气和香料的味道，以及特有的植物和青椒气息，有时带有明显的削铅笔气味，冷凉产区如卢瓦尔河谷产区往往青椒气味明显。在橡木桶中熟成后会生成甜美的牛奶、巧克力香。

品丽珠香气明显，果味比赤霞珠更直接，有时带有一些草本植物香。除在卢瓦尔河谷大多使用单一品种酿造外，品丽珠单独酿酒不太常见，多用于调配，以增添香气。通常与赤霞珠和美乐混酿，赋予葡萄酒更复杂的结构和更丰富的香气，使得我们既可以在好年份耐心等待葡萄酒陈年后带来的复杂变化的惊喜，也可以在平常时享受它年轻状态下美好的果味。

3. 著名产区

品丽珠比赤霞珠更容易成熟，因此在北半球可以种植在偏北的地区，比如在法国从波尔多一直往北到卢瓦尔河谷，都能发现品丽珠的身影。目前，品丽珠在全世界葡萄酒产区如法国、美国、意大利、加拿大、南非、阿根廷、智利等 20 多个国家都有广泛种植，尤其是在生产高质量波尔多风格葡萄酒的产区，扮演着重要的角色。

品丽珠在法国，一半分布在卢瓦尔河谷地区，另一半分布在法国西南部。品丽珠是卢瓦尔河谷最重要的红葡萄品种，大多使用单一品丽珠酿造，酿出的酒浅宝石红色，带有红色水果及一些植物的香气，中等单宁，知名产区有安茹索米尔产区的索米尔-香皮尼、都兰产区的西弄。在卢瓦尔河谷的安茹产区，品丽珠也用来酿造著名的安茹桃红酒。品丽珠在波尔多左岸主要用于和赤霞珠、美乐调配。在波尔多右岸则更加受到重视，地位仅次于美乐，常和美乐大比例调配，如圣爱美隆的一级特等酒庄白马堡和欧颂堡，所出产的葡萄酒中品丽珠的比例能达到 50%以上，是世界上最奢华的葡萄酒，用出色的表现证明了品丽珠也有巨大的陈年潜力。

在澳大利亚和美国，酿酒师们更青睐于用品丽珠酿制复杂的波尔多混酿。在加拿大和新西兰的品丽珠带有清新的红色水果香气，口感柔和，轻酒体。在北美较凉爽的北部及东部产区，尤其是加拿大的安大略省，由于品丽珠比赤霞珠更容易成熟，已经成为深受当地葡萄种植者青睐的红葡萄品种，虽然也被酿成干型红葡萄酒，但更多的被用来酿造冰酒。

（四）黑皮诺（Pinot Noir）

黑皮诺原产于法国勃艮第产区，是法国勃艮第和香槟地区的重要红葡萄品种。黑比诺在勃艮第表现最为完美，这里的红葡萄酒大都是采用黑比诺葡萄酿造。

1. 生长条件

黑皮诺是一种娇贵的红葡萄品种，是主要红葡萄品种中被公认为最挑剔、最难照料的品种，产量小且不稳定。黑比诺对气候和土壤非常挑剔，适宜凉爽的气候和排水良好的山地栽培，在石灰黏土中生长最佳，世界上只有少数几个地区的环境适合黑皮诺的生长。黑皮诺长期以来一直种植在勃艮第，但它极易退化和变异成白皮诺、灰皮诺、莫尼耶皮诺、坦图尔皮诺、早熟黑皮诺等品种。黑皮诺易受霉菌影响，抗病性较弱，是一个需要葡萄种植者和酿酒师精心照顾的葡萄品种，也是红葡萄酿造白葡萄酒的代表品种之一，香槟地区出产的香槟很多是添加了黑皮诺酿造的。

2. 主要特点

黑皮诺属早熟型，果皮薄，酿造的葡萄酒颜色较浅，呈浅宝石红色，口感高酸度，单宁较低，单宁极度细致柔和，酒体偏轻，具有不浓不淡的果香、花香和橡木香。黑皮诺以香气多变和细腻著称，年轻时呈现红色水果如草莓、覆盆子、樱桃的香气，成熟后展现出动物皮毛、蘑菇、泥土的复杂香气。黑皮诺在太过冷凉的地区若成熟度不好，则酿出来葡萄酒会有太多的植物味，如洋白菜、湿树叶等，因此种植在凉爽地区的黑比诺需要适当的成熟才可用于酿造。而在炎热的地区，黑比诺优雅的芳香会流失，酿造的葡萄酒会有过重的果酱味。

除了顶级的勃艮第酒，绝大多数的黑皮诺不具窖藏能力，适于三至五年内年轻饮用。上好的黑皮诺与橡木桶结合完美，使用橡木桶熟成后则可能拥有数十年的陈年潜力。黑皮诺葡萄酒充满激情且极为细腻优雅，绝大多数的黑皮诺都是使用单一葡萄品种酿造，很少用以调配。不同年份的黑比诺品质差别较大，酿造品质优异的黑皮诺是很多酿酒师的追求。

3. 著名产区

黑皮诺在整个法国东部都有种植，最顶级的黑皮诺出产在法国勃艮第金丘产区北部的夜丘产区，以强劲细腻、复杂耐久存而名扬天下。在夜丘，全球最贵的罗曼尼—康帝就为 100%黑皮诺酿造，集强劲和细致于一体，拿破仑最喜爱的红葡萄酒哲维瑞—香贝丹以威武雄壮的风格著称，香波—蜜思妮、武乔则具有极致的细腻优雅口感。金丘南部的伯恩丘，虽是全球顶尖的霞多丽产区，但也出产上好的黑皮诺红葡萄酒，如玻玛村的玻玛酒，颜色深红，带有动物皮毛的味道，方正坚硬，单宁生涩，是勃艮第单宁最重的红酒之一，年轻的时候非常闭塞，需要时间才能缓缓展开。黑皮诺是香槟产区的法定品种之一，是红葡萄酿造白葡萄酒的代表品种之一，主要用于调配，以增加香槟的复杂度，同时也是生产桃红香槟必不可少的品种。黑皮诺同时也是法国阿尔萨斯法定产区唯一允许种植的红葡萄品种，现在该地区黑皮诺的种植面积接近 10%，与勃艮第黑皮诺相比，阿尔萨斯黑皮诺口味较为轻淡，多用来酿造酒体轻盈的红葡萄酒或桃红葡萄酒。

因为对气候的要求比较严格，除法国外，黑皮诺在世界上的其他地区表现并不稳定，但是目前除了极其炎热的地方，它几乎在世界各产酒区均有种植。在德国、美国、澳大利亚与新西兰都有优秀的黑皮诺葡萄酒出产。德国的优质黑皮诺（德国称为 Burgunder）主要种植于法尔茨和巴登产区，区域内气候凉爽，生产的黑皮诺带有明显的红色浆果芳香，单宁含量较低。近年来，黑皮诺在美国加州越来越受到关注，这里的黑皮诺带有黑色浆果和覆盆子的味道，尤其在凉爽的产区，如卡内罗斯、索诺玛、俄勒冈、威拉麦狄谷表现得非常出色。俄勒冈州葡萄酒的名气完全得益于口感细腻、果香四溢的黑皮诺葡萄酒，该州黑皮诺的种植面积占葡萄园总面积的一半以上。新西兰最有潜力的黑比诺可与勃艮第黑比诺媲美，一般酒体较重，酸度较低，水果味更浓郁，是为长相思后新西兰第二重要葡萄品种。

（五）西拉/西拉子（**Syrah / Shiraz**）

西拉葡萄品种，在法国、西班牙、美国、智利等葡萄酒产区称为西拉（Syrah），在澳大利亚、南非、阿根廷等产区被叫做西拉子（Shiraz）。西拉是非常流行的国际红葡萄品种，在全世界的大部分葡萄酒产区都有大面积的种植。

1. 生长条件

西拉原产自法国，由法国东部的两种古老葡萄品种白梦杜斯（Mondeuse Blanc）和杜瑞莎（Dureza）天然杂交而得。西拉是一个相对高产的葡萄品种，抗病能力强，因而被广泛种植，其广泛程度，在红色品种中只有赤霞珠和美乐能与其相比。西拉适于温和或炎热的气候，在凉爽的气候条件下无法成熟。喜欢有充足的阳光和良好排水能力的陡峭山坡，适宜在富含微量元素的土壤上生长，生长出果串紧凑、果肉厚度中等的果实，果汁甜而有香料的辣味。

2. 主要特点

西拉与赤霞珠类似，果实小，皮厚，颜色深浓，有着“小号赤霞珠”之称。用西拉酿造出来的葡萄酒，颜色深，呈深紫罗兰色或深黑紫色，主要呈现黑色水果（尤其是黑莓）、黑巧克力、黑胡椒的香气，在凉爽地区还会带有薄荷、桉树叶的草本植物气息，在炎热地区则展现出更多的成熟水果和甘草、丁香等甜辛香料的香气。陈酿后会发展出皮革、雪松、湿树叶、松露等动植物气息和复杂风味。西拉葡萄酒甜度略高，中等或偏高的单宁和酸度，单宁柔和成熟，酒体通常较重而且酒精度高。由于酒体丰满、结构紧实、风味浓郁以及较多的单宁，西拉非常适合使用橡木桶熟成，具有较强的陈年能力，通常需要很好地陈年后方能适于饮用。

3. 著名产区

西拉主要分布于法国隆河谷和澳大利亚，此外，美国、意大利、西班牙、智利、南非、葡萄牙、阿根廷等国家的种植比例也在不断增加。

西拉是北隆河单一的红葡萄品种，最有名的产地是罗帝丘和艾米塔基，这里很多优秀的葡萄园位于陡峭的梯田上，坡度常常达到 45 ~ 60°，充足的阳光和良好排水能力使得出产的西拉葡萄酒强劲、复杂且具有陈年的能力。由于葡萄的采摘和打理只能通过人工完成，导致酒的价格很高。艾米塔基以单一品种酒为主，在罗帝丘，酿酒师有时会加入一些小比例的白葡萄品种维欧涅与西拉混酿以增加香气和柔化单宁。这里的顶级西拉陈年能力很强，陈年 20 ~ 30 年后常被误认为是顶级波尔多。即使是一般品质的以西拉为主的葡萄酒也可以陈年 6 ~ 8 年。南隆河地势较为平坦开阔，但比较炎热，在这里西拉主要和歌海娜、慕维得尔相调配，另外也可搭配较少比例的神索等，这种调配方式被称为 GSM，为教皇新堡首创，是南隆河产区经典红葡萄酒混酿形式。

西拉在澳大利亚被称为西拉子（Shiraz），是澳洲最具代表性的红葡萄品种，几乎所有的产区都有种植，在澳洲的炎热气候下表现极其出色。酒体饱满、单宁柔和、甜美馥郁，带有浓浓的新鲜黑莓、黑浆果香味，完美的体现了澳洲的热烈阳光风情。在澳大利亚可以出产多种风格的西拉子葡萄酒，南澳的巴罗萨谷和麦克拉仑谷产区，干燥炎热，所生产的西拉子葡萄酒具有更厚重的酒体、柔和的单宁和较低的酸度。普遍运用新橡木桶或橡木片给酒添加更多烟熏、香草和椰子的味道。在炎热潮湿的猎人谷产区，西拉主要为红色水果香气、单宁柔和、并带有泥土般的矿物质风味。西澳的玛格利特河气候凉爽，西拉葡萄酒更为优雅平衡，带有更多青椒和薄荷的香气，酒体较炎热产区的要轻一些。在澳大利亚，跨大区的调配很普通，可以把不同产区西拉子的特性综合起来，让酒变的更复杂一些。这类酒产量巨大，而且价格便宜。

（六）歌海娜（Grenache / Garnacha）

歌海娜（Grenache）是原产于西班牙的葡萄品种，在西班牙被称为“Garnacha”，是目前世界上种植最为广泛的葡萄品种之一，仅次于赤霞珠和美乐。

1. 生长条件

歌海娜为相当晚熟的品种，非常适合种植在炎热干燥的地中海气候国家，只有在炎热地区才能完美成熟。其糖份含量高，酸度温和适中，但产量过高会稀释果实的风味和颜色。喜欢排水性良好的干燥土壤，具有较强的抗干旱能力，在寒冷和潮湿的天气条件下容易被霜霉菌、拟点霉菌和灰霉菌等感染。

2. 主要特点

歌海娜皮薄色浅，以红色水果如草莓、覆盆子、樱桃、蓝莓、石榴等的香气为主，并带有一点白胡椒、草药、甘草等香料的香气，在炎热地区或者产量较低时，多表现为黑莓、黑橄榄、咖啡、黑胡椒以及烤果仁的气息，而在凉爽地区或者产量较高时，又会呈现出泥土、香草、甚至薄荷等气息。歌海娜陈年后会发展出皮革、焦油、太妃糖的香气。歌海娜酿制的葡萄酒通常酒精度较高，果香浓郁，低单宁，低酸度，重酒体，大多适合年轻时饮用。歌海娜单一品种葡萄酒较少，更多是与其他品种如西拉、佳利酿、神索等调配，用来增加葡萄酒的果味，但又不会增加其单宁。但正是由于歌海娜较浅的颜色和低单宁，被认为是酿造桃红葡萄酒的完美品种。

3. 著名产区

歌海娜是在法国拥有第二大种植面积的葡萄品种，仅次于美乐，在法国南部有着非常广泛的种植。最著名的产区是南隆河，歌海娜是这个地区最重要的葡萄品种，主要和西拉、慕维得尔相调配。教皇新堡在南隆河最具代表性，歌海娜是教皇新堡的13个法定葡萄品种之一，果实小而皮厚，酿造出来的酒颜色深浓，年轻时单宁感很强，带有草本和香料风味，酒精度高，有着成熟的甜美感。GSM调配就为教皇新堡首创，是南隆河产区经典红葡萄酒混酿形式。

歌海娜是西班牙种植最广泛的红葡萄品种，在西班牙全境都有广泛的种植。在里奥哈产区常与添帕尼罗相调配，酿造出复杂可陈年的里奥哈葡萄酒，是西班牙特级法定产区DOCa的主要葡萄品种之一。在纳瓦拉产区，常用于酿造桃红葡萄酒。而在普里奥拉产区，有很多老藤的歌海娜，出产西班牙最好的歌海娜葡萄酒。

此外，歌海娜在澳大利亚、美国、智利、阿根廷、南非等新世界国家以及地中海沿岸都有大量种植，而且表现良好。

（七）佳美（Gamay）

佳美是一个非常古老的葡萄品种，是皮诺和白高维斯杂交后的自然产物，被认为起源于法国勃艮第博纳区南部的佳美村，现在勃艮第仍是它主要的产区，也是酿制风格独特的博若莱葡萄酒的唯一红葡萄品种。

1. 生长条件

佳美是早熟的葡萄品种，比黑比诺早熟两个星期，并且比黑比诺容易种植，产量高，但需要控制产量，特别是种植在肥沃土地上和炎热环境中时。佳美喜欢凉爽的大陆性气候和贫瘠的花岗岩土壤，在碱性的土壤上扎根不会很深，这让它在生长季节经常受到水分胁迫，但其酸度很高，经过二氧化碳浸渍发酵法后，其酸度会变得柔和一些。如果生长在酸性的土壤上，其葡萄果实的自然酸度反而表现的比较柔和。

2. 主要特点

佳美酿造的葡萄酒颜色浅，呈浅紫色，果香新鲜丰富，带有草莓、覆盆子、红樱桃等红色水果以及类似水果糖的香气，中高酸度，低单宁，酒体轻盈，最适合在年轻阶段果味丰富时饮用，一般不耐久存。但近年来，博若莱葡萄酒，尤其是特级村庄葡萄酒，开始采用和勃艮第红葡萄酒产区一样的酿酒方法，即完全采用橡木桶熟成，不过佳美葡萄酒的酿制过程仍旧很短。佳美在博若莱地区通常种在花岗岩土壤上，颜色较深，还带有一些黑色浆果及黑胡椒的香气。用佳美酿造的桃红葡萄酒，口感圆润，带有糖果和西瓜的香气。

3. 著名产区

佳美主要种植在法国勃艮第南部的博若莱地区，尤其是在其北部地区——上博若莱，气候凉爽，适合酿造酒体较轻的红葡萄酒。佳美是绝对的博若莱王牌品种，有着高达99%的种植面积，种植于此的佳美葡萄果香浓郁，具有红色水果和野花的香气，单宁结构更为强劲，能酿造出口感浓郁、具有深度的佳美葡萄酒。著名的博若莱新酒（Beaujolais Nouvaus）就是完全由佳美葡萄酿造的，采用二氧化碳浸渍法酿造，将采收后的整串未经破碎的葡萄置于密封罐内，注入二氧化碳，使葡萄在缺氧环境下启动细胞内发酵。酿出的葡萄酒颜色浅，带有明显的红樱桃、覆盆子、蔓越莓、无花果、香蕉的香味，尤其以泡泡糖味最为明显。果香清新、丰富，酸度较高，酒体轻盈，结构相对简单，单宁含量极低，柔和顺口，非常适合在最新鲜的时候饮用。博若莱新酒最大的特色就是从葡萄采摘到发酵成葡萄酒，再到熟成上市只需要两个月的时间，当年即可饮用，它是在法国唯一能喝到的当年生产的AOC级别的葡萄酒。

在博若莱以外的地区，或许是因为佳美葡萄酒和常见的浓郁的葡萄酒差异过大，佳美葡萄并不受欢迎。在法国卢瓦尔河谷，佳美常与品丽珠和马尔贝克调配，酿制混合型葡萄酒。在瑞士，佳美是仅次于黑皮诺的种植面积第二大红葡萄品种，且多用于与黑皮诺混酿。此外，佳美在美国俄勒冈州、加拿大不列颠哥伦比亚和安大略省、澳大利亚、新西兰和南非都有少量的种植。

（八）佳美娜（Carmenere）

佳美娜是起源于法国波尔多的深色红葡萄品种，是波尔多产区法定可以栽培的六个红葡萄酒品种之一，在18世纪早期曾被广泛地种植在梅多克的葡萄园里，与品丽珠都是当地声名显赫的品种。19世纪中期，根瘤蚜病害使佳美娜葡萄在法国几乎绝迹，幸好在这之前，佳美娜被移植到智利并在智利生长良好，是智利的标志性葡萄品种。

1. 生长条件

佳美娜是一个晚熟品种，温暖的气候条件和充分的阳光有利于葡萄的完全成熟。佳美娜的生命力极为旺盛，可在贫瘠的土壤如沙土中生长。其果实颗粒很小，呈深蓝色。由于容易坐果不良，且根部易受感染，所以佳美娜的产量很低。

2. 主要特点

佳美娜酿造的葡萄酒颜色深浓，呈紫色，香气清新，以草莓、樱桃等红色水果的果香为主，另具有泥土、烟熏、黑胡椒香料等气息，单宁含量高，但比赤霞珠稍弱且更柔和。具有较高的酒精度和较低的酸度，糖分高，酒体丰满，充满浓郁的果香。如果成熟度好，则酒体圆润柔顺，经常带有红色浆果、黑莓、蓝莓、咖啡、黑巧克力和胡椒的辛辣口味。但如果采摘时成熟度不够，佳美娜葡萄酒便会带有明显的青椒和草本风味。

3. 著名产区

佳美娜由法国传入智利，如今，智利是世界上最大的佳美娜种植区。尤其在阿空加瓜和中央山谷地区，受益于当地温暖干燥的气候和充足的阳光，佳美娜的生长期更长，比赤霞珠更晚熟，这使得佳美娜能够达到完美的成熟度。由于佳美娜在智利最初一直被误当做美乐来种植，占到美乐葡萄种植比例的 50%，在很多智利的葡萄酒中常常都混有一些佳美娜的特点。此外，佳美娜在意大利、美国、阿根廷、新西兰、加拿大、法国等国家也有少量的种植。

二、主要白葡萄品种

（一）霞多丽（Chardonnay）

霞多丽原产自法国勃艮第地区，是黑皮诺和白高维斯的杂交后代，为世界上最著名的白葡萄品种，有着“白葡萄品种之王”之称。霞多丽是全球种植最广泛的白葡萄品种，容易栽种，容易酿造，而且容易饮用。经过精心栽培、酿造和陈酿，霞多丽可以酿造出世界上最优质的葡萄酒。

1. 生长条件

霞多丽为早熟型品种，适合各种类型的气候和土壤，在凉爽和温和的地方生长最好，可以适应各种风土条件，以白垩土和带石灰岩的石灰质粘土最佳。耐冷，产量高并且非常稳定，很容易种植，因此霞多丽在全世界各大产区都有种植，在不同的气候和土壤条件下可以酿造出各种风格的葡萄酒。霞多丽果皮很薄，属于早开花和早熟的葡萄品种，易遭受春季霜冻危害，如果气候阴冷潮湿会发生落果和发良不良。但如果生长期的气候过于炎热，霞多丽则会过度成熟，酸度会很快下降，若采摘期延误会使葡萄酒松弛、厚重并缺乏酸度的支撑。

2. 主要特点

霞多丽的香气以果味为主，颜色从淡黄绿色到深金黄色。霞多丽的适应能力很强，无论在寒冷地区还是炎热地区都有良好的表现，但是在不同的气候条件以及不同的酿造工艺下，霞多丽酿造的葡萄酒所表现的风格存在巨大的差异。

在气候凉爽的地区，霞多丽葡萄酒大多为浅柠檬黄，酒体轻盈，高酸度，呈现青苹果、青柠檬等绿色水果的香气。凉爽气候下的霞多丽，尤其是未经橡木桶熟成的，可以说是世界上口感最清爽的葡萄酒，如勃艮第最北端的夏布利，其霞多丽葡萄酒往往带有特殊的锐度以及具有矿物气息的酸度。在温暖地区，霞多丽为柠檬黄，中至高酸，呈现出桃子、水梨的香气。在气候炎热的地区，霞多丽颜色为金黄色，中至低酸，高酒精度，重酒体，呈现出菠萝、香蕉、芒果、熟柠檬、无花果等热带水果的香气，香气浓郁，口感圆润。

霞多丽本身的香气淡雅，可塑性很强，与酒脚接触的时间、是否进行苹果酸-乳酸发酵、是否使用橡木桶发酵和陈酿等等都直接对葡萄酒的风格造成极大影响。霞多丽能很好的与酒脚结合，表现出类似烤面包的酵母风味。大多数霞多丽在酿造过程中会采用苹果酸-乳酸发酵（MLF）将尖锐的苹果酸转化为乳酸，降低酸度，获得更柔和更复杂的口感，并产生黄油香。霞多丽葡萄酒既适合年轻饮用，也具有极强的成年能力，能很好的与橡木结合，可产生类似香草、蜂蜜、坚果、椰子和烘烤等香气，顶级的可窖藏 10 年以上，是白葡萄酒中最适合橡木桶培养的品种。

3. 著名产区

霞多丽原产于法国中东部，富含白垩土土壤的勃艮第和香槟产区是世界公认的最优质的霞多丽葡萄酒产区。尤其是勃艮第北部的夏布利产区，拥有独特的白垩土，出产的葡萄酒酸度高，口感清新酸爽，富含矿物质风味，一般不经过橡木桶陈酿。勃艮第中部伯恩丘是顶级霞多丽产区，出产的霞多丽葡萄酒跟夏布利的风格迥然不同，一般经过橡木桶陈酿，口感浓郁强劲，陈年潜力非常突出。一些产区会在新橡木桶中带酒脚发酵和熟成，并搅桶，酿出的葡萄酒果味丰沛，带着浓浓的奶油、坚果和热带水果的香气，重酒体，口感肥美圆润。勃艮第南部马贡产区出产的霞多丽葡萄酒风格介于夏布利的清新酸爽和伯恩丘的浓郁饱满之间。霞多丽是法国香槟产区唯一的法定白葡萄品种，使用 100%霞多丽酿造的香槟为“白中白（Blanc de Blancs）”香槟，花香迷人，矿物味四溢，口感清新细腻，年轻而奔放。霞多丽也可以与黑皮诺和皮诺莫尼耶进行调配，得到粉红浪漫的桃红香槟。

在法国之外的很多新世界产酒国，比如澳大利亚、美国和智利等，霞多丽也发展得非常成功。除此之外，意大利、新西兰以及南美部分地区也是优秀的霞多丽产区。霞多丽是澳大利亚最流行的白葡萄品种，许多澳大利亚的霞多丽大都会使用橡木块、橡木条或是橡木桶进行发酵和熟成。南澳、阿德莱德山、猎人谷的霞多丽葡萄酒充满热带水果香气和橡木风味，高酒精度。西澳由于气候较冷则霞多丽酸度较高，带有更多柑橘类香气。霞多丽在美国加州的纳帕谷，带有甜美的热带水果香气，明显的橡木、坚果和黄油的味道，重酒体，高酒精度，口感油腻肥美。新西兰由于气候较冷，霞多丽带有青苹果、青柠檬的香气，高酸度，轻酒体，清新爽口。

（二）长相思（Sauvignon Blanc）

长相思是一种芳香型的白葡萄，原产法国的卢瓦尔河谷和波尔多地区，欧亚种，与赤霞珠、美乐、霞多丽、雷司令、黑皮诺并列称为世界六大国际葡萄品种，世界上 80%左右的葡萄酒都是用这六大葡萄品种来酿造的，地位非常重要。清新活泼的长相思生命力非常旺盛，种植范围非常广泛，几乎遍及全世界。

1. 生长条件

长相思成为一个成功的国际品种，很大程度上源于它对气候和土壤的适应能力。长相思萌芽晚，成熟早，故喜欢相对凉爽的气候，土壤以石灰石和燧石为主。长相思的果实颗粒小且果串紧凑，生命力非常旺盛，需要在贫瘠的土壤上种植，并嫁接在低活力的砧木上，以控制其长势。虽然长相思在温和的气候下就能生长，但在凉爽的气候条件下更易展现出高酸清爽和矿物质的风味、以及草本植物芳香的特性，而温和地区生长的长相思则缺乏浓郁、辛辣复杂的植物性香气。

2. 主要特点

长相思的个性非常明显也非常容易辨认，最显著的特点是清爽高酸，有着清爽的植物性香气和清新活力的酸度。长相思酿出的葡萄酒品种香气十分有特色，显示出有力的柠檬、柚子等绿色水果香气，以及强烈的黑醋栗芽苞、青草、芦笋、绿甜椒的植物芳香。黑醋栗芽苞的辛辣浓郁的植物性香气，是长相思的典型特征，也常被形容为猫尿味，其独特的香气，往往是消费者极喜欢或不喜欢的理由。

长相思能酿制世界上香味最为独特的干白葡萄酒，颜色浅，高酸度，中轻酒体，一般为干型。长相思的果皮风味物质丰富，常采用“带皮冷浸”工序，在发酵前将果汁降温，与果皮一同浸泡 4～6 h 甚至一整天，以此来加强它的植物香气，然后再进行低温压榨、发酵，以此来萃取果皮中的芳香物质，且可通过降温冷却抑菌来阻止其苹果酸-乳酸发酵。绝大多数长相思适合在年轻时候饮用，并不适合陈年，酿造时大多不使用橡木桶，以保持清爽活力的口感。只要未经过橡木桶的长相思都不具有陈年能力，并不会随着陈年而提高品质，尽管高酸度可以让其保存下来，但在瓶中陈年 3～4 年后，其果香会减弱并出现微弱的氧化气味，失去自身的新鲜魅力，变得陈旧无味。在橡木桶中熟成的长相思大多来自温和气候地区，可以增加烤面包和香料的味道。长相思也经常用于调配甜白葡萄酒，为其增加酸度。长相思只有在以极具陈年能力的赛美蓉为主调配而成的干型和甜型葡萄酒中，才会有积极的熟成潜力。

3. 著名产区

长相思喜欢相对凉爽的气候，在法国卢瓦尔河、新西兰和智利海岸生长良好。温带气候区如法国波尔多、美国加州北海岸和澳大利亚也都有不错的表现。卢瓦尔河是长相思的著名产区，这里出产的长相思是法国长相思最纯净的代表，特别是在桑赛尔和布衣富美，出产的长相思香气柔和、清新，口感细腻，具有清新的酸度和矿物质的口味。在波尔多左岸，常以赛美蓉为主，加入长相思进行调配，通常会在橡木桶中熟成，增添烘烤和香草甘草的辛香香气，口感悠长，复杂又耐留存。长相思的高酸度，也同样适合酿造甜酒，尤其是在苏玳地区，长相思和 80%的赛美蓉调配，此外还会加入少量的密斯卡岱，长相思的高酸度可以平衡赛美蓉的柔软感，生产出最顶级的贵腐甜白葡萄酒，往往具有杏干、桃脯、柑橘酱的气息。

长相思是新西兰的明星产品，堪称新西兰的“国酒”。马尔堡产区的长相思，果香比卢瓦尔河的长相思更明显，略带汽油和香甜味，有着奔放的植物和青草风味，以及优雅的柠檬和柚子皮香气，高酸，香气浓烈，口感活泼爽直，酒体更饱满。在美国加州，大部分地区气候较温和，长相思经常会使用橡木桶成，以增添酒体，口感更为丰富、柔软，通常会标识“Fume Blanc”。如今，加州越来越多地采用经贵腐菌感染的长相思酿制苏玳风格的甜型葡萄酒。澳大利亚很多地区都有种植长相思，阿德莱得山区的长相思酒体轻盈，中到高酸度，带有猕猴桃、蜜瓜和桃子的风味。西澳的长相思则具有更高的酸度，主要带有香料、甜椒、百香果和矿物质风味，一些高端的长相思会在橡木桶中陈年，增加绵柔的口感。在智利，长相思表现最经典的产区是卡萨布兰谷和圣安东尼谷，受到从南极吹来的冷洋流的影响，气候非常冷凉，出产高酸度的清爽型长相思，口感多汁，带有明显的矿物风味。

（三）雷司令（Riesling）

雷司令是源自莱茵河流域的芳香型白葡萄品种，在全世界都有着广泛的种植，酿造的葡萄酒风格多样，从干型到甜型、乃至贵腐酒和冰酒，各种类型应有尽有。

1. 生长条件

雷司令是一个糖分积累较慢并且能够很好保留酸度的葡萄品种，发芽较晚，因此可以免受春季霜冻的威胁。特别晚熟，一般从 10 月中至 11 月底才开始采摘，漫长的成熟期造就其馥郁的香气。根据酿酒风格的不同，雷司令的采收时间和成熟度要求也会不同。雷司令适合大陆性气候，葡萄藤木质坚硬，因而十分耐寒，有极强的抵御霜冻能力，为寒冷地区的首选葡萄品种。在寒冷地区比在温暖地区生长得更为理想，在温暖地区反而因成熟过快而使香味平淡。土壤要求更为贫瘠，在板岩、花岗岩、片岩上生长良好，多种植于向阳斜坡及砂质粘土上，产量大，为优质葡萄品种中的最高产。

2. 主要特点

雷司令品种特性明显，酒体年轻时香气精巧，呈现青柠檬、柚子、苹果等绿色水果以及小白花的香气，熟成后常伴随烤面包、蜂蜜及矿物质香，老熟的雷司令还有特殊的汽油味。高酸度，甘甜，中轻酒体，淡雅的花香混合植物香，口感丰富、细致、均衡。典型的雷司令干白葡萄酒矿物质特质十分明显，酒体和酒精度为中等，其矿物质风味与水果风味相互平衡，能很好地展现出干型的特点。晚摘的雷司令皮薄，容易感染贵腐霉，可用来酿造顶级的甜酒，甜美的蜂蜜、水蜜桃、杏子的香气，浓甜中的高酸度带来惊人的平衡感。

雷司令葡萄酒是最耐久存的葡萄酒之一，高酸度使雷司令具有上佳的陈年能力，雷司令的高酸度和较高的残糖量结合，使得高品质雷司令的陈年潜力可达数十年之久，甚至上百年。为了保留花香和果香，绝大多数雷司令在不锈钢桶中发酵和熟成，极少使用新橡木桶，以免影响香气。

3. 著名产区

德国出产最伟大的雷司令葡萄酒，特别是在莫泽尔、莱茵高、莱茵黑森和法尔兹产区，出产的雷司令有着淡雅的花香和果香，矿物风味，高酸，轻酒体，低酒精度，陈年潜力强。在德国气候最凉爽的产区——摩泽尔，雷司令的表现最为出色，较晚成熟的雷司令种植在光照充足的斜坡上，斜坡上为富含板岩的土壤，因而可以反射更多的光照和热量以供雷司令充分成熟。摩泽尔的雷司令白葡萄酒带有精致的水果风味和甜度，酒精度较低，酒体轻盈，但酸度非常高，需要在瓶中陈年以进一步柔化。莱茵高的干型雷司令结构坚实，带有些蜂蜜风味。莱茵黑森产区面积辽阔，雷司令的风格也更多样化，有饱满浓郁的，也有紧致鲜活的。法尔兹的雷司令风味偏肥美，酒体饱满，带有明显的蜂蜜味。雷司令在德国被酿制成多种不同风格的葡萄酒，从干型到甜型都有，用雷司令酿造的贵腐甜酒和冰酒具有全世界最高的品质。

德国由于气候较冷，常以葡萄的成熟度即糖度来分级。德国葡萄酒按甜度从低到高分为 6 个等级：珍酿（Kabinett）、晚摘（Spatlese）、逐串精选（Auslese）、逐粒精选（Beerenauslese，BA）、冰酒（Eiswein）、贵腐果粒精选（Trockenbeerenauslese，TBA）。但在德国有些地区会将甜味剂或高浓度的未发酵葡萄汁加入到白葡萄酒中，以酿造便宜甜酒。

除德国以外，法国的阿尔萨斯、澳大利亚的克莱尔谷和伊顿谷、以及新西兰的南岛都是雷司令的优质产区。由于雷司令是一种能够高度反映种植环境和土壤特征的葡萄品种，不同产区的雷司令所酿造的葡萄酒差别较大。在莱茵河对岸的法国阿尔萨斯产区是雷司令的经典产区，这里的秋季较长、气候相对温暖干燥，出产的雷司令葡萄酒表现出更重的酒体、更高的酒精度。阿尔萨斯最好的雷司令可以在瓶中陈酿几十年，发展出烟熏、蜂蜜、汽油等复杂的香气。澳大利亚的雷司令风格独特，在克莱尔谷和伊顿谷等气候凉爽的产区表现最为出色，主要为干型，酒体适中，中高酸度，带有水果的芳香、明显的矿物风味和汽油味道。新西兰的南岛也出产一些高质量的雷司令葡萄酒，干型，高酸度，并有浓郁的绿色水果和柑橘类水果香气，大部分适合在年轻时饮用。

（四）琼瑶浆（Gewürztraminer）

琼瑶浆为芳香浓郁的白葡萄品种，是世界上最著名的芳香型葡萄品种之一。原产于意大利，但目前几乎世界各地都有种植，以法国阿尔萨斯产区最为重要，是阿尔萨斯最有特色的葡萄品种。

1. 生长条件

琼瑶浆属早熟品种，生长旺盛，但容易坐果不良，故产量并不高。由于发芽较早，有时会遭遇春季霜冻。喜欢干旱温和气候，但不适合过于炎热，在炎热地区其含糖量非常高，但酸度却很低，不足以平衡糖度而使口味过于平淡。琼瑶浆对土壤并不挑剔，在排水性好、较肥沃的土壤上生长良好，在石灰石黏土上表现最佳。

2. 主要特点

琼瑶浆的果皮呈粉红色，酿制的葡萄酒一般呈黄色、金黄色且微带桃红色，一些单一品种的琼瑶浆由于果皮和果汁的短暂接触而有着明显的黄铜色和紫铜色。其名字中的“Gewürz”代表香料，香气浓郁，具有相当高的辨识度。琼瑶浆带有标志性的荔枝香气，另外还有玫瑰、丁子香花蕾、以及生姜、肉桂和麝香等香料的香气，口感肥厚圆润，重酒体，高酒精度，其甜美、成熟的口感适合亚洲人的口味。琼瑶浆葡萄的自然含糖量较高，可酿造干型、半干型白葡萄酒，也可酿造甜酒。晚收为生产甜酒的一种方法，晚收的琼瑶浆大多中等甜度，并能发展出杏子、水蜜桃、糖渍水果的香气。琼瑶浆是低酸、高含糖量的品种，陈年能力一般，大多数琼瑶浆葡萄酒适合在年轻、新鲜、果味浓郁时饮用，随着熟成的进行，香气浓郁度会减弱，酒精感会突出，但有些高品质琼瑶浆在陈年后会产生迷人的蜂蜜和干果香味。

琼瑶浆的皮相对较厚，压榨琼瑶浆时要特别注意尽量不要从它粉色的果皮中萃取色素，因而酿造过程中常采用“带皮冷浸”工序。但由于浸皮，回味会略苦。

3. 著名产区

琼瑶浆在世界范围内都有广泛种植，主要种植在法国、德国、美国、澳大利亚和新西兰等气候寒冷的地区。琼瑶浆最经典的产区是法国的阿尔萨斯，尽管琼瑶浆仅占阿尔萨斯地区葡萄种植总面积的 20%左右，但阿尔萨斯是世界上琼瑶浆种植面积最大的产区，有着世界上最适合琼瑶浆生长的环境。阿尔萨斯凉爽的气候和肥沃的黏土环境有利于葡萄果实积累酸度，特别适合酿造酒体饱满的琼瑶浆，风格可以干型、半干型或甜型都有。典型的阿尔萨斯琼瑶浆有着较高的酒精含量和较低的酸度，香气馥郁、结构复杂、入口圆润，带有热带水果、花香和干性的品味，为全世界琼瑶浆葡萄酒的标准。

德国南部也是一个不容忽视的琼瑶浆产地，法尔兹和巴登产区生产的琼瑶浆酒体更轻、香气更淡雅、酸度更高，常被酿造成干型葡萄酒。美国华盛顿州的琼瑶浆口感甜美、成熟，在俄勒冈州则带有明显的烟熏味和更多的香料味。澳大利亚最好的琼瑶浆来自克莱尔谷、大南部地区和塔斯马尼亚，在这里，琼瑶浆常用于酿制单一品种葡萄酒或与雷司令混酿，为酒中增添更多芬芳的香料气息。在新西兰，琼瑶浆大部分集中在北岛的吉斯本、霍克斯湾和南岛的马尔堡，芳香独特、酸度脆爽。

（五）赛美蓉（Sémillon）

赛美蓉属欧亚种，原产自法国波尔多，目前在世界各地都有种植，尤以法国和澳大利亚最为经典。

1. 生长条件

赛美蓉一个易于栽培的葡萄品种，比长相思萌芽晚却成熟早，生命力旺盛，产量高且对病害的抗性较强。赛美蓉的果实颗粒较小，果皮一般呈金黄色，在温暖的气候条件下，成熟的葡萄果皮呈粉红色。由于果皮比较薄，在炎热的地区容易被灼伤，会影响其酸味和新鲜度，所以适合种植在阳光充沛但气候凉爽的地区，偏爱沙质土壤和钙质粘土。因为皮薄，在适宜的条件下容易感染贵腐霉菌，可用来酿造甜美的贵腐葡萄酒。

2. 主要特点

赛美蓉酿制的葡萄酒颜色金黄，酒精含量高，酸度低，果香较淡。年轻的赛美蓉具有淡淡的柠檬和柑橘类香气，并隐约带有药草、蜂蜜和雪茄的气息，经橡木陈酿后会产生羊毛脂的味道。赛美蓉葡萄皮薄非常适合贵腐霉菌的生长，以生产贵腐酒著名。贵腐霉菌不仅使葡萄中的水分蒸发，而且其在葡萄果皮上的化学变化提高了酒石酸度，让葡萄的糖分和酸度更加浓缩。赛美蓉酿造的贵腐甜酒饱满圆润顺滑，具有如杏干、桃脯等干果、以及柑橘酱和蜂蜜等复杂香气。

赛美蓉干白葡萄酒的结构饱满，口感相对丰厚，但由于酸度较低，常与酸度高的一些葡萄品种搭配酿造。赛美蓉可与不同比例的长相思混酿，赛美蓉含有高酒精度和纯度，长相思则有良好的酸味和香味，两者之间相辅相成，口感互补，适合年轻时饮用。经橡木桶发酵培养，还可增添一些烘烤和香草、甘草等辛香的香气且较耐久存。

3. 著名产区

虽然赛美蓉在白葡萄酒中占据一定的地位，但它并不是一个流行的葡萄品种。目前，种植赛美蓉的主要产酒国有法国、澳大利亚、智利、美国、南非和新西兰等。

法国是世界上赛美蓉种植面积最广的国家，主要集中在法国西南部的波尔多产区。波尔多南部的苏玳产区拥有产生贵腐菌的绝佳条件，出产的贵腐甜酒可谓是全世界最为浓郁奢华的甜酒。苏玳贵腐酒通常由赛美蓉、长相思以及麝香葡萄调配而成，且以赛美蓉为主导，酿造出来的葡萄酒颜色金黄，随着时间会变为温暖的琥珀色，香气丰富均衡和谐，口感圆润饱满柔滑，酸度平衡，余味悠长而芬芳。在这里，赛美蓉也常和长相思搭配，酿制世界上酒龄最长的非加强型葡萄酒。此外，赛美蓉也是酿制大部分品质卓越的格拉夫干型葡萄酒的重要原料。格拉夫干型葡萄酒主要由长相思和赛美蓉这两种葡萄混酿而成，通常是在低温的橡木桶里发酵，年轻时油桃风味十分浓郁，熟成后色泽金黄，带有槐花、蜂蜜、柑橘等水果的香气，特级的白葡萄酒更具存放潜力。

除法国以外，最好的赛美蓉葡萄酒产自澳大利亚的猎人谷。猎人谷出产的赛美蓉葡萄酒有多种风格，其中最经典的是具有非常强陈年潜力的赛美蓉单一品种干白葡萄酒。在这里葡萄采收比较早，糖分含量低，酒精度较低，酒体轻，酸度高。年轻的猎人谷赛美蓉有淡淡的橘香，陈年后香气会变得极有层次感，产生烤面包、蜂蜜和坚果等复杂香味，最好的猎人谷赛美蓉葡萄酒可以陈年 20 年以上。

智利是法国之外的最大的赛美蓉产地，赛美蓉与长相思混酿的葡萄酒具有波尔多风味，但往往优雅性较为缺乏。在气候凉爽的新西兰和美国华盛顿州，出产的赛美蓉含有香草味，常与长相思进行混酿，生产干白葡萄酒，偶尔也用来生产贵腐酒。

（六）白诗南（Chenin Blanc）

白诗南原产法国，在卢瓦河谷的种植历史已经将近有 1300 多年。在 17 世纪，白诗南被引入南非，现在南非是白诗南最大的种植产区。

1. 生长条件

白诗南是一个高产的白葡萄品种，在沙质壤土和黏性壤土中生长旺盛，发芽较早，成熟晚，易受春季霜冻的威胁，并容易受到灰霉病和白粉病的感染。果实为黄绿色的小颗粒，在高产时，高坐果率导致酿出的葡萄酒风格平淡、比较粗糙、酸度突出，所以控制白诗南的产量对葡萄酒品质的影响非常重要。在产量控制较好时，出产的白诗南香气集中、风味丰富。白诗南是一个可塑性很强的葡萄品种，在不同的土壤、气候和栽培管理技术下可酿出不同类型的葡萄酒，可以用来酿造干型葡萄酒、甜型白葡萄酒、加强型葡萄酒和起泡酒。

2. 主要特点

白诗南最大的特色是酸度高、耐陈年，其风格很大程度上取决于生长环境和酿酒技艺。用白诗南酿造的葡萄酒大多酒体中等，甜度中等、酸度高，一般不经过橡木只在中性容器中短暂熟成。颜色呈浅稻草黄，带有柑橘类、绿色水果和热带水果的香气，常常伴随着草本植物气息。在瓶中经过适当熟成后，颜色变成深黄或金黄色，并发展出愉悦的蜂蜜和坚果的醇香。青苹果、杏仁和蜂蜜是白诗南葡萄酒的典型风味。甜型的白诗南集甜度和高酸度于一身，散发出蜂蜜、无花果和刺槐的香气，风格强劲，陈年潜力可达几十年。

在不同产区，白诗南葡萄酒会有不同的风味，这取决于产区，风土条件以及采摘时的成熟度。如有的产区出产的白诗南带有梨子、桃子、杏子、柑橘、椴花、蜂蜜和烤榛子等香气，法国卢瓦尔河谷所酿的白诗南会有独特的矿物质气息，南非的白诗南则充满番石榴、菠萝、甜瓜等热带水果的香气。凉爽年份的不成熟的果实通常用来酿造起泡酒的基酒，正常成熟度的果实用来酿造干型葡萄酒，晚收或受到贵腐霉侵染的果实可以用来酿造甜酒。

3. 著名产区

卢瓦尔河谷是法国主要的白诗南产区，白诗南主要种植在中部的安茹-索米尔产区和都兰产区，是产区的标志性葡萄品种。卢瓦尔河谷出产的白诗南往往具有矿物质气息，酿制的葡萄酒都有着极为出众的品质。虽然大多优质的白诗南葡萄酒，尤其是所有的甜白葡萄酒，均采用 100%的白诗南葡萄酿制而成，但白诗南也可与多达 20%的霞多丽、长相思等多品种葡萄混酿，可以表现出从干型到甜型的各种风格。索米尔使用白诗南采用传统香槟酿造法酿制的索米尔起泡酒，有着明显的花香和干果气息。在卢瓦尔河谷白诗南也会用来酿造贵腐甜白葡萄酒，其酒体虽然没有苏玳贵腐酒饱满，但有较长的陈年潜力。

南非是世界上白诗南最大的种植产区，同时白诗南也是南非种植最广泛的白葡萄品种，约占白葡萄品种种植面积的三分之一。即使在南非炎热的气候条件下，白诗南也能表现出很高的酸度，主要用于酿造白葡萄酒、或用来酿造白兰地的基酒。南非的白诗南葡萄酒大多为中等酒体，干型或半干型，多带有柑橘类水果和热带水果的香气，有些会带有明显的橡木风味。在南非，白诗南常与赛美蓉、维欧尼和玛珊等白葡萄品种混酿，风味较为浓郁，口感微甜，白诗南也可与长相思调配酿制口感清新活泼的干白葡萄酒。

白诗南在美国加州也是一个重要的品种，种植面积超过法国，通常用来生产混合型的干白葡萄酒。阿根廷也种植大量的白诗南，通常与霞多丽和妥伦特斯葡萄调配酿造干白葡萄酒。在澳大利亚，白诗南主要种植在凉爽的南部地区，一般和霞多丽、赛美蓉或长相思一起混酿，以增加这些葡萄酒的陈年能力。另外，白诗南在加拿大、新西兰、智利和以色列也有少量的种植，其中，在新西兰的气候条件影响下可以酿制出顶级白诗南葡萄酒。大多数新世界国家的白诗南的魅力就在于年轻时的成熟水果香气，且偏向于将白诗南与其他品种混酿，利用其较高的酸度来维持葡萄酒的平衡性。

第七章 世界葡萄酒产区

仔细观察全球葡萄酒产区地图就会发现，几乎所有的葡萄酒产区均位于南北纬 30 ~ 50 度、年平均气温在 10 °C ~ 20 °C 之间的温暖地区，这里有着适宜葡萄生长的温度、阳光、雨水和土壤等自然条件，有足够的日照和适量的降雨，环境气候最适合于葡萄的生长。大部分产区分布在具有悠久葡萄酒酿造历史的欧洲，葡萄酒产量占据世界总产量的 70%左右，其余的则分布在澳大利亚、美国、智利、南非、阿根廷、新西兰、加拿大等新兴的葡萄酒产区。

一、旧世界与新世界

在葡萄酒的世界中，习惯上分为旧世界国家和新世界国家。所谓葡萄酒的旧世界，指的是拥有悠久历史的葡萄酒产区，主要包括欧洲版图内的葡萄酒生产国，如法国、意大利、西班牙、德国、葡萄牙、奥地利、匈牙利等传统的葡萄酒生产的国家。旧世界葡萄酒源自于中亚高加索山脉，后来传至埃及、希腊与罗马等地，再随宗教传遍东西欧等国家和地区。这些旧世界国家的葡萄酒生产和消费具有悠久的历史、传统、文化和习俗。葡萄酒的新世界，是包括澳大利亚、美国、智利、南非、阿根廷、新西兰、加拿大等新兴的生产葡萄酒的国家。新世界葡萄始于哥伦布发现新大陆，随欧洲新移民潮传至南美洲及世界各地。这些国家的葡萄酒生产和消费的历史并不是很长，葡萄酒的生产和消费是伴随着欧洲殖民扩张而产生和发展起来的，它们以市场为导向，生产更符合大众口味的葡萄酒，富有创新和冒险精神。

葡萄酒的旧世界国家，从国家到行业层面早已形成了丰厚的文化与技术的积淀，并惠及全世界的葡萄酒从业者。影响最为广泛的当数在法国最早形成的 AOC 体系（限制原产地命名体系），对当地传统的葡萄品种、栽培方式、酿造工艺以及产品风格特点进行限定，其目的就是“传承”。由于旧世界秉承着悠久的历史和传统，并因此形成了各地独特的葡萄酒产品，如德国与奥地利的冰酒、波尔多苏玳和匈牙利的贵腐酒、西班牙的雪利酒等，这些风格独特、工艺悠久的佳酿带给我们丰富享受的同时，也让人们品味历史、感受文化。在酿酒历史悠久而又注重传统的旧世界产区，从葡萄品种的选择到葡萄的种植、采摘、压榨、发酵、调配到陈酿等各个环节，都必须遵循相关法规，产区分级制度严格，用来酿制销售的葡萄酒只能是法定品种。但也正是由于处处接受法规的监督和检验，旧世界葡萄酒才一直深受大众的肯定与喜爱。

工业革命以后，世界经济加速发展，迫使人们开始探索欧洲之外的世界。世界的探索活动在促进全世界的交流与融合之时，也为葡萄酒的发展开辟了另一番新天地。新世界国家葡萄酒的生产主要是伴随着欧洲国家在其他各大洲的殖民扩张而产生的，欧洲移民把自己熟悉的传统文化嫁接到这些新的世界国家。种植葡萄、酿造葡萄酒在葡萄酒的新世界国家中虽然不过200多年的历史，但旧世界的葡萄品种、种植方式以及酿造技术在新世界国家中已是群星闪耀。与旧世界产区相比，新世界产区生产国更富有创新和冒险精神，肩负着以市场为导向的目标。由于没有传统的制约，生产者们具有更为广泛的发挥空间，现代工业的新技术很容易被接受。这里通常没有品种选择的限制，葡萄园中可以进行人工灌溉，以类似某个旧世界的风格，或者以生产更符合大众口味的葡萄酒为目标，酿造过程中可以采用一些模拟传统技术效果的简易手法。由于采用工业化技术以及较少的限制，新世界的葡萄酒往往具有更大的成本优势，性价比较高。更为关键的是，新世界不仅仅新，它也一直在努力变化，从产业化的生产模式，到精耕细作的家族式经营，从模仿旧世界的酿造工艺，到开发因地制宜的发酵技术，这些变化也让世界越来越多的目光开始投向这些新兴葡萄酒产区。当然，这并不意味着新世界产区是无规可循的，虽然不像法国等欧洲国家从法律上对葡萄酒的等级进行划分，但新世界国家也有自己的分级制度。比如美国，在借鉴原产地概念的基础上，根据本国葡萄酒发展的实际情况，制定了符合自身需求的美国葡萄酒产地（AVA）制度，成功保护和规范了葡萄酒的生产。

尽管我们习惯于区分葡萄酒的新世界和旧世界，但是“新”不代表“先进”，“旧”更不代表“过时”或“落后”。因自然条件、人为因素等的差异，新旧世界各大产区的葡萄酒在酿酒观念以及葡萄酒的风格、口味上各具特色。但随着时间的推移，随着葡萄酒在世界范围内的流行与发展，新旧世界逐步融合，开始互相交替、与时俱进。

二、葡萄酒法律

有葡萄酒，就得有葡萄酒法律，葡萄酒法律有助于有效地监管和保证葡萄酒的品质。在19世纪末，欣欣向荣的欧洲葡萄园接连遭受到了白粉霉、霜霉和根瘤蚜虫三大灾害的打击，几乎让欧洲所有的葡萄园毁于一旦。当时法国葡萄酒的产量急剧下降，而且假酒开始横行市场，法国葡萄酒的声誉掉到了历史最低点。为了捍卫法国葡萄酒的荣誉，法国政府在1936年出台了AOC原产地认证系统，以保证产品的真实性以及保持各产区葡萄酒的传统特色。

法国拥有一套严格而完善的葡萄酒分组与品质管理体系，根据“原产地控制制度（AOC）”的规定，法国葡萄酒共分为四级：法定产区葡萄酒（AOC），优良产区葡萄酒（VDQS），地区餐酒（VDP），日常餐酒（VDT）。

① 法定产区葡萄酒（Appellation d’Origine Contrôlée 简称 AOC）：AOC是法国葡萄酒的最高等级，如今已经有400多个法定产区，约占法国葡萄酒总产量的35%左右。每一个AOC产区都详细规定了其使用的葡萄品种、最低酒精含量、最高产量、栽培方式、修剪以及酿酒方法等，并且都受到最严格的监控，只有通过官方分析和化验的法定产区葡萄酒才可获得AOC证书。正是这种严格的规定才确保了AOC等级的葡萄酒始终如一的高品质和特色。在法国，每一个大的产区里又分很多小的产区，一般来说，产区越小，产地限制越严格，规定越严谨，越能体现出产地的个性，葡萄酒的质量也就越高。酒瓶标签标示为“Appellation + 产区名 + Contrôlée”。不过，AOC有时也并非完美，其指定的葡萄品种和酿造方法有时会扼杀某些优质的葡萄酒。例如，在法国南隆河，用赤霞珠酿造的顶级红葡萄酒，因为赤霞珠不是隆河AOC的指定葡萄品种，也只可划分为地区餐酒级别。

② 优良产区葡萄酒（Vin Délzmité de Qualité Supérieure 简称 VDQS）：VDQS是普通地

区餐酒向 AOC 过渡所必须经历的级别，级别比 AOC 略低，因此限制条件如产量、品种等也会比 AOC 要宽松一些，通常作为法定产区葡萄酒 AOC 的预备军，一些产区在升级到 AOC 之前，会先给予 VDQS 级别，如果其在 VDQS 时期表现良好，则会升级为 AOC。有趣的是，有些酒庄乐于留在 VDQS 这个级别，并不想上升到 AOC，以免对使用的葡萄品种和酿造方法有着过于严格的限制，影响自己发挥的自由度。这个级别的葡萄酒比较少见，只占法国葡萄酒的 1%左右。酒瓶标签标示为“Appellation + 产区名 + Qualite Superieure”。

③ 地区餐酒（Vin de Pays 简称 VDP）：VDP 品质比日常餐酒要高一些，日常餐酒中最好的酒被升级为地区餐酒。VDP 级别的葡萄来自于范围较小的产区，法国绝大部分的地区餐酒产自南部地中海沿岸，这个级别的葡萄酒物美价廉，非常适合平日配餐饮用，约占法国葡萄酒总产量的 15%左右。酒瓶标签标示为“Vin de Pays + 产区名”。

④ 日常餐酒（Vin de Table 简称 VDT）：VDT 是法国葡萄酒的最低级别，约占法国葡萄酒总产量的 30%左右。VDT 级别的葡萄酒对葡萄的品种和产量没有什么限制，不表示原产地，可以使用整个法国的葡萄甚至是欧盟的葡萄混合酿造，是最便宜的法国葡萄酒，也是法国大众餐桌上最常见的葡萄酒。

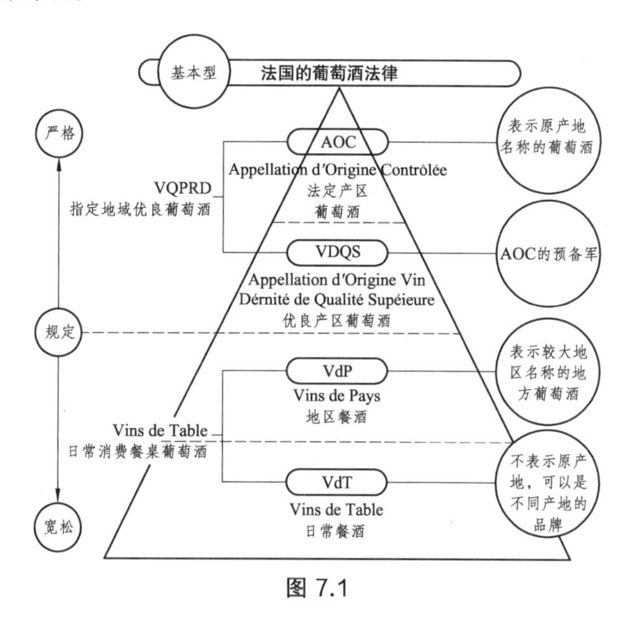

图 7.1

随着法国 AOC 制度的成功建立，其他各个国家纷纷效仿法国，先后出台了葡萄酒法律，并建立自己的分级制度。到 20 世纪，世界上所有的葡萄酒生产国都制定了严格的葡萄酒法律和法规。如今，欧洲主要葡萄酒生产国的葡萄酒法律，仍遵循最原始的基准，虽然细节上有所不同，但拥有共通的框架结构。起源于法国的欧洲葡萄酒法律，主张原产地主义，其宗旨是葡萄酒应反映出产地的个性及风土条件，目的在于保护优良葡萄酒的品质和产地，并为消费者提供信息以保护他们的权益。在欧盟的法律和法规中有关法定葡萄种植区及其质量级别均有细分标准，它严格地限定每公顷产量、葡萄品种、生产方式、酒标内容及其申请条例。在欧盟的法规中，葡萄酒被分为三个级别。

① 特级葡萄酒：这是最高级别。在产地、葡萄品种、土壤、酒精含量以及生产制造等方面有许多必须遵循的条件和要求。

② 地区餐酒：地区餐酒必须由能鲜明体现出原产地和特征的葡萄酿制而成。

③ 日常餐酒：葡萄的原产地必须是在欧盟，允许混合来自不同欧盟国家的葡萄品种。

表 7.1 欧洲各国葡萄酒等级制度

国家	优质葡萄酒 QWPSR (Quality Wine Produced in a Specified Region)	地区餐酒 Table Wine with Geographical	普通餐酒 Table Wine
法国	AOC (Appellation d'Origine Contrôlée)	Vin de Pays	Vin de Table
意大利	DOCG (Denominazione di Origine Controllata e Garantita) DOC (Denominazione di Origne Controllata)	IGT (Indicazione Geograficha Tipica)	Vino da Tavola
西班牙	DOC (Denominación de Origen Calificada) DO (Denominación de Ogrgen)	VDLT (Vinos de La Tierra)	Vinos de Mesa
葡萄牙	DOC (Denomination de Origem Controlada)	Vinho Regional	Vinho de Mesa

2009 年，欧盟出台了新法规，开始统一各国分级制度的标识，以简单明了的方式面对消费者。在新旧法规过渡期，新旧标识都被允许使用，但从 2012 年开始，新的葡萄酒不能冠以旧的等级方式在市场上销售，不过已经在销售链中的葡萄酒不会被重新标记。为了配合欧洲葡萄酒的级别标注形式，法国对自己的葡萄酒等级制度进行了优化和调整，自 2012 年起，法国葡萄酒分级执行新的标准。新标准包括三个级别，分别是：AOP（Appellation d'Origine Protégée，原产地命名保护），主要由原来的 AOC 及部分 VDQS 组成；IGP（Indication Géographique Protégée，产区标识保护），主要由原来的部分 VDQS 及 VDP 组成；VDF（Vin de France，无产区限制的葡萄酒），主要由原来的 VDT 组成，意思是酒标上没有产区提示的葡萄酒，但是允许在酒标上标注年份及葡萄品种。法国“产地命名监督机构（INAO）”对于酒的来源和质量类型为消费者提供了可靠的保证。

欧洲的葡萄酒法律非常重视产地的个性和适宜的葡萄品种，与此相对，在美国和澳大利亚等新世界国家，由于起步较晚，作为产地的可能性还在不断地摸索过程中，适合每个地域的品种和栽培方法的地位还没有确立，因此，在新世界葡萄酒法律中，品种是关键。许多新世界国家葡萄酒分为用品种名标记的“单一品种葡萄酒”（Varietal Wine）、不标记品种名的“原产地类型葡萄酒”（Generic Wine）。此外，还有一种“专属葡萄酒（Proprietary Wine）”，在法律上，它属于“原产地类型葡萄酒”，但是标记的却是酿造厂独有的名称，其中不乏有许多高品质的混合葡萄酒。新世界国家的酿酒自由化与欧盟严苛的葡萄酒法规形成鲜明反差，不过，欧盟的标准现已逐渐地被欧盟以外的其他国家所采纳。

三、解读酒标

葡萄酒世界充满了种种奇妙和乐趣，但如何进行选择却成了很多人头疼的问题。葡萄酒酒标指的是酒瓶上的标签，可以说，葡萄酒的酒标就是葡萄酒的身份证。葡萄酒的一些重要信息都会标注在酒标上，通过酒标消费者可以了解到葡萄酒的相关信息，如葡萄酒的类别、来源、产地和年份，甚至葡萄酒的特性。贴在葡萄酒正面的标签称为正标，上面一般标示着出产国、酒精度、容积、年份、等级、出口酒庄、产地等信息。对于出口到其他国家的葡萄酒则会在酒瓶背后有一个标签，称为背标，背标主要是介绍该葡萄酒及酒庄的背景，以及按进口国规定需要标注的相关信息，包括葡萄酒名称、进口或代理商、保质期、酒精含量、糖份含量等。

对于葡萄酒，背标通常是补充信息，更多关键而主要的信息来自于正标，各个葡萄酒生产国对于酒标的标注和设计都会有具体而严格的要求。虽然，设计出来的酒标样式千姿百态，但酒标表达信息的风格主要可归纳为两个体系：一个是以法国、意大利为代表的旧世界，一个是以美国、澳洲为代表的新世界。新旧世界葡萄酒酒标风格的最大区别集中体现在其原产地的内涵范畴、以及一些词汇的概念意义。相比较而言，新世界酒标信息的表达更为直接简洁，旧世界则更含蓄复杂。例如，旧世界葡萄法规中原产地的约定就是对葡萄品种的界定，而新世界葡萄酒的产地和葡萄品种则没有必然的关系。因此，新世界葡萄酒的酒标在标示出葡萄酒原产地、甚至葡萄园后，还多会标注出葡萄品种。而旧世界酒标，一般能找到的仅是原产地，除了法国的阿尔萨斯和德国部分葡萄酒，基本不再标示葡萄品种。

消费者通过对酒标标示信息的了解，可以正确选择适合自己的葡萄酒。然而，酒标上独特的文字和图案，对于不太熟悉的葡萄酒或是葡萄品种不是主要的流行品种的葡萄酒而言，消费者会存在许多困惑，有时即使是经验丰富的葡萄酒专家在面对一些新酒标时也可能会束手无策。新世界产区的酒标一目了解，相对来说比较容易入门，而旧世界的酒标则相对繁琐。

（一）酒标的必要标识

无论哪个国家的葡萄酒，在其正标及背标上，至少需要标注以下信息。

① 注明生产国以及生产商。这部分内容在任何国家都是必需的，一旦产品出了质量问题，就必须通过标签信息找到厂家。如果标签没有注明生产厂家或酒庄，则可能是假酒。

② 容量。指酒瓶容器预定能装的液体容量，以公升（L）、厘升（cL）、毫升（mL）表示。葡萄酒常见容量是 1000 mL、750 mL、375 mL 等等，其中最常见的是 750 mL，因为其性价比高，易一次喝完。

③ 酒精含量。以容量百分比表示，数据之后需注明单位为“%VOL”。

葡萄酒的酒标信息实际上就是一个国家的葡萄酒法律的体现，在国际葡萄酒贸易的大环境下，酒标上的一些信息必须有国际标准。除上述的必要信息外，在澳大利亚等国家则还要求在酒标上列出二氧化硫的含量以及是否在酿造过程中使用了鸡蛋或乳制品，甚至有的还要求生产商标注出每瓶所含的标准杯数以帮助消费者控制酒精摄入量。当然，酒标上的信息一般要远比国际标准提出的要求要多得多，为了表达更多的内容，酒标上常常还标注葡萄酒的年份、葡萄品种、产地名或使用的葡萄所在的葡萄园名、品牌、

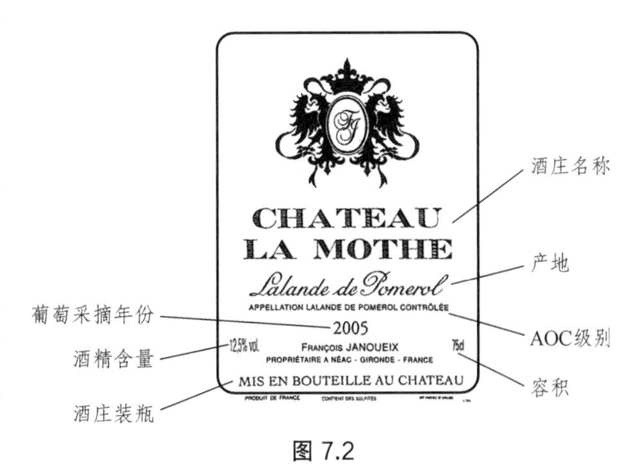

图 7.2

级别等信息以方便让消费者更好地识别和选择，有些生产商还喜欢在背标上标示更多的信息，如食物搭配参考、建议侍酒温度、贮藏条件、甚至更细致的技术解析如采摘时的含糖量等等。

（二）酒标的主要命名方式

欧洲国家一般用地理或产区命名酒标，葡萄的原产地被认为是决定葡萄酒风格的最重要因素。新世界国家一般采取品种标识法标注酒标，他们认为葡萄品种比原产地更能影响葡萄酒的风格。另外还有一些葡萄酒，相比于葡萄品种和产区则更喜欢用品牌命名，品牌是其风格和品质的保障。

① 产地命名：即在酒标上突出的是产地名，为欧洲葡萄酒的主要命名方式。产地包含了当地气候、土壤、品种等综合因素，是决定葡萄酒风格的重要因素。产地的土壤、坡度、阳光照射等一系列自然环境因素的组合使得它比其他土壤拥有更好的可能出产高品质葡萄，酿造出的葡萄酒具有当地独有的风味，并且是其他地区所无法复制的。在一些葡萄酒生产历史比较悠久的国家（主要是欧洲地区），各地的法律法规已经对当地允许种植的葡萄品种、葡萄栽培方法、甚至是酿酒方式，都做出了明确的规定。这些法规都是根据当地几个世纪以来在种植葡萄和酿酒的过程中，针对葡萄适合种植的位置、适合的栽培方法及可能酿出的酒而总结出的丰富经验所制定的。产地的理念加上心理、精神因素的综合影响，使消费者对葡萄酒的体验更加愉悦、更加强烈、更加有意义。如常见的波尔多、勃艮第、教皇新堡等都是产地命名。

虽然产地命名主要在欧洲国家使用，但现在新世界的生产商们对于产区的识别也越来越感兴趣。但单纯的产地命名对于一般的消费者来说，要想仅仅从酒标中了解到这瓶葡萄酒的葡萄品种及其主要风味相对要比较困难。

② 品种命名：即在酒标上突出的是品种名称，为新世界国家葡萄酒的主要命名方式。新世界国家认为葡萄酒的风格主要取决于葡萄品种，但在欧洲的一些旧世界国家和产区有时也会使用品种命名，或采用品种和产区合并的命名方式。如德国通常会在酒标上标示品种，法国、意大利和西班牙的部分产区也会使用这种标示方法。很多产区都有在酒标上标明葡萄品种的相关规定，品种命名必须符合当地的法规，只有当酿酒所采用葡萄品种的比例达到法规要求的最低含量时，才可以在酒标上标明该品种的名称。在大部分产区，最低含量一般是不少于 75%，大多数会达到 85%，有少数产区甚至会要求标识品种达到 100%才能在酒标上标示品种的名称。一般来说，旧世界国家会在认为最好的葡萄酒上标明葡萄品种，而新世界国家则连普通的餐酒也都会标注葡萄品种。

葡萄酒作为一种全球性的商品，品种命名能帮助消费者在种类繁多的葡萄酒中找到风味的共同性。品种命名的方式也受到年经消费者的欢迎，他们只用按自己喜爱的风味选择自己偏好的品种就可以了，而不用去猜测繁琐的产地后面使用的什么葡萄品种。

③ 品牌命名：即在酒标上标示品牌或生产商，即新世界国家葡萄酒常用的命名方式。许多葡萄酒由于市场营销的原因，尤其是位于最低和最高价格区间内的葡萄酒，相比葡萄品种和产区更喜欢用品牌命名。品牌命名被赋予了独特的商标名称，主要突出的是生产商或者大酒厂的品牌，以便让消费者容易记住，同时也是其风格和质量的保证。通常来说，建立葡萄酒的专有品牌是一件非常困难的事情，但是一旦取得成功，其所产生的品牌效应往往可以事半功倍。还有一些全球闻名的葡萄酒，例如著名的拉菲、拉图等，虽然产量较小，但其品牌

影响力更大于产地影响力，享誉葡萄酒世界，一般也划分为品牌酒。

近几年来，欧洲为了使其葡萄酒在国际市场中更具竞争力，修订了相关的葡萄酒法规，其中一条被广泛应用的法规便是允许所有产区使用品种命名。与此同时，新世界的生厂商们为了吸引那些富有经验且认为只提供品种而信息太简单的消费者，也开始逐渐将葡萄原产地标注于酒标上。现代信息化高速发展，厂商们会在互联网上分享葡萄酒的各种信息，品牌观念也日渐突出。在现今的葡萄酒世界中，经常可以见到三种命名方式同时出现在一个酒标上，且重要性相当。

（三）酒标的外形

在葡萄酒市场中，假如消费者要选一瓶葡萄酒，首先关注的是什么？是酒标，一个酒标只有在初步获得关注之后，才能获得消费者进一步了解其所包含的其他信息的可能。一般来说，酒标图案越简单越好，以易于识别和记忆，有些葡萄酒生产者甚至会干脆在酒标的正标中放弃信息的描述。但是，简洁的酒标，既要在货架上能脱颖而出，又能传递给消费者足够的信息，对于酒标设计者而言，是个不小的挑战。酒标的色彩、图案和形状，是酒标给消费者的第一印象，消费者有时也会以貌取酒的。一个好的酒标设计，就是一个产品的代言。酒标如同葡萄酒本身的口感一样丰富多彩，同时也在方寸之间展现出各自微妙的社会与艺术发展史。一张酒标一个故事，酒标向消费者无声地诉说了瓶中酒的性格及品质。

现代意义的酒标出现在 17 世纪后期，早期酒标功能单一，样式简单，多是寥寥文字，顶多用些花体或变体的字母，或是装饰家族徽章。即使是现在，一个酒庄或酒厂的某款葡萄酒，除了年份数字的变化，其酒标图案大多是常年不变的，历史上，骄傲的法国人更是认为自己的葡萄酒世界第一，没有必要花精力在酒标之上。直到 19 世纪初期，法国波尔多地区的酒庄庄主才陆续开始专注设计属于自己酒庄的酒标。1924 年波尔多木桐堡酒庄主人菲利浦·德·罗思柴尔德男爵特意请著名招贴画家让·卡吕为该年的葡萄酒设计了一幅全新的标签，开创了葡萄酒标签艺术化设计的先河。

经典的酒标图案，通常以酒庄主体建筑作为酒标图案的基本元素，形状或长或方，图案与文字多采用对称或接近对称的方式排列，这种酒标设计对于一些著名的酒庄具有较高的辨识度。传统的酒标设计以高雅格调为主，往往会使用中间色，如灰色调，以保留更多的遐想空间，但近年来，光鲜亮丽的色彩更能夺人眼球，引起消费者的关注。如澳大利亚的禾富公司（Wolf Blass），会采用不同色彩的酒标，以区分同一类产品的档次高低：红标，黄标，灰标，黑标，白金标。而法国的乔治.迪宝夫酒庄（Georges Duboeuf）则采用生长在葡萄园边上的各种色彩鲜艳的花朵设计作为酒标的基本色彩，增加辨识度。

图 7.3

木桐堡酒庄自 1924 年酒标采用世界著名招贴画家让·卡吕的作品后，每年都会选用世界当红绘画大师的杰作作为酒标图案，半个多世纪以来，不同国别、不同种族、不同风格、不同流派的知名艺术家先后有五十多位为木桐堡酒庄酒标作画。这些画作的元素多取自木桐堡酒庄的象征——羊，还有葡萄、葡萄酒、以及快乐，艺术感十足，这已经成为木桐堡酒庄创造的一种葡萄酒酒标设计的风格，引领酒标艺术时尚潮流。法国著名香槟酒厂“巴黎之花”的酒标设计则更为独具匠心，其名品香槟“美好年代”是将 1902 年新兴艺术家、玻璃制品大师 Emile Gallé 设计的一只盛开的白色银莲花采用烫金琉璃技术勾勒于暗绿色的瓶身上，效果无与伦比、超越完美，任何人都过目而不忘。

在新世界国家，也有不少木桐堡酒庄创意的效仿者，值得称道的是澳大利亚后起之秀露纹酒庄（Leeuwin）的著名“艺术系列”。上世纪 80 年代起，每年露纹庄园都邀请澳大利亚本土当代艺术家为其精选的不同品种葡萄酒分别创作，用于酒标之上，便有了“艺术系列”。艺术系列的酒标简单轻松而富有现代艺术气息，使人充满了想象力。其葡萄酒品质上乘，价格适中，配以多彩、变化、个性的酒标，使葡萄酒更富生机而动人。至今，此系列已赢得众多国际声誉，成为西澳大利亚葡萄酒经典代表。

图 7.4

四、法国主要产区（France）

法国作为世界首屈一指的高品质葡萄酒生产国，一直是其他国家追崇的目标，是人们公认的葡萄酒圣地。法国三分之二的国土的土地都有种植酿酒葡萄，葡萄栽培面积位于西班牙之后居世界第二位，葡萄酒产量仅次于意大利居世界第二位，但是法国葡萄酒的产值、出口量、消费量均居世界第一位。

法国葡萄酒的酿酒历史悠久，起源于公元一世纪，最初葡萄种植主要在法国南部隆河谷，公元二世纪时到达波尔多地区，于公元六世纪开始达到鼎盛时期。由于基督教的关系，中世纪的教堂和寺院也推动着葡萄酒生产向前发展，法国葡萄酒文化很大程度上应归功于当时受过良好教育的修道士们，他们走遍各个产地，不断探索、改进葡萄的种植方法和葡萄酒的酿造技术。到中世纪，法国的葡萄酒进出口贸易有了突飞猛进的增长，尤其是沿海的葡萄酒产区发展迅猛。在十八世纪，由于使用了玻璃瓶和软木塞，葡萄酒的保存期得以延长，葡萄酒发展越来越快。十九世纪后半期，虽然从美国传入的根瘤蚜虫对法国本土的葡萄树产生了毁灭性的打击，但是凭借将欧洲葡萄品种嫁接在美洲葡萄植株上，利用美洲葡萄的免疫力来抵抗根瘤蚜病虫害的方法，法国葡萄酒得以继续发展壮大。法国拥有得天独厚的温带气候，其多种地形、土壤和气候条件，使得葡萄酒品种多样化，每块产地都有适合栽培的品种，且富于变化。同时，在历史的长河中，在法国的历史和文化背景的基础上，每块产地都确立了其独特的个性。即使是同一产地，酿造者不同，酿造出的葡萄酒也各具特色。因此，尽管法国的葡萄品种不是世界上种类最多的，但法国葡萄酒的种类却是极为丰富。

法国拥有一套严格和完善的葡萄酒分组与品质管理体系。欧洲传统把葡萄酒分为指定地区优质酒和日常餐桌酒两类，法国遵从这一葡萄酒分类规则，并在此基础上把两大类再各自细分为两类，共分为四个等级：法定产区葡萄酒（AOC），优良产区葡萄酒（VDQS），地区餐酒（VDP），日常餐酒（VDT）。自 2012 年起，法国葡萄酒分级按欧盟新规定执行新的标准，新标准分为三个等级：原产地命名保护（AOP），产区标识保护（IGP），无产区限制的葡萄酒（VDF）。法国“产地命名监督机构（INAO）”对于酒的来源和质量类型为消费者提供了可靠的保证。

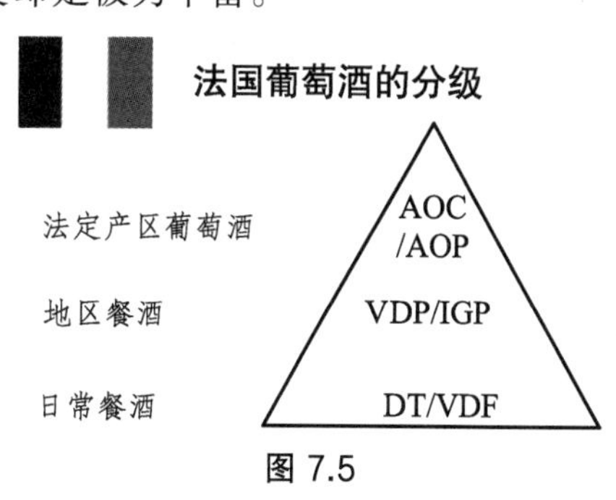

图 7.5

法国葡萄酒产区大都集中位于几条大河谷的斜坡上，充分利用当地适宜的气候条件，各个产区风格鲜明。法国重要的葡萄酒产区主要有：波尔多（Bordeaux）、勃艮第（Bourgogne）、香槟（Champagne）、阿尔萨斯（Alsace）、隆河谷（Vallée du Rhône）、卢瓦尔河谷（Vallée de La Loire）、汝拉/萨瓦（Jura/Savoie）、朗格多克-鲁西荣（Languedoc-Roussillon）、普罗旺斯/科西嘉（Provence/Corse）和西南产区（Sud-Ouest）。

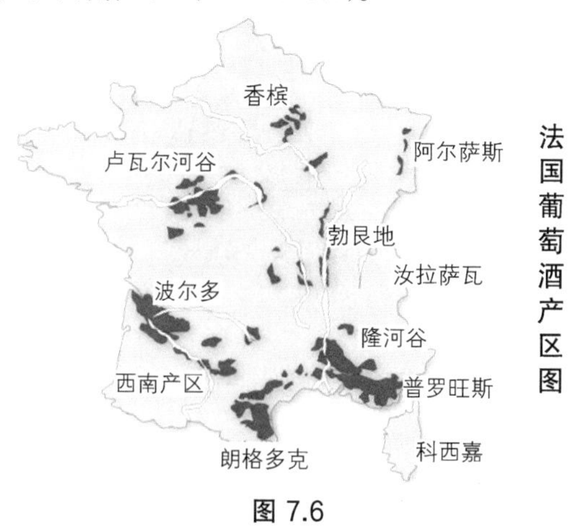

图 7.6

（一）波尔多（Bordeaux）

波尔多位于法国西南部，北纬 45°，西部紧邻大西洋，有着得天独厚的气候条件和地理条件。波尔多地区以小石子混杂的贫瘠土壤为主，利用砂砾、黏土和石灰岩土壤打造出世界顶级葡萄酒。该地区气候比较温暖，属于湿度较高的海洋性气候，适合葡萄缓慢成熟，有利于酿造风味复杂的葡萄酒。但波尔多的潮湿有时容易引起灰霉病，从而导致葡萄酒产量大大降低，而对于晚熟的赤霞珠，只有在上好的年份才能够完美成熟，因此在波尔多地区，年份是非常重要的。

波尔多是全世界最大的优质葡萄酒产区，波尔多酿造的葡萄酒大多数为 AOC 级葡萄酒，出产全球最顶级最耐久存的葡萄酒，最好的葡萄酒可陈放 100 年以上。波尔多也出产年轻早熟、果味甜美的葡萄酒，物美价廉，适合日常饮用。波尔多的葡萄酒大多是由多种葡萄混合酿造而成，这也是波尔多产区拥有数目众多、个性丰富的葡萄酒的原因。同时，波尔多也是顶尖白葡萄酒产地之一，其白葡萄酒多用橡木桶陈酿，复杂耐存。位于波尔多西南部的产地苏玳则以出产顶级贵腐甜白葡萄酒而闻名于世。

1. 波尔多分级系统

波尔多地域辽阔，约有 13 万公顷葡萄园，酿造的葡萄酒大多数为 AOC 级，约占法国 AOC 葡萄酒产量的三分之一。这些 AOC 又可根据产区区域大小分为大区级、地区级、村庄级三个等级。

大区级是波尔多最普通的级别，种植面积最广，产量最大，生产各种葡萄酒，包括红葡萄酒、白葡萄酒、桃红葡萄酒和起泡葡萄酒，如波尔多、超级波尔多。

地区级指某一较小地区出产的葡萄酒，其品质比大区级要更好一些，风格也更加明显，如土壤和气候条件优越的梅多克、上梅多克、格拉夫地区。

村庄级是以当地闻名的村庄命名，大多数顶级葡萄酒都来自于村庄级，如闻名遐迩的玛歌、波亚克等。

AOC 标示产地越小，规定越严格，出产的葡萄酒品质就越高，等级也越高。如同样是 AOC 等级的葡萄酒，标示地区名梅多克（Medoc）要比标示地方名波尔多地区（Bordeaux）的要高级，而村庄名标示的葡萄酒则又更高一级。还有些以酒庄名标示的葡萄酒，比村庄名标示的葡萄酒还要更为高级，这是因为酒庄的范围比村庄还小，酿造的葡萄酒具有与众不同的特色。

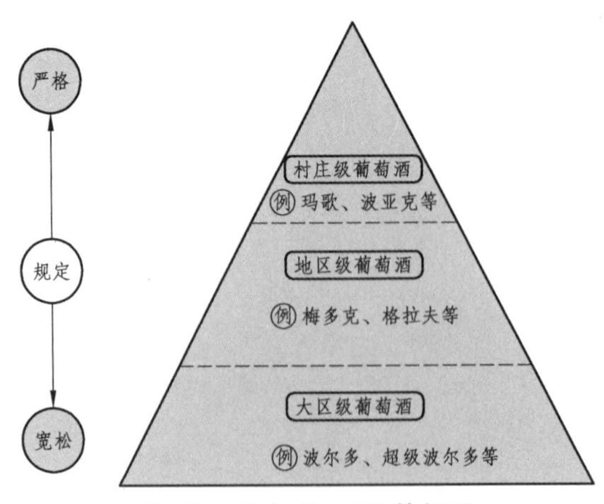

图 7.7　波尔多 AOC 等级图

波尔多产区有四大著名产区，分别是：梅多克（Médoc），格拉夫（Graves），圣爱美隆山（Saint Emillon）、波美侯（Pomerol）。这些产区的葡萄酒除了通常的AOC等级外，还使用庄园等级制度。该制度源于1855年，法国以庆祝滑铁卢战役以来的40年和平为名举办了巴黎世界博览会，为了更好地将波尔多葡萄酒推向世界，应当政的拿破仑三世的要求，波尔多工商会颁布了一份著名城堡葡萄酒的分级名单。其中在红葡萄酒的名单上，除了一家来自格拉夫产区的奥比良堡外，其他全部来自波尔多的梅多克产区，即为梅多克分级体系。当时，波尔多葡萄酒经纪人根据每款葡萄酒多年来的表现、当时酒庄的声誉和交易的价格而确定了58家列级酒庄（Grand Cru）。列级酒庄分为1～5级，其中一级酒庄（Premier Cru）4个，二级酒庄（Deuxiemes Cru）12个，三级酒庄（Troisiemes Cru）14个，四级酒庄（Quatriemes Cru）11个，五级酒庄（Cinquiemes Cru）17个。木桐堡在1973年由二级酒庄升为一级酒庄，随后列级酒庄发展至今天的61家。在这些列级酒庄中最为世人所知的是被称为五大名庄的一级酒庄（Premiers Cru），分别是拉菲堡（Château Lafite-Rothschild）、拉图堡（Château Latour）、玛歌堡（Château Margaux）、奥比良堡（Château Haut-Brion）、木桐堡（Château Mouton-Rothschild），它们的地位在葡萄酒世界至今仍然无法动摇。梅多克分级体系自1855年始创名庄分级制度后成为法国各名区分级制度的典范。圣爱美容有68个列级酒庄，分为3个级别，其中最出名的是2个一级庄是白马堡（Château Cheval Blanc）和欧颂堡（Château Ausone）。格拉夫有16个列级酒庄，波美侯则没有自己的分级制度，但波美侯产区的葡萄酒大都质量非常好而且价格昂贵，其中最出名的是全波尔多葡萄酒价格最贵的柏翠（Petrus）。

表 7.1

梅多克5个一级酒庄（Premiers Crus）
拉菲堡 Château Lafite-Rothschild
拉图堡 Château Latour
玛歌堡 Château Margaux
奥比良堡 Château Haut-Brion *
木桐堡 Château Mouton-Rothschild **
* 奥比良堡是格拉夫产区的酒庄，在1855年的等级排序中，它是唯一一个从梅多克以外产区选出的庄园
** 木桐堡在1973年由二级酒庄升为一级酒庄

2. 主要葡萄品种

波尔多酿造的葡萄酒大多数为AOC级葡萄酒，葡萄品种都是法定的传统品种。由于波尔多处于两大河流交汇之处，各流域和丘陵上下土壤不同，分别种植着适合各产地的品种，主要包括赤霞珠、美乐、品丽珠、马尔贝克、佳美娜等红葡萄品种。排水性能好的砂砾土质适合种植赤霞珠，而含水性能好的黏土土质适合种植美乐，这两大品种在土壤、风味上互相补充，是波尔多各地区的主要品种，也是混酿使用的主要组成部分，品丽珠在一些产区也是主要品种。传统上，波尔多红葡萄酒年轻时较为粗糙干涩，需要陈年才能发展出复杂的风味，因此大多数都需在橡木桶中熟成，酿造出的红葡萄酒味道醇厚，浓郁的果香与酸味融和一体，单宁令人愉悦，堪称世界红葡萄酒的典范。波尔多主要的白葡萄品种包括长相思、赛美蓉和蜜斯卡黛，既可以用长相思酿造出简单易饮的干白葡萄酒，又可以将长相思和赛美蓉调配酿造出复杂又耐久存的顶级干白葡萄酒。

波尔多葡萄酒最大的特点在于大多葡萄酒不是用单一品种葡萄酿制，而是将多品种葡萄进行混酿。因为气候的关系，在波尔多大部分地区，单一品种很难酿成均衡协调的葡萄酒，必须根据各种葡萄的特性，通过混合不同的品种，取长补短，调配出最丰富完美的葡萄酒。波尔多风格就在于不仅仅充分发掘出各葡萄品种的风味，还保持着各成分之间绝妙的平衡。波尔多有 6 个法定红葡萄品种，分别是赤霞珠、美乐、品丽珠、小维度、佳美娜和马尔贝克，3 个法定白葡萄品种，包括长相思、赛美蓉和蜜思卡黛。经典的波尔多调配（Bordeaux Blend），就是使用赤霞珠、美乐和品丽珠进行混酿，赤霞珠主要用于增添葡萄酒的颜色、单宁和酸度，美乐增添酒体以及柔化单宁，品丽珠用以增添更多的香气。有些酒庄还会使用少量的小维多（Petit Verdot），小维多是相当晚熟的红葡萄品种，只有在非常炎热的年份才可以完全成熟，它能赋予波尔多葡萄酒深邃的颜色以及强劲的单宁。但由于过于强劲，其调配比例很少超过 5%，在优秀酿酒师的高超调配技术下，往往 1%～2%的小维度就可以对葡萄酒起到画龙点睛的效果。著名的拉菲堡 1982 年份的调配比例为 70%赤霞珠、25%美乐、3%品丽珠、2%小维多。

在混酿过程中，各葡萄的混合比例尤为重要，而决定其比例的就是各个酒庄，这也是各个酒庄个性的一种体现。各酒庄每年还会根据当年的气候和葡萄生长情况对混酿的葡萄比例进行适当的调整，以保证葡萄酒风味的稳定。另外，随着土壤、气候的改变，同样的品种所生产的葡萄酒质量和风味也存在着差异。

3. 主要葡萄酒产区

波尔多位于法国西南部，有着得天独厚的气候与地理条件。西临大西洋，海洋性温带气候让产区天气温和平顺。贫瘠的沙砾土、黏土和石灰土构成了复杂多样的地质结构。波尔多地区被三条大河所切割开来，来自中央山地的多尔多涅河（Dordogne）和源自比利牛斯山的加龙河（Garonne）在波尔多交汇成吉伦特河（Gironde）后流入大西洋。人们根据地理位置上的左右方向划分为三个大区：左岸、右岸、两海之间。左岸位于加龙河和吉伦特河的左侧，主要包含梅多克、格拉夫和苏玳等产区，出产酒体厚实丰满的红葡萄酒和最精彩的甜葡萄酒；右岸位于多尔多涅河和吉伦特河的右侧，主要包含圣爱美容和波美侯等产区，以柔和甜美的红葡萄酒为主，是最重要的美乐产地；位于加龙河和多尔多涅河两条大河之间的产地被称为两海之间，主要出产较清淡的红葡萄酒和白葡萄酒。

“左岸”主要指加龙河和吉伦特河的左岸，被波尔多市区分割为梅多克、格拉夫两个主要产区。自南方而来的加龙河将沙砾堆积在一起，土壤中布满白色的鹅卵石，形成了排水性能较强的土壤，还可避免葡萄树根系受水涝灾害，非常适合赤霞珠的生长。鹅卵石在阳光下具有反光作用，可以提高葡萄树体叶片的受光量，且白天吸收光热储存、夜间缓慢释放热量，这也使得同样品种在左岸要早于右岸采收。

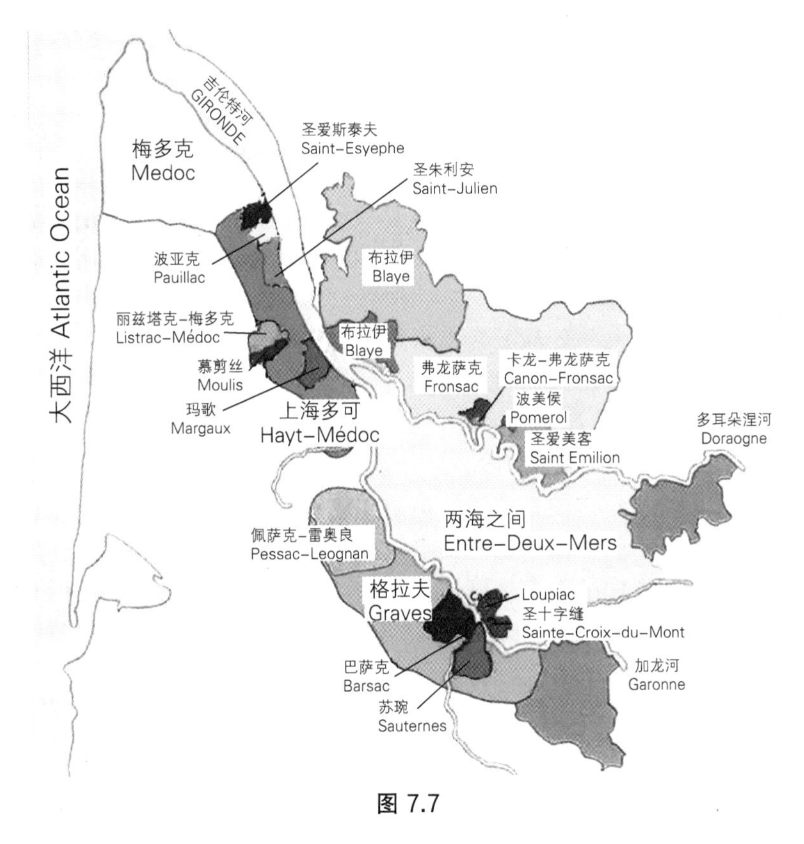

图 7.7

梅多克（Médoc）是波尔多左岸葡萄酒产区的代表，堪称“红葡萄酒宝库”。梅多克西临大西洋，东面与吉伦特河相交，日照充足，温度适宜，雨量适中，沙、砾石、黏土、卵石、碎石共同组成的土壤极为适合种植酿酒葡萄。赤霞珠是波尔多左岸的主要红葡萄品种，尤其是梅多克地区的明星葡萄，梅多克贫瘠但排水良好的砾石和沙质土壤、温暖的海洋性气候以及经常出现的微风天气等地理环境都十分适合赤霞珠的生长和成熟。赤霞珠的生命力旺盛，有良好的耐湿度且相对晚熟，所酿造的葡萄酒优雅，色泽深红，富含单宁，并以微妙的香料、紫罗兰和雪松芳香著称，且具有巨大的陈酿潜质。梅多克葡萄园总面积达 16 500 公顷，沿着吉伦特河以圣爱斯泰夫（Saint Estephe）村为界，葡萄园又分为南北两部分：上梅多克（Haut-Médoc）法定产区和梅多克（Médoc）法定产区。圣爱斯泰夫村及其以南的地区被称为上梅多克（Haut-Médoc），该地区的砂砾土质尤为适合赤霞珠的种植，酿出的红葡萄酒具有黑醋栗、黑莓、青椒、薄荷、雪茄的香气，色泽深，单宁紧实，口感强劲，结构均衡，是最具陈年潜力的波尔多葡萄酒产区。在上梅多克地区，有六个享誉全世界的村庄级法定产区，自北向南分别为：圣爱斯泰夫（Saint Estêphe）、波亚克（Pauillac）、圣朱利安（Saint-Julien）、丽兹塔克-梅多克（Listrac-Médoc）、慕丽丝（Moulis）、玛歌（Margaux）。其中波亚克是上梅多克地区最著名的村庄，聚集着众多的明星酒庄，五大一级庄中的三个：拉菲堡（Château Lafite-Rothschild）、拉图堡（Château Latour）、木桐堡（Château Mouton-Rothschild）都分布在波亚克村内。这里出产的红葡萄酒单宁强劲，口感厚重，且具有超强的陈年能力。玛歌堡（Château Margaux）是唯一与产区同名的酒庄，出产的葡萄酒以优雅细腻见长，被称为“葡萄酒女王”。玛歌堡是梅多克的一级酒庄中唯一出产白葡萄酒的酒庄，拥有 11 公顷的长相思葡萄园，出产“波尔多”级别的干白葡萄酒。圣爱斯泰夫村以北的地区原称为下梅多克，现称为梅多克，酿出的葡萄酒风味较为清淡。

格拉夫（Graves）在法语单词中是“砾石”的意思，地势较为平坦，多是砾石土质和黏土土质的混合土壤并混合着一些沙土。由于位于上梅多克的南部，气温更加温暖，这里的葡萄比上梅多克更早成熟，因而酿造的葡萄酒口感细腻柔和，多一些甜美的果香。格拉夫是波尔多唯一一个同时生产红葡萄酒和白葡萄酒的产区，拥有 3000 公顷的葡萄园，75%种植红葡萄品种，主要是赤霞珠、美乐和品丽珠，25%种植白葡萄品种，包括赛美蓉、长相思和蜜斯卡黛。格拉夫的特级庄园绝大部分都汇聚于佩萨克-雷奥良（Pessa-Léognan）产区，位于波尔多南端、格拉夫北部，临近加龙河左岸，主要为沙质碎石土壤，产区内丛林密布，拥有 8 个风景秀丽的村庄。在 1855 年的波尔多酒庄评级中，此产区的奥比良堡（Château Haut-Brion）是在梅多克产区之外的列级酒庄，位列五大一级酒庄之一。奥比良堡拥有 48.35 公顷葡萄园，是一级酒庄中规模最小的，酿造的葡萄酒味道浓郁温和，风格变化多样，以黑醋栗味和雪松味为主导，出口英国的第一款法国酒就是出自于此。格拉夫的白葡萄酒也相当精彩，以口感圆润细致为世人称道。格拉夫的白葡萄酒以干白葡萄酒为主，主要由长相思和赛美蓉这两种葡萄混酿而成，通常是在低温的橡木桶里发酵，年轻时油桃风味十分浓郁，熟成后色泽金黄，带有槐花、蜂蜜、柑橘等水果的香气，特级的白葡萄酒更具存放潜力。

苏玳和巴萨克（Sauternes et Barsac）产区位于波尔多南部、加龙河左岸的丘陵地上，土壤多砾石，排水性良好，夏季和秋季都很温暖。这里早上阴冷、水汽充足，下午干燥炎热，拥有产生贵腐菌的绝佳条件，是波尔多最精华的贵腐甜酒产区，与匈牙利的托卡伊（Tokaji）和德国莱茵高（Rheingau）并称世界三大贵腐酒产区。葡萄品种主要以赛美蓉为主，因其果皮薄，所以容易感染贵腐霉，常加入长相思调配，以增加葡萄酒的酸度。苏玳地区的甜酒可谓是全世界最为浓郁奢华的甜酒，其最著名的酒庄就是天下第一甜酒庄伊甘堡（Château d'Yquem）。伊甘堡主要种植赛美蓉（80%）和长相思（20%），出产举世闻名的贵腐甜白葡萄酒。葡萄在感染贵腐霉菌后水分大量丧失，糖分大幅提高，最后几乎变成了葡萄干，用这种葡萄榨汁酿造出来的葡萄酒口感甜润，香气非常浓郁，滴滴如金，因此伊甘堡又被称为“滴金酒庄”。由于生产条件苛刻，产量极低，其葡萄酒价格甚至超过五大名庄。

“右岸”主要指多尔多涅河和吉伦特河的右岸，地形复杂，微气候多变。发源于中央山脉的多尔多涅河水温较低，因而右岸的土壤潮湿阴冷，颜色比左岸更深一些，砾石的含量明显要少，土壤相对黏重，土层并不深厚，深层土壤是石岩岩。在波尔多右岸，小规模酒庄占大多数，但许多酒庄酿制的葡萄酒却属于高品质珍藏版，受到葡萄酒投资人的追捧。20 世纪 90 年代初期，车库酒庄（Vin de Garage）在波尔多右岸流行开来，酿造车库酒的风潮逐渐形成。1989 年让-吕克・图内文（Jean-Luc Thunevin）用自己全部积蓄在圣爱美隆租了一块 0.6 公顷的小场地开始酿酒，他给自己的酒庄起了个名字——瓦兰德罗酒庄（Chateau Valandraud），并在 1991 年生产出第一个年份的葡萄酒。他的这个举动，彻底地改变了波尔多葡萄酒业的格局，所谓车库酒（Garage Wine），通常是指来自波尔多右岸，以高百分比的美乐酿造，用全新木桶发酵成熟，未经任何的澄清或过滤的葡萄酒。车库酒多以人工酿造，甚至会采用勃艮第的酿制方式，发酵与熟成均用小木桶，酿出的葡萄酒非常浓郁，制作成本极高，价格也非常昂贵。因这些酒的产量极少，在自家面积不大的车库就可以酿造，所以被称为“车库酒”。具有代表性的的车库酒庄当属位于老色丹堡旁的里鹏庄（Château Le Pin）。

圣爱美隆（Saint émilion）是波尔多右岸最重要的产区之一，以黏土和沙质为主的土壤结构非常适合美乐的种植，故该产区在混酿中以美乐为主，有些地区会使用一定比例的品丽珠以增添更多的香气。年轻的圣爱美容酒会展现出迷人的红色水果的香气，成熟后会发展出皮草、松露等复杂的香气特征，香气浓郁，口感柔美，单宁细致，涩度较低。欧颂堡（Chateau Ausone）和白马堡（Château Cheval-Blanc）是圣爱美容产区的两大名庄，与传统的五大名庄并驾齐驱，主要种植美乐和品丽珠。

波美侯（Pomerol）是紧挨着圣爱美容的一块小产区，是波尔多地区面积最小的产区，却在右岸中具有帝王般的地位。因土地狭长，波美侯大部分的酒庄都很小，产量低，但出产顶级的葡萄酒而且价格昂贵，最出名的是全波尔多葡萄酒价格最贵的酒王之王柏翠（Petrus）。波美侯的葡萄酒几乎全部以美乐为主，其酿造的红葡萄酒单宁细致，香气丰富，具有芳香醇厚的辛辣味和柔和的口感，有着别处少见的高雅坚实风格，也较耐久藏。如波尔多酒王柏翠（Petrus）、老色丹堡（Vieux Château Certan）、拉弗尔（Château Lafleur）等酒庄，出产的葡萄酒最能体现出美乐强劲和丰满的一面。虽然波美侯葡萄酒闻名于世，但该地区却没有自己的分级制度，无论多贵的葡萄酒也仅只标示“Pomerol”产地。

“两海之间（Entre-Deux-Mers）”是指位于加龙河和多尔多涅河两条大河之间的产地，地势相对平坦，呈三角地带形状，土壤相对肥沃，主要是由不同比例的沙子和黏土形成的冲积型，土质主要为石灰岩，气候相对冷凉。两海之间产区布满浅黄色的钙化砂土和砾石，再加上充分的日照和温带海洋性气候，共同成就了理想的葡萄生长环境，是波尔多葡萄园种植面积最大的葡萄酒产区，也是波尔多白葡萄酒的重要产区。长相思是两海之间法定产区占据“皇位”的主要白葡萄品种，它特殊的葡萄皮浸渍发酵工艺赋予了葡萄酒平衡的结构、特别的芬芳与轻盈。两海之间产区的中央及北部覆盖了一层混合沙砾质与黏土的较肥沃土壤，主要生产干白葡萄酒和以美乐为主的简单红葡萄酒。该地的西南部沿着加仑河右岸长条形的隆起地形，有较多陡峭的山坡，这里主要生产甜型的白葡萄酒以及粗犷多单宁的红葡萄酒。两海之间产区生产的葡萄酒多数不标识“两海之间”产区，而是使用波尔多或高级波尔多来表示。

（二）勃艮第（Bourgogne）

在法国葡萄酒产地中，勃艮第（Bourgogne）与波尔多并驾齐驱，共负盛名，是法国葡萄酒的两座高峰。波尔多葡萄酒芳醇的风格韵味打动人心，勃艮第葡萄酒则属于那种能够直接给人以感官冲击，同时又香气迷人、质感柔和、高贵优雅的葡萄酒，并且它的香气和味道毫无修饰地反映了当地独有的“风土条件”。如果说波尔多是法国葡萄酒的国王，那么勃艮第就是法国葡萄酒的皇后。

勃艮第位于法国中部略偏东，长约300公里的地形以丘陵为主，属大陆性气候，气候整体寒冷，被称为地球上“最复杂难懂的葡萄酒产地”。勃艮第冬天到春天天气寒冷，夏天到秋天却是持续的晴天，温度较高，南北的风格具有很大的差异，北部的夏布利（Chablis）地区已经接近于葡萄种植的极限。勃艮第葡萄园幅员辽阔，各个葡萄园的土质各异，包括石灰质、粘土石灰质、花岗岩质、砂质等多种土壤，但主要是以石灰质黏土为主，地质活动产生的断层使其土壤更加复杂而富于变化，造就了葡萄的卓越味道，也形成了与相邻区域完全不同的个性，甚至有的地区仅仅间隔一条田间小路的两个葡萄园，其葡萄的个性也大相径庭。勃艮第的很多葡萄园都是中世纪时的教会所拥有和开辟的，最有名的就是本笃会和西多会，这些教会中的教士有着高超的酿酒技术，精于分析土壤和总结经验，他们为了寻找合适的葡萄种植园，经常用舌头去品尝泥土与碎石，通过与大自然的直接交流，将不同土壤的葡萄园用半人高的石墙分隔开来，每一块不同的葡萄园称为一个克里玛（Climat）。

独立酒庄、酒商与酿酒合作社是勃艮第的三种主要生产葡萄酒的单位。独立酒庄指的是拥有自家的葡萄园，只使用自家葡萄园所产的葡萄酿制葡萄酒，小规模的家庭经营占多数，比较容易保有葡萄园的特殊风味以及酒庄主的个人风格。独立酒庄一般为经济实力雄厚的酒商所有，如生产世界最贵葡萄酒罗曼尼-康帝（Romanée-Conti）的罗曼尼-康帝酒庄（DRC）集团旗下就拥有 8 个特级葡萄园。酒商除了用自有葡萄园的葡萄，同时还从其他葡萄园收购葡萄进行酿酒。酿酒合作社自己并不种植葡萄，而是从合约葡萄农那里收购葡萄进行统一酿造和销售。由于拿破仑的平均主义法，勃艮第的葡萄园被切割成很多的小块，有的葡萄园甚至不到 0.5 公顷，因而酒商在勃艮第占有着很重要的地位。酒商主要向葡萄园庄主购买葡萄或者葡萄酒，然后自己酿造、培养、装瓶并出售，规模较大，品质容易得到保证。

1. 勃艮第分级系统

在法国有 400 多个 AOC，其中勃艮第就超过了 100 个。与波尔多按照酒庄进行级别划分的分级制度不同的是，勃艮第是根据葡萄园（地块）来进行葡萄酒等级划分的，这也代表了勃艮第对土地的尊重。勃艮第通常将葡萄园划分为四个等级，等级从低到高依次排列为地区级（Région）、村庄级（Village）、一级葡萄园（Premier Cru /1er Cru）、特级葡萄园（Grand Cru）。

地区级（Région）是勃艮第入门级别，最常见的就是在酒标上标示“AOC Bourgogne”，其产量占勃艮第葡萄酒总产量的一半，常见的勃艮第红（Bourgogne Rouge）、勃艮第白（Bourgogne Blanc）和勃艮第起泡酒（Cremant de Bourgogne）就属于地区级的勃艮第葡萄酒。

村庄级（Village）是指一些自然条件好、风格独具的村庄酒。勃艮第产区有 44 个村庄可生产村庄级葡萄酒，比如著名酒村玻玛（Pommard）、布衣富赛（Pouilly-Fuissé）等，通常把村庄名作为葡萄酒名标示在酒标上。

一级葡萄园（Premier Cru /1er Cru）是在村庄级的基础上，将一些条件更好的葡萄园评为一级葡萄园，一级葡萄园的单独面积都不大。目前勃艮第有 600 多个一级葡萄园，产量只占勃艮第总产量的 1/10，且葡萄酒必须在酒标上注明“Premier Cru”或“1er Cru ”，还可再加上具体的葡萄园名称。

特级葡萄园（Grand Cru）是勃艮第的最高荣誉，代表着勃艮第最上等的葡萄园，著名的有罗曼尼-康帝（Romanée-Conti）、哲维瑞-香贝丹（Gevrey-Chambertin）和普里尼-蒙哈榭（Puligny-Montrachet）等。特级葡萄园的葡萄酒产量仅占勃艮第总产量的 1.4%，价格一般都比较昂贵，酒标上会注明“Grand Cru”，例如蜜思妮特级葡萄园（Musigny Grand Cru）。

酒标上标注的产地名，从地区名、村庄名到葡萄园名，范围越来越小，级别就越来越高酒标上标示的葡萄园也会进一步被细化为一级葡萄园、特级葡萄园等。在勃艮第，只有夜丘（Côte de Nuits）、伯恩丘（Côte de Beaune）和夏布利（Chablis）这三个产区拥有特级葡萄园。

2. 主要葡萄品种

在勃艮第，霞多丽的种植面积最大，其次是黑皮诺。勃艮第产区是全球最好的黑皮诺产区，而且勃艮第的每个小产区和葡萄园风格都各异，娇贵的黑皮诺只有在勃艮第的风土条件下最能展现其优雅风姿。黑皮诺是勃艮第最经典的红葡萄品种，主要种植在勃艮第的石灰质泥灰土中。和大多数品种相比，黑皮诺更易染上各种霉菌、更易腐烂，是一种需要葡萄种植者和酿酒师精心照顾的葡萄品种，种植成本很高。在勃艮第南部的马贡地区，还种植着少量的佳美。勃艮第出产的葡萄酒通常被称为“葡萄酒之王”，不仅仅是因为出产的葡萄酒酒质超凡，更是因为其处于酿造红葡萄酒的边缘地区，仅有黑皮诺一个主要品种，规模小，商业化程度低，在这里酿造葡萄酒如同苦行僧般的艰辛，因而备受葡萄酒爱好者们的敬慕和推崇。

勃艮第的葡萄酒大多采用单一品种葡萄酿造，红葡萄酒基本上用黑皮诺（除博若莱产区外）酿制，白葡萄酒则以霞多丽为主要品种酿造，只有少数酒农会使用佳美和阿里高特来酿造葡萄酒。黑皮诺和霞多丽这两个品种的个性在勃艮第均表现十分精彩，这与勃艮第的风地条件是密不可分的。总体上讲，勃艮第黑皮诺红葡萄酒单宁含量少，口感如天鹅绒般细腻润滑，除了带有樱桃和草莓等红色水果香气外，还常带有玫瑰和紫罗兰的花香，经橡木桶陈年的红葡萄酒还有肉桂等香料香以及焦糖、咖啡等焙烤类香气，有些红葡萄酒甚至还有野味和麝香等动物气息。清爽的勃艮第霞多丽白葡萄酒常带有苹果、梨和葡萄柚等水果风味，并伴有玫瑰等花香气息，有的还会带有燧石和铅笔芯等矿物质感，另外，酒体丰满或经橡木桶发酵或陈年的白葡萄酒则还会发展出黄油、蜂蜜等风味，层次复杂。勃艮第北方产区酿造的黑皮诺口感非常细腻，越往南部口感越丰厚。霞多丽亦是如此，夏布利的霞多丽口感纯净而略带矿物香，伯恩丘的霞多丽则口感强劲，而马贡的霞多丽则肥厚滑腻。

3. 主要葡萄酒产区

勃艮第有五大产区，由北至南分别为夏布利（Chablis）、夜丘（Côte de Nuits）、伯恩丘（Côte de Beaune）、夏隆内丘（Côte Chalonnaise）和马贡（Mâconnais）。其中最著名的夜丘和伯恩丘又合称为金丘（Côte d'Or），是勃艮第葡萄酒产区最精华的核心地带，勃艮第的 33 个特级葡萄园，金丘就占了 32 个，最优质的葡萄园全都位于向阳的坡地上。

夏布利（Chablis）位于勃艮第的最北端，距离巴黎约有 180 公里，是勃艮第北部地区的葡萄酒重地。夏布利产区气候为半大陆性气候，略受大西洋的影响，冬季寒冷漫长，春季潮湿，夏季十分炎热且光照较强，土壤为混合小石子的石灰岩和泥灰岩（被称为“Kimméridgien”）。夏布利的气候寒冷，经常受到冰雹和春季霜冻的危害，只出产霞多丽葡萄酿制的果香突出的干白葡萄酒。霞多丽葡萄发芽特别早，几乎每年都会遇到霜害的威胁，在春季寒冷的清晨，满山的葡萄园里摆放着数千具的燃烧着的煤气炉，以免初生的嫩芽冻死。夏布利干白葡萄酒一般呈浅柠檬黄，常表现出柠檬、柚子以及浓郁的矿物风味，高酸度，适合搭配海鲜。寒冷的气候让夏布利出产的葡萄酒保留了细腻的口感、匀称的风姿和令人振奋的酸味，而且高酸度还让夏布利跻身勃艮第最耐久存的白葡萄酒之一。特别是 Kimméridgien 土壤更赋予了夏布利产区的酒散发出丰富的矿石气息，个性十分突出。典型的勃艮第白葡萄酒酒体厚重，风味丰富，在橡木桶中发酵，但夏布利葡萄酒的风格却与勃艮第其他产区不同。夏布利葡萄酒味干而清爽，为了保持清爽的口感和果香，大多数夏布利葡萄酒在不锈钢桶中熟成，很少会在酿酒过程中使用橡木桶，就算要使用橡木桶，橡木味也不能遮盖其复杂的口感和浓郁的果味。

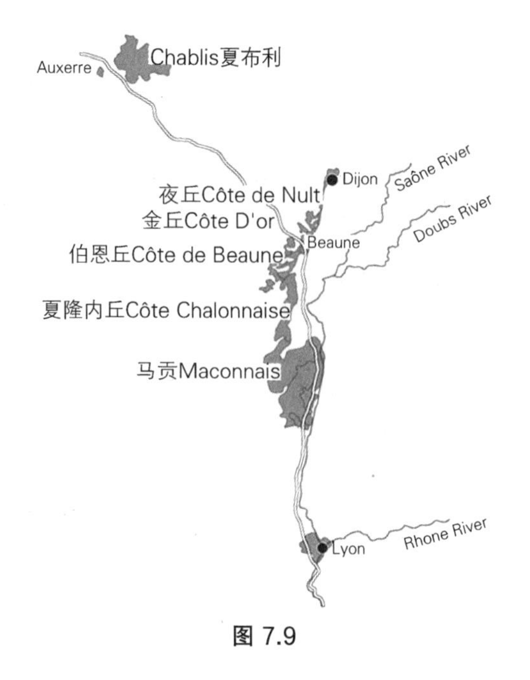

图 7.9

在第戎（Dijon）南部，是著名的金丘（Côte d'Or）产区，这也是勃艮第最精华的葡萄酒产区。金丘的核心产区分为南、北两个部分，北部为夜丘产区，南部为伯恩丘产区，夜丘产区盛产黑皮诺红葡萄酒，伯恩丘产区则以酿造霞多丽白葡萄酒闻名。

夜丘（Côte de Nuits）是自北向南一条蜿蜒 20 多公里的狭长丘陵地，最宽的地方不过 200 m。北部平均海拔达 270 至 300 m，南部平均海拔达 230 至 260 m，该产区所处的坡地在远古时代曾是海床，因此土壤富含钙质，同时也形成了不同土层堆叠的地貌。坡地顶部一段非常陡峭，往下则逐渐变得宽阔平缓，延绵不绝，坡面朝南，日照十分充足。这里受大陆性气候的影响，夏季炎热，冬季干燥，基岩全部由石灰岩构成，排水能力好，娇气的黑皮诺最适合生长于此，生产的葡萄酒 90%以上都是由黑皮诺酿制的红葡萄酒。天时与地利的结合，再加上种植者和酿酒师的辛勤努力，造就了夜丘的盛名。夜丘是整个勃艮第红葡萄酒的精华区域，出产的黑皮诺红葡萄酒，香气馥郁，酒质细腻，极具陈年天赋，以强劲细致、复杂耐久存名扬天下。这里集合了勃艮第最多的特等葡萄园，勃艮第的 33 个特级园中，一共有 25 个红葡萄酒特级园，其中 24 个在夜丘。哲维瑞-香贝丹（Gevrey-Chambertin）出产法国拿破仑最爱的红葡萄酒，以威武雄壮的风格著称；香波-蜜思妮（Chambolle Musigny）的葡萄酒则具有极致的细腻优雅口感；武乔（Vougeot）是整个勃艮第最大的特级葡萄园，坐落于夜丘的心脏地带，是 12 世纪初由西多会的修士所建并开垦，随着教会获得的不断赠送，葡萄园总面积达到 50 多公顷。其最大的地主德拉图酒庄（Château De La Tour）拥有武乔园最核心的一片葡萄园，在寸土尺金的勃艮第，能在葡萄园内酿酒和装瓶并可在酒标上打上“Château”字眼的庄园酒少之又少。另外，武乔园的白葡萄酒产量虽小，但也堪称极品，散发着迷人的矿物和坚果气息。沃恩-罗曼尼（Vosne-Romanée）是夜丘的一个小村庄，但却是夜丘最耀眼的明星，这里用黑皮诺酿制的葡萄酒集强劲和细致于一体，堪称世界最优秀的葡萄酒。该村拥有 6 个特级葡萄园，分别为：康帝（La Romanée-Conti）、李奇堡（La Richebourg）、拉-塔琦（La Tache）、大街（La Grand Rue）、罗曼尼（La Romanée）和罗曼尼-圣-威望（La Romanee

Saint-Vivant)，出产的葡萄酒果味尤为浓郁，口感丰富、优雅，强劲的酒力与细腻的口感非常均衡，世界上最昂贵的葡萄酒罗曼尼-康帝（Romanee-Conti）就出产于此。

伯恩丘（Côte de Beaune）位于夜丘南侧，这里孕育了世界上顶级的干白葡萄酒和声名远扬的红葡萄酒。伯恩丘绵延 20 多千米，葡萄园面积为 5，980 公顷，坡地较平缓开阔，底层土壤为中侏罗纪时期泥灰质石灰岩，表层土是富含钙质的黏土，底层土和表层土之间是富含铁矿的土壤。与夜丘相比，其气候更加温和，但也存在冰雹的危害。伯恩丘是全球最顶尖的霞多丽产区，其出产的霞多丽葡萄酒明快活泼，呈现金黄色泽，带有柑橘水果和青草的芳香，常伴有奶油、坚果、香草和烤面包的香气，酸度适宜，口感圆润柔顺。知名的酒村如默尔索（Meursault）、普里尼-蒙哈榭（Puligny-Montrachet）、萨沙涅-蒙哈榭（Chassagne-Montrachet）等，天下第一白葡萄酒蒙哈榭（Montrachet）被称为是最丰满、最细致、最浓郁、最均衡、最耐久的霞多丽葡萄酒。伯恩丘也出产上好的黑皮诺红葡萄酒，如玻玛（Pommard）、沃尔奈（Volnay）和科通（Corton）等，该产区的红葡萄酒呈现宝石红色，散发着红色水果的芳香，还伴有动物、腐殖土和矮树丛的气息，口感圆润，具有较强的陈年潜力。

往南的夏隆内丘（Côte Chalonnaise）产区，丘陵显得平缓和宽阔，平均海拔高度为 250 至 370 m，其气候、土壤与金丘产区十分相似，只是降雨略微少一些，土壤主要以石灰质为主，有少量的沙质、砾石和黏土，土壤和地形的多样性造就了多种多样的微气候，这对葡萄的质量会造成一定的影响。夏隆内丘红葡萄酒和白葡萄酒都有生产，主要的葡萄品种为霞多丽和黑皮诺，以及少量的佳美。用黑皮诺酿制的红葡萄酒呈紫色或明亮的宝石红色，散发着草莓和醋栗等浆果的芳香，有时伴有樱桃、果仁、动物和蘑菇的气息，质地紧实，酸和单宁十分均衡。黑皮诺也可用来酿制桃红葡萄酒。用霞多丽酿制的白葡萄酒则酒色明亮，散发着白色花朵、干果和柠檬的芳香，还伴有面包和蜂蜜的气息，口感丰厚，极具品种特色。虽然夏隆内丘产区出产的葡萄酒有着较高的水准，质量稳定，但价格却较低，因而性价比往往比较高。5 个主要的 AOC 法定产区从南至北分别是：布哲宏（Bouzeron）、吕利（Rully）、梅尔居雷（Mercurey）、日夫里（Givry）和蒙塔尼（Montagny）。布哲宏主要生产白葡萄酒，其酿酒葡萄品种为阿里高特（Aligote），是勃艮第唯一使用这种葡萄酿酒的村庄级法定产区，AOC 标示为“Bourgogne Aligote”；吕利生产活泼的白葡萄酒和清新纤细的红葡萄酒；梅尔居雷是 5 个产区中产酒最丰盛的产区，主要生产红葡萄酒，酒体丰满，陈年时间较长；日夫里则以生产果香奔放，口感圆润的红葡萄酒为主；蒙塔尼仅生产白葡萄酒，其白葡萄酒酒体饱满，酸度略高。

勃艮第的最南端是马贡（Mâconnais）产区，这里地势平坦宽广，葡萄园相对零散，葡萄种植面积超过 6 000 公顷。主要生产白葡萄酒、红葡萄酒和桃红葡萄酒，以白葡萄酒产量最高，也最为有名。马贡的土壤以石灰岩为底土，表层土主要是碎石、冲击土、黏土和黏质沙土，气候相对较温和，非常适合霞多丽葡萄的生长，最常见的就是马贡白葡萄酒（Macon Blanc），口感细腻，带着一些香瓜和小白花香气，爽口清淡。马贡拥有 5 个 AOC 法定产区，分别是布衣-富赛（Pouilly-Fuisse）、布衣-凡列尔（Pouilly-Vinzelles）、布衣-楼榭（Pouilly-Loche）、圣韦朗（Saint-Verand）和维尔-克莱赛（Vire-Clessé）。布衣-富赛（Pouilly-Fuisse）最为有名，葡萄园位于突出的石灰岩高地上，霞多丽的成熟度更好，通常使用橡木桶熟成，酿出的葡萄酒酒体丰满紧实，口感浓厚，香气浓郁并带有烤杏仁、坚果和白色花朵的香气。该产区的酒可与伯恩丘相媲美，但价格要比伯恩丘酒便宜得多。马贡产区也有少量的黑皮诺和佳美红葡萄种植，酿造一些简单多果香的红葡萄酒。

4. 博若莱（Beaujolais）

博若莱（Beaujolais，宝祖利）位于勃艮第的最南端，绵延着茂密的森林和肥沃的丘陵地带，在很长一段时期内，博若莱似乎只能存活于勃艮第的荣耀里，直到上个世纪的 70 年代，它才成为法国一个独立的葡萄酒产区。博若莱产区的葡萄种植总面积约为 20 000 多公顷，几乎是勃艮第产区葡萄园面积的一半。博若莱为典型的大陆性气候，夏季炎热，秋季寒冷干燥，葡萄园多分布于向阳的梯田上，依着山岭向东面和南面一直延伸到南部的隆河谷。博若莱产区南部是以平原为主，地势较低，多是浅薄的黏土，主要生产博若莱新酒；北部多为山坡，地势较高，土壤底层为坚硬的花岗岩层，上层为风化的碎石和硅土，矿物质含量较丰富，生产使用传统方法酿造的优秀博若莱红酒。

博若莱产区的葡萄酒共有三个等级，由低到高排列分别为博若莱（Beaujolais）、博若莱村庄（Beaujolais-Villages）、博若莱特级村庄（Beaujolais Cru）。约有 50%的葡萄酒属于博若莱这个等级，其中一大部分产自博若莱南部的基础博若莱产区（Bas Beaujolais AOC），法定要求这部分酒的最低酒精度不能低于 10%，如果标签上标注“高级博若莱酒（Beaujolais Supérieur AOC）”，则其最低酒精度不能低于 10.5%，大部分的博若莱新酒来源于这个等级。博若莱村庄等级的葡萄园面积覆盖博若莱北半部的 39 个村镇，其产量占博若莱酒总产量的四分之一。葡萄多种植在山坡上，土壤结构为花岗岩和页岩，大部分葡萄酒在来年的 3 月份发售，适合新鲜时两年内饮用。博若莱特级村庄是博若莱葡萄酒的最高等级，位于博若莱北部，在博若莱山的山脚下，共有 10 个自然条件最佳的明星村庄：布鲁依（Brouilly）、布鲁依丘（Côtes de Brouilly）、谢纳（Chénas）、希露薄（Chiroubles）、福乐里（Fleurie）、朱丽娜（Julienas）、风车磨坊（Moulin-à-Vent）、墨贡（Morgon）、蕾妮耶（Régnié）和圣-阿穆尔（Saint-Amour）。这 10 个村庄生产最优秀的博若莱葡萄酒，这些酒的名称都以村庄的名字命名。风车磨坊和墨贡是其中酒体最饱满的葡萄酒，它们在瓶中陈酿时会继续发展熟成；布鲁依是最宽阔的产区，它的产量也最高。博若莱特级村庄葡萄酒以传统方法酿造，可以酿造出中等酒体、中高酸度、口味深邃、香气馥郁复杂、使用橡木桶熟成并可以陈年的葡萄酒，品质优异。

在博若莱的土地上，说到葡萄品种，佳美（Gamay）葡萄是绝对的王者，在此高达 99%的种植面积也从一个侧面反映出了风土与此品种的天作之合。种植于此的佳美葡萄果香浓郁，具有红色水果和田野菜花的香气，单宁结构更为强劲，能酿造出口感浓郁，具有深度的佳美葡萄酒。传说在 14 世纪末的时候，佳美因为不受勃艮第菲利浦公爵的重视而被全部移种到土壤最贫瘠的博若莱地区，成就了今天的博若莱。这里还种植有少量的阿里高特白葡萄品种。

博若莱产区因博若莱新酒（Beaujolais Nouvaus）而声名远扬。博若莱新酒是一种果味型红葡萄酒，采用佳美葡萄酿造，葡萄全部采用人工采收，并使用二氧化碳浸渍法酿造，从采收至发酵结束装瓶仅仅需要 6 ~ 8 周，可谓是世界上面世最快的葡萄酒。二氧化碳浸渍法是将采收后的整串未经破碎的葡萄置于密封罐内，注入二氧化碳，使葡萄在缺氧环境下启动细胞内发酵，一般经过二周左右的浸渍，可以获得 2 度左右的酒精。由于二氧化碳造成的缺氧延迟了酵母的发酵，从而促进果粒内部进行生理发酵，赋予新酒更加清新和丰富的果香，带有明显红樱桃、覆盆子、蔓越莓、无花果、香蕉的香味，尤以红樱桃味最为明显。新酒酸度较高，酒体轻盈，结构相对简单，非常适合在最新鲜的时候饮用，饮用时轻微冰镇到 13 °C 时口感最佳。另外，由于为整果发酵，葡萄汁和葡萄皮接触不多，酿出的葡萄酒颜色浅，单宁含量极低，柔和顺口，而且果皮外表面不接触果汁，附着在果实外表面的农药以及环境污染物残留也相对较少。博若莱每年有三分之一的酒都是以新酒形式发售的。

博若莱新酒最大的特色就是从葡萄采摘到发酵成葡萄酒，再到熟成上市只需要两个月的时间，当年即可饮用，它是在法国唯一能喝到的当年生产的 AOC 级别的葡萄酒，被称为“离葡萄最近的酒”。法国葡萄酒的控制原产命名法律体系 AOC 曾经规定，AOC 葡萄酒在酿造当年的 12 月 15 日之后方能装瓶上市。但由于博若莱新酒不适合长期存放，保存期一般不超过 6 个月，需要尽快销售和消费，因此，法国在 1951 年 11 月 13 日第一次确定，博若莱新酒可以在 12 月 15 日前上市，并最终确定为每年 11 月的第三个星期四为法国官方规定的“博若莱新酒节”。博若莱新酒也常常被作为勃艮第葡萄酒的风向标，如果当年的新酒质量好，那么次年才上市的勃艮第葡萄酒通常就一定好。每年的博若莱新酒节，是全球葡萄酒爱好者的盛大节日。在每年的 11 月的第三个星期四，当午夜零点的钟声敲响的时候，博若莱新酒全球同步上市，“Le Beaujolais Nouvaus est arrive !”（博若莱新酒来了！）的标语都会挂满全法国乃至全世界许多地方的餐馆、酒吧，那一刻自然也就成了全球酒迷们的狂欢时刻。

（三）香槟（Champagne）

拿破仑曾说：“没有一样东西更能比一杯香槟使人生变得如玫瑰般瑰丽。”香槟是全球最知名的欢庆用酒，香槟总是伴随着欢乐。香槟的故乡——香槟产区，位于法国巴黎的东北部，是法国最北的一个葡萄酒产区，该地区受到北风和西伯利亚反气旋的影响，气候寒冷，年平均温度约为 10.5 °C，其气候是法国所有葡萄种植区最严寒的区域。葡萄园大多建立在该地区最温暖的地带，北侧绵延的高大森林挡住了凛冽的寒风，典型的白垩土壤反射并吸收着微弱的阳光，还可以很好地保留水分，能够促进葡萄的生长发育，提高葡萄的成熟度。在这里，春天葡萄萌芽时会面临霜冻的风险，萌芽到开花的四月底五月初，往往需要在葡萄园里放置加热装置以防霜冻，夏季尽管温暖但很短暂。寒冷的气候以及较短的生长季节使得葡萄的成熟略显缓慢，葡萄很难达到完美的成熟，但寒冷的天气却赋予了香槟酒别样清新的感觉。

香槟始于 1668 年由奥特维耶修道院的本笃会院长唐培里侬（Dom Perignon）所开创的气泡酒，他还研发了用不同产区的不同葡萄品种混酿起泡酒的方法，也是他开始率先采用软木塞技术。香槟产区是起泡酒的发源地，根据法律规定，只有在法国香槟产区、选用指定的葡萄品种、根据指定的生产方法流程所酿造的起泡酒，才可标注为“香槟酒”（Champagne），而其他地区出产的此类葡萄酒只能称为“起泡葡萄酒”。

1. 香槟产区分级系统

和勃艮第的分级制度一样，香槟产区的分级制度也是建立在葡萄园风土之上的。香槟区村庄的等级是由多层因素决定的，包括土壤、葡萄园坡度、坐向等等，按照不同的风土条件，通过对种植葡萄的村庄进行评分，来划分村庄的等级。

香槟产区的酒庄大多是收购当地葡萄农的葡萄来酿造香槟，所以香槟酒中会含有多个葡萄园的葡萄原料，用于酿造顶尖香槟的葡萄往往来自整个香槟产区。为了在酒庄和农户之间制定一个合理的葡萄价格机制，早在 1911 年，法国政府就制定了香槟产区村庄分级制度，这个分级制度叫做“Échelle des Crus”（酒村分级阶梯制）。按照评分，香槟产区的葡萄园村庄分为三个等级：特级村庄（Grand Cru）、一级村庄（Premier Cru）、其余的为普通村庄。香槟区共拥有321个产酒村庄（Cru），其中一级村庄44个，特级村庄17个，由香槟行业委员会（CIVC）严格管理控制。酒村分级阶梯制决定了各个葡萄园出产的葡萄价格。香槟行业委员会每年依据当年状况会划定一个葡萄参考收购价，而根据葡萄园等级的不同，葡萄的价格也会有一定的浮动。香槟产区还规定，酒标上标有“Champagne”的酒，其葡萄原料必须100%来源于香槟产区；酒标上标有“Grand Cru”的酒，其葡萄原料必须100%来源于特级村庄，酒标上标有“Premier Cru”的酒，其葡萄原料必须100%来源于一级村庄以上的葡萄园。1999年，欧盟认定该分级系统阻碍了自由市场竞争，取消了此分级制度，故而目前为自由市场模式。然而，质量较佳的特级村庄以及一级村庄的葡萄果实通常还是以较高的价格成交。此外，多数的香槟都是混合不同村庄的葡萄果实酿成，所以一般在酒标上较少标上特级村庄葡萄园字样以及酒村名称，而愈是顶级的香槟，所用的特级村庄葡萄比例也会愈高。为讲求差异化，现在也有一些香槟只以单一特级村庄的葡萄来酿制香槟。

对于品质保证，香槟产区有三个AOC等级：香槟（Champagne）、香槟山丘（Côteaux Champenois）和黎赛桃红（Rose des Riceys），其中香槟山丘生产的是静止葡萄酒，黎赛桃红只产桃红葡萄酒。香槟产区的葡萄种植户们通常并不酿酒，而是将葡萄出售给负责酿酒的酒商。近年来，一些种植户开始打破传统，留下一些葡萄酿制属于自己的香槟，即独立酒庄香槟（Grower Champagne）。相对于那些大批量生产、口味中规中矩的商业品牌香槟，独立酒庄香槟更能反映某个地块的风土条件。由传统香槟发酵法酿造的香槟总是在风土特色之上加入了人为的影响，主要是酿酒技术所带来的特点。例如阿维兹（Avize）村的两个种植者——勒布伦·瑟维内（Le Brun Servenay）和安塞尔姆·塞洛斯（Anselme Selosse）被称为独立酒庄香槟运动的教父，他们酿造的香槟就有着很大的不同。勒布伦的干型特级村庄香槟酒体优雅，有香料味，未经橡木。而塞洛斯的香槟有咸味、白垩土味和矿物味，采用索莱拉（Solera）系统酿造。

2. 主要葡萄品种

香槟产区主要葡萄品种包括霞多丽（Chardonnay）、黑皮诺（Pinot Noir）和皮诺莫尼耶（Pinot Meunier）。香槟酿造时允许使用的葡萄品种只有红葡萄中的黑皮诺、皮诺莫尼耶和白葡萄中的霞多丽，以及现在极少使用的灰皮诺（Pinot Gris）、白皮诺（Piont Blanc）、小美夜（Petit Meslier）和阿尔班（Arbane）。大多数香槟都是由霞多丽、黑皮诺和皮诺莫尼耶混酿而成，霞多丽能给葡萄酒注入优雅、精致的口味，黑皮诺能使葡萄酒变得丰富而多层次，皮诺莫尼耶则让葡萄酒充满可口的水果味。完全采用霞多丽酿造而成的香槟称为“白中白”，标注为“Blanc de Blancs”，非常珍贵；与此对应的是，完全采用黑皮诺、皮诺莫尼耶或将二者混酿而成的白香槟称为“黑中白”，标注为“Blanc de Noirs”；桃红香槟的着色可以通过浸皮来实现，而更常用的方法是在白香槟中添加少量黑皮诺酿造的红葡萄酒调配而成。一般来说，白中白香槟口感细腻，酸度较高，适合作开胃酒或搭配清淡的菜品饮用；黑中白香槟和桃红香槟则风味强劲浓烈，适合作为正餐酒来搭配。

香槟的独特风格主要归功于两个方面，一方面是得天独厚的风土条件——丰富的白垩土壤和寒冷的气候，这提供了香槟以通透的矿物质感和清新的酸味；另一方面是其独特的酿造方法——香槟法（Methode Champenoise），酿造、调配、装瓶后在瓶中进行第二次发酵，在瓶中熟成 15 个月至几年的时间之后，再进行转瓶、除渣、补液等工序，从而成为具有独特细小气泡的香槟葡萄酒。香槟法是生产起泡葡萄酒方法中最昂贵、葡萄酒品质最高的方法。香槟一般都没有年份，它主要使用当年的葡萄酒和少量往年的基酒调配而成，以便确保香槟酒在每年都能够保持稳定的风格和品质。但是，如果当年收获的葡萄表现出色，也可以用来酿造年份香槟酒。年份香槟酒全部是由当年采收的葡萄酿造而成，个性更鲜明，具有较强的陈年能力，有的年份香槟甚至可以陈放数十年，价格相对也更昂贵。

3. 主要葡萄酒产区

在香槟产区，葡萄园主要分布在兰斯山产区（Montagne de Reims）、白丘（Côtes des Blancs）、马恩河谷（Vallee de la Marne）、西栈产区（Côte des Sezanne）和奥布产区（The Aube）五大产区。

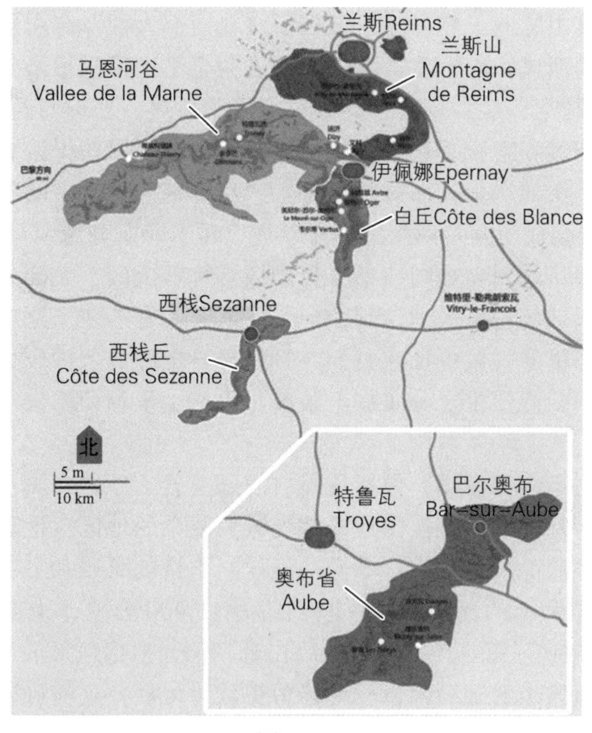

图 7.10

兰斯山产区（Montagne de Reims）为香槟省首府，土壤以白垩土为主，其表层土含有更多的黏土和沙子，是黑皮诺的理想产地，黑皮诺的种植面积占该产区的 60%，其葡萄酒风格强劲，风味饱满，而坐向朝东的葡萄园出产的黑皮诺更为优异，如该产区的博兹村（Bouzy）的香槟酒体更加饱满，口感更为丰富。

白丘（Côtes des Blancs）位于伊佩娜市（Epernay）以南 15 公里处，葡萄园分布较为分散，主要土壤为白垩土，土壤构成较浅，砂石较多，还有少许黏土和褐煤。该产区几乎全部种植霞多丽，占据种植总量的 95%，是名副其实的“白丘”，是白中白香槟最著名的产区。这里的霞多丽风味精致微妙，早熟，但很容易受到春天霜冻和雾水的影响，最好的葡萄园都以石灰质土壤为主，面朝东面以形成避风港。其特级村庄阿维兹（Avize）和奥格尔（Oger）的香槟具有较强的张力和深度，充满矿物风味。

马恩河谷（Vallee de la Marne）的西面主要以泥土、大理石土壤为主，白垩土主要分布在马恩河谷东面，这保证了其葡萄品种的多样性，所酿造的香槟充满了果味。马恩河谷主要种植皮诺莫尼耶和一些黑皮诺，黑皮诺在这里占据重要地位，但越往西，莫尼耶皮诺的地位越重要。西栈产区（Côte des Sezanne）的土壤多为白垩土和泥灰土，用霞多丽葡萄酿制的香槟通常芳香四溢，但其酸度比白丘产区的要低。奥布产区（The Aube）多数土壤为泥灰土，栽培的品种主要是黑皮诺，用黑皮诺酿制出的葡萄酒芳香四溢，酸度略低。

（四）阿尔萨斯（Alsace）

阿尔萨斯位于法国东北部，东部为莱茵河，西部背靠孚日山脉，全长绵延 140 公里，是夹在德国和法国之间的一个产区，堪称全法国最美丽的葡萄酒乡。阿尔萨斯为凉爽的大陆性气候，秋天较长，孚日山脉的天然屏障，阻挡了来自西部大西洋海洋水气的影响，避免葡萄园遭受带有湿冷空气的西风影响，使得阿尔萨斯成为全法国降雨量最少的地区，年降雨量每年仅有 500 mm。由于缺乏云层的调节，导致这里夏季炎热，夏季气温会超过 30 °C，秋季干燥，且阳光充沛，能持续到晚秋，这些条件都保证了葡萄可以获得较高的糖分和成熟度，有利于葡萄的过熟和灰霉菌的产生，而这些正是生产甜葡萄酒所必需的条件。虽然在一些最炎热的年份中，干旱可能会成为阿尔萨斯的一个难题。阿尔萨斯分为两个部分，南部为上莱茵，北部为下莱茵。葡萄园从北到南如同一条窄长的缎带蜿蜒山间，大部分优质的葡萄园都位于东面向阳的斜坡上，斜坡的角度大约达到 40°，朝东向或者东南，这对北部的下莱茵地区葡萄园来说尤其重要，那里的气候更加凉爽，并且受孚日山脉的保护较少，葡萄成熟也比较缓慢。当地最负盛名的葡萄酒厂主要分布在上莱茵，另有少量葡萄园位于孚日山脚与莱茵河之间的平地上。

阿尔萨斯的土壤类型多种多样，包括花岗岩、石灰岩、砂岩、黏土、壤土甚至是火山沉积岩，而平地上大多为冲积土，是法国地质状况最为复杂的地区。地理土壤的复杂性是阿尔萨斯出产多种风格葡萄酒的关键所在。干燥的气候、丰富的日照和复杂的地质条件让这里成为了葡萄的乐园，阿尔萨斯的葡萄种植总面积约为 15 000 公顷，主要分布着许多小型葡萄园，年产酒量超过 16 500 万瓶，其中约 90%为白葡萄酒。根据地形的不同，葡萄园采用的种植方法也大不相同。斜坡上的葡萄园，树形修剪得较为低矮，这样可以方便它吸收更多土壤辐射的热量，而且根据朝向确定的行间距也可以保证葡萄藤获得最充足的光照。平地上的葡萄树则可以修剪得较高，以便将春季的霜冻危害降到最低。在阿尔萨斯，有机和生物动力学种植的葡萄园比较广泛，这也可以反映出生产者希望酿造出能够反映出风土特点葡萄酒的热情。由于阿尔萨斯具有干燥、光照充足的自然环境，葡萄树很少会感染疾病，许多种植者在采收期面临的重要挑战就是葡萄园地块小、数量多、且种植不同的葡萄品种。现在由于葡萄成熟的时间有所不同，所以采收期时间较长——通常从 9 月中旬开始，在 11 月末结束，有的甚至会到来年的 2 月初。

由于其特殊的地理位置及历史背景，阿尔萨斯在历史战争中在法德两国之间几易其手，法国和德国的轮流统治使当地的语言、文化传统甚至出产的葡萄酒都有双重性，所以阿尔萨斯的当地文化和酿酒风格同时受到法国和德国的影响，其葡萄酒的风格甚至酒瓶设计也融入了德国风情，两种文化的交错给阿尔萨斯打下了独特的烙印。

1. 阿尔萨斯分级系统

阿尔萨斯的分级体系相对比较简单，有三个基本 AOC 等级：阿尔萨斯法定产区（AOC Alsace）、阿尔萨斯特级葡萄园（AOC Alsace Grand Cru）和阿尔萨斯起泡酒（AOC Crémant d'Alsace）。

阿尔萨斯法定产区（AOC Alsace）建立于 1962 年，这个等级的葡萄酒占到整个产区总产量的 77%左右，其中约有 92%为白葡萄酒，只要是阿尔萨斯产区内的葡萄都可以用来酿制。传统法国阿尔萨斯 AOC 大部分是单一品种酿造葡萄酒，也有极少数是混合葡萄品种酿造。与法国其他地区 AOC 葡萄酒不同的是，阿尔萨斯葡萄酒通常会在标签上标明葡萄品种，是法国唯一可以将葡萄酒以葡萄品种名称命名的 AOC 酒。如果酒标上标注了葡萄品种，那么所用的酿酒葡萄必须 100%都来自于标注的葡萄品种。葡萄酒在上市之前，必须通过国家原产地命名研究院的品尝鉴定与批准。从 1972 年开始，阿尔萨斯葡萄酒必须在其生产地瓶装。

阿尔萨斯特级葡萄园（AOC Alsace Grand Cru）也称为阿尔萨斯单一葡萄园，年产量相当于全部阿尔萨斯葡萄酒产量的 4%。这个等级建立于 1975 年，当时人们根据严格的地理及气候标准，选定了 51 个特级葡萄园，并且在法律中明确规定了边界。阿尔萨斯特级葡萄园的葡萄酒必须来自这些葡萄园的单一葡萄品种酿造，并且符合严格的生产标准，葡萄酒的标签上必须标注葡萄园的名称、采摘年份以及葡萄品种。特级葡萄园要求的最高产量更低，糖成熟度更高，葡萄酒必须从雷司令、麝香葡萄、琼瑶浆和灰比诺这四种贵族葡萄中选择一种葡萄来酿造，以风味纯粹而著称。

阿尔萨斯也是主要的起泡葡萄酒——阿尔萨斯克雷芒起泡酒的生产地。阿尔萨斯起泡酒（AOC Crémant d'Alsace）是在 1976 年 8 月 24 日正式生效的，阿尔萨斯 18%的土地都用于种植用来酿造阿尔萨斯克雷芒起泡酒的葡萄，约有 2 800 公顷。阿尔萨斯起泡酒是增长最迅速的 AOC 级葡萄酒，法国国内阿尔萨斯起泡酒的消费量占其总起泡酒消费量的 30%，以气泡均匀、口感细腻精致著称，较好的阿尔萨斯起泡酒在深度和结构方面都令人印象深刻。阿尔萨斯起泡酒必须采用同香槟一样的传统酿造法酿造，用于酿造阿尔萨斯起泡酒的葡萄来源于 3 年以上树龄的葡萄藤，葡萄采收须由人工进行，然后整串进行压榨。其主要的法定葡萄品种是白皮诺和雷司令，其他葡萄品种还包括霞多丽、灰皮诺、黑皮诺和欧塞瓦，其中桃红起泡酒只能使用 100%黑皮诺来酿造。

由于静止葡萄酒只有两个 AOC，太过简单，有时生产商很难在标签上为消费者明显区分出葡萄酒的不同。所以，我们常常可以在标签上看到"Reserve Personnelle"（私人陈酿）、"Cuvee Speciale"（特级陈酿）等词语，不过这些词语都没有相关的法律规定。

2. 晚收甜酒（VT）和精选贵腐甜酒（SGN）

阿尔萨斯葡萄酒还有一种分级体系，主要是根据葡萄的成熟度来进行划分的，有晚收甜酒（Vendange Tardive，VT）和粒选贵腐甜酒（Selection de Grains Nobles，SGN）两个等级，但并不是每年都有，酒庄会根据自然条件来决定是否生产。这个体系可以与德国的分类体系相对照。

晚收甜酒（Vendange Tardive，VT）是指在官方采摘日之后（通常是几周后）采集那些过熟的葡萄酿造的葡萄酒。由于比一般葡萄的采摘期要晚，因而含糖量会更高一些，可以酿造出香气浓郁、口感中甜的葡萄酒。晚收甜酒只能采用阿尔萨斯的雷司令、麝香葡萄、琼瑶浆和灰比诺四种贵族葡萄品种酿造，其中雷司令和麝香葡萄的潜力酒精度不低于 14%，灰比诺和琼瑶浆葡萄的潜力酒精度不低于 15.3%。最好的葡萄酒是采用有些干缩的葡萄，也有可能经过贵腐霉的侵染。这个级别的葡萄酒风格从干型到半甜型都有，目前官方并没有要求标明葡萄酒的含糖量。

粒选贵腐甜酒（Selection de Grains Nobles，SGN）是一种高级贵腐甜酒，葡萄感染了贵腐霉菌，含糖量极高。粒选贵腐甜酒并不是每一年都能生产，只在最好的年份才能酿造，即使生产其产量也很少，其品质可以媲美苏玳和德国 TBA 的顶级甜酒。精选贵腐甜酒同样只能使用阿尔萨斯的雷司令、麝香葡萄、琼瑶浆和灰比诺四种贵族葡萄品种酿造，所采用的葡萄必须经过贵腐侵染和严格筛选，其中雷司令和麝香葡萄的潜力酒精度不低于 16.4%，灰比诺和琼瑶浆葡萄的潜力酒精度不低于 18.2%。虽然贵腐霉的影响因葡萄酒而有所不同，但这些葡萄酒的类型都为甜型。

注：潜力酒精度是指假设把葡萄中的所有糖分都转变成酒精，所能生成的酒精度，而实际酿造时，不一定会把所有的糖分都转变成酒精，尤其是在酿造 SGN 贵腐甜酒时，会保留一定的糖度，所以成品酒中的酒精度要低于其葡萄的潜力酒精度。

3. 主要葡萄品种

阿尔萨斯的土壤类型十分复杂，因此可栽培的葡萄品种也多种多样，这里允许使用的葡萄品种有若干种，其中最重要的七大葡萄品种分别是：雷司令（Riesling）、琼瑶浆（Gewürztraminer）、灰皮诺（Pinot Gris）、麝香葡萄（Muscat à petit Grains Blanc）、白皮诺（Pinot Blanc）、西万尼（Sylvaner）和黑皮诺（Pinot Noir），六白一红，常被比喻为七仙女。

① 雷司令：雷司令被称为阿尔萨斯葡萄酒之王，是阿尔萨斯种植最广泛的贵腐葡萄，其种植面积占到阿尔萨斯葡萄种植面积的 20%。相对于轻酒体、半甜的德国雷司令来说，阿尔萨斯的雷司令葡萄酒更干，酒体更重，具有中等到中等偏高的酒精度，高酸度，散发着浓郁的燧石矿物风味，可陈酿 2 ~ 10 年。雷司令非常善于表达出不同土壤类型的特点，这对生产精选贵腐甜酒来说非常重要。

② 琼瑶浆：阿尔萨斯的琼瑶浆酿出的葡萄酒酸度较低，带有荔枝、玫瑰、葡萄柚、核桃和甜美的烘烤香料风味，中重酒体，酒精含量高，酒精度甚至可高达 14%，可陈酿 3 ~ 10 年。琼瑶浆的果皮为浅粉红色，酿出的葡萄酒带有金色色调。阿尔萨斯是全球最有名的琼瑶浆产区，酿制的琼瑶浆葡萄酒酒质浓厚而不甜，带有浓郁的果香。琼瑶浆倾向于生产出酒体饱满，带有丰富口感，高酒精度的葡萄酒，在一些最好的晚收甜酒中可以完美地表达出异域风情的水果特征。

③ 灰皮诺：在阿尔萨斯，灰皮诺的香气以新鲜的水果、干果以及烟熏、蜂蜜香味为主，带有金银花、苹果、梨的香气，酸度较低，酒体饱满，口感圆润肥厚，酒精度较高，相对于清爽简单的意大利灰皮诺风格差异较大。灰皮诺葡萄酒与琼瑶浆葡萄酒具有相似的金色色调，但是所带的芳香较少。

④ 麝香葡萄：麝香葡萄带有清新的槐花香气以及新鲜葡萄的果香，在阿尔萨斯麝香葡萄

主要用于酿造干酒，最好的麝香葡萄酒是采用小白粒麝香（Muscat Blanc a Petits Grains）来酿制。虽然麝香葡萄曾经被人看成是一种贵腐葡萄品种，不过由于容易落果、易染霉菌、产量反复无常，在阿尔萨斯麝香葡萄正变得越来越少，目前的种植面积不超过总面积的 3%，也较少用来生产晚收甜酒和精选贵腐甜酒。

⑤ 白皮诺：白皮诺带有桃子、李子和花朵的香气，风格简单明快，具有轻盈、新鲜、非芳香型的风格，但缺乏贵腐葡萄的重量和香气复杂度，因而白皮诺被广泛应用在阿尔萨斯起泡葡萄酒的生产中，通常和欧塞瓦进行调配，一般来说，标注白皮诺的葡萄酒应该是白皮诺和欧塞瓦两种葡萄的混合。但如果酒标上所标注的品种为欧塞瓦，则是只采用了欧塞瓦单一葡萄品种。

⑥ 西万尼：西万尼过去在阿尔萨斯曾经得到广泛种植，但是现在该品种只占种植总面积的 9%。西万尼可以赋予葡萄酒精妙的香气，具有一定的丰富性，不过不如琼瑶浆香气的丰富和浓郁。西万尼酿制的葡萄酒最好在年轻时饮用。

⑦ 黑皮诺：黑皮诺是阿尔萨斯当地唯一的法定红葡萄品种。由于气候寒冷，大多数阿尔萨斯黑皮诺葡萄酒呈浅宝石红色，带有新鲜的草莓、覆盆子香气，高酸度，口感细致，可以用来酿制红葡萄酒、白葡萄酒、桃红葡萄酒和起泡葡萄酒。其风格比勃艮第红葡萄酒略显清淡，当然，特别优异的年份除外。随着黑皮诺越来越能满足红葡萄酒消费者的需要，其葡萄酒的重要性在不断增加，目前黑皮诺几乎占到阿尔萨斯葡萄种植总面积的 10%。

阿尔萨斯是法国最为重要的白葡萄酒产区之一，这里出产的白葡萄酒占法国白葡萄酒总产量的 1/5，被称为“阿尔萨斯之泪”。阿尔萨斯主要酿造单一品种的白葡萄酒，最知名的是雷司令和琼瑶浆，以清新细致的花香和果香而闻名，被公认是世界上最佳芳香型干白葡萄酒产区之一。尽管阿尔萨斯大多数白葡萄酒为干型，但它最出彩的白葡萄酒是晚收甜酒和精粒贵腐甜酒。

（五）隆河谷（Vallée du Rhône）

隆河（法语音译为隆河，英语音译为罗讷河，故隆河谷也被称为罗纳河谷，现多用罗讷河谷，在某些场合仍沿袭隆河谷这一旧称。）起源于瑞士的阿尔卑斯山，在勃艮第的南端里昂城与索恩河汇合而向南流动，长长的隆河由北向南，纵越法国东南部，贯穿整个河谷地区，注入地中海。早在公元一世纪，随着罗马人征服高卢，罗马人就发现了隆河谷两岸是种植葡萄的宝地，他们在北隆河谷的罗帝丘和艾米塔基陡峭的坡地上开始了葡萄的种植，几百年后，葡萄种植才传到了波尔多等地区。1936 年，法国历史上第一个 AOC 产地制度诞生在南隆河的教皇新堡。

隆河谷产区位居里昂（Lyon）与普罗旺斯（Provence）之间，指的是从北部与里昂毗邻的维埃纳向南至尼姆之间的地区，自北向南呈条状分布，为长约 200 公里的狭长地带，分为北隆河（北罗讷河谷）和南隆河（南罗讷河谷）两大区域。这里阳光充足，气候温和而干燥，以缓和山地和隆河冲积平地为主，大部分为石灰岩土质，葡萄园布满了鹅卵石。葡萄园主要分布在日照条件好的向阳地区。沿着隆河的向阳斜坡被称为“太阳之路”，这里的葡萄吸收了充足的阳光而茁壮成长，因而葡萄容易成熟且果味浓厚，酿造出的葡萄酒香气丰富，酒精度也都很高，为醇厚、强劲的葡萄酒，其出产的新鲜白葡萄酒以高含酸量闻名，而口感强烈的红葡萄酒也具有典型代表性。隆河谷产区葡萄园种植面积达 70 000 公顷，其葡萄酒产量占法国葡萄酒总产量的 14%左右，无论葡萄园面积还是葡萄酒产量都是法国第二大法定葡萄酒产区，也是法国最大的法定红葡萄酒产区。

1. 隆河谷分级系统

隆河谷地区的法定产区根据葡萄酒质量和地域主要分为三个等级：隆河谷地区级法定产区（Côtes du Rhône AOC，CRD）、隆河谷村庄级法定产区（Côtes du Rhône Villages AOC）、隆河谷特级村庄法定产区（Crus des Côtes du Rhône AOC）。

隆河谷地区级法定产区（Côtes du Rhône AOC，CRD）是最普通的等级，面积覆盖隆河谷的 6 个省 171 个市镇。葡萄园面积约为 3.7 万公顷。这个级别要求葡萄酒的酒精度不得低于 11%，同时对葡萄的品种还有相关的规定，要求在红葡萄酒和桃红葡萄酒中，西拉和/或慕维得尔的含量不能低于 15%，可以含有不超过 5%的白葡萄品种。来自于蒙特利玛省的红葡萄酒中则要求黑歌海娜的含量不能低于 40%，白葡萄酒中则要求克莱雷、白歌海娜、玛珊、瑚珊、布尔朗克和维欧尼六大白葡萄品种的含量不低于 80%。

隆河谷村庄级法定产区（Côtes du Rhône Villages AOC），这个等级的葡萄园面积覆盖 95 个市镇，共有约 3000 公顷葡萄园。对土壤和气候条件的要求比较高。这个级别要求葡萄酒的酒精度不得低于 12%，对葡萄的品种也有相关的规定，要求在红葡萄酒中，歌海娜的含量不能低于 50%，西拉和/或慕维得尔的含量不能低于 20%，其他法定品种的含量不能多于 20%；桃红葡萄酒中，歌海娜的含量不能多于 50%，西拉和/或慕维得尔的含量不能低于 20%，其他法定红葡萄品种的含量不能多于 20%，混入的白葡萄品种不能多于 20%；白葡萄酒中，以克莱雷、白歌海娜、玛珊、瑚珊、布尔朗克和维欧尼六大白葡萄品种为主，其他法定品种的含量不能多于 20%。另外，有 17 个村庄级法定产区允许在葡萄酒酒标上标注村庄的名称，也称为隆河谷以村庄命名的村庄级法定产区（Côtes du Rhône Villages + village name AOC），这些产区对葡萄酒的酒精度要求更高，不得低于 12.5%。

隆河谷特级村庄法定产区（Crus des Côtes du Rhône AOC）：共有 16 个特级村庄，其中北隆河谷有 8 个，南隆河谷也有 8 个，其中还有 2 个自然甜葡萄酒产区分别为博姆-德奥尼斯（Beaumes de Venise AOC）和拉斯多（Rasteau AOC）。在这个级别，针对每个特级村庄的最低酒精度、葡萄品种、栽培方法、酿酒方法、橡木熟成方法、葡萄酒风格等的法定标准都不相同，都有着非常具体的规定。

2. 主要葡萄品种和葡萄酒产区

隆河谷产区的葡萄酒品种以西拉（Syrah）和歌海娜（Grenache）为主，另外，还包括慕维得尔（Mourvedre）、维欧尼（Viognier）、神索（Cinsault）、玛珊（Marsanne）、瑚珊（Roussanne）、白歌海娜（Grenache Blanc）、克莱雷特（Clairette）、布尔朗克（Bourboulenc）和黑歌海娜（Grenache noir）等。

隆河谷地区呈南北方向狭长分布，由于南北气候、葡萄田地势和土壤条件不同，葡萄酒的类型和风格也不同。隆河谷产区以中央附近的蒙特利玛（Monfelimar）为分界，划分为北隆河（北罗讷河谷）、南隆河（南罗讷河谷）两大葡萄酒产区。隆河谷产区当地的种植者们认为这里的葡萄酒天生丽质，无须任何粉饰，因此在酿酒时甚少使用新橡木桶，并且葡萄酒在橡木桶中放置的时间也非常短暂，这与波尔多酿酒的理念迥然不同。

图 7.11

北隆河产区与勃艮第产区接壤，一直向南延伸属至瓦朗斯（Valence），属大陆性气候，受干燥冷风的影响，气候凉爽，葡萄成熟较快。隆河河流两侧是狭长且坡度陡峭的山谷，葡萄园多分布在陡峭的河岸和山坡上，呈梯形分布，土壤以花岗岩和片岩为主。北隆河盛产全球最好的西拉葡萄，受到勃艮第文化的影响，这里还有维欧尼、瑚珊、玛珊等白葡萄品种。北隆河产区以使用单一品种酿造葡萄酒为主，主要使用西拉酿造红葡萄酒，白葡萄酒主要是由维欧尼葡萄酿造。西拉是北隆河唯一的红葡萄品种，北隆河产区的西拉酿造出的葡萄酒色泽深黑，带有浓烈的胡椒和香料风味，浓郁辛辣，夹杂着野性的芬芳，单宁结实，酸性深邃，除强劲有力外，还散发着优美、柔和、优雅的气息。由于酸味和单宁都较高，陈年潜力强，葡萄酒年轻时单宁厚重，口感紧涩，但陈放熟成若干年后，单宁逐渐缓和而圆润，品质极佳。北隆河产区也擅长酿制芳香四溢、酒体丰满的干白葡萄酒，格里叶堡和孔得里约盛产全球最负盛名的芳香型葡萄酒，这里的维欧尼散发出鲜花、奶油、桃子和杏子的香气，酿制的葡萄酒酸味稳定，酒体较强，维欧尼也少量用于混酿以西拉为主体的红葡萄酒中。

北隆河产区拥有许多著名的顶级小产区，以罗蒂丘（Côte Rôtie）、艾米塔基（Hermitage）和克罗兹-艾米塔基（Crozes-Hermitage）的红葡萄酒最为著名。罗帝丘使用单一红葡萄品种西拉酿造出非常高品质的西拉葡萄酒，该酒颜色深，香气浓郁，高酸度，高单宁，重酒体。在罗帝丘还被最多允许使用20%的维欧尼调配，以给葡萄酒增加更多的新鲜度并调和西拉的艰涩口感。罗第丘红葡萄酒年轻时散发着微妙迷人的花香，经过一段时间的陈年后其层次会更加丰富，历久弥香。该产区最具代表性的酒庄便是吉佳乐世家酒庄（E. Guigal）。艾米塔基的葡萄园分布在最好的南向斜坡上，一般使用 100%西拉酿造葡萄酒，散发着皮革、红色浆果、泥土和咖啡的香气，单宁强劲，口感丰满浓郁，经久耐存，窖藏时间可长达 40 年。艾米塔基的相关法规允许西拉可以和 15%或者更少比例的玛珊和瑚珊葡萄混酿，但这里的红葡萄酒几乎都由西拉单一品种酿制而成。环绕艾米塔基的克罗兹-艾米塔基，地势较为低矮，酿出的葡萄酒相对艾米塔基的更为清淡一些。格里耶堡（Château Grillet AC）、贡德（Condrieu）是北隆河产区颇受赞誉的白葡萄酒产区。从面积上来讲，格里叶堡是法国最小的法定产区，整个产区内只有一家酒庄。这里的白葡萄酒由 100%的维欧尼酿制而成，香气丰富，葡萄酒中典型的柔顺而浓稠的油脂味能很好地与酸味达成平衡，在橡木桶中的长时间熟成也赋予葡萄酒长达 10 余年的陈年潜力。原本将格里叶堡囊括在内的孔得里约产区唯一的 AOC 级别葡萄酒就是采用 100%的维欧尼酿制的白葡萄酒。这种葡萄酒结构平衡，香气优雅，酒体丰满，果香浓郁，口感顺滑，酸度较低，酿造过程中不需要乳酸发酵过程，保留了葡萄中原本的苹果酸，余味悠长，是法国顶级的白葡萄酒之一。不过该葡萄酒不耐贮存，最佳品鉴期一般只有 1～2 年，否则果味就会慢慢消失殆尽。

南隆河产区从蒙特利玛开始，一直向南延伸注入地中海，为地中海气候，沐浴在地中海的阳光和海风之中，气候温暖，阳光充足，雨量充沛。葡萄园主要分布在平地及坡度小的丘陵地区，地域宽广，以石灰岩、砂岩为主的土壤里包含着大大小小的鹅卵石，这为酿制世界上酒精度最高的葡萄酒（16.2%）提供了绝佳的先天条件，也为该产区增添了一道独特的风景。位于隆河南部两岸的葡萄园可以标注上隆河丘（Côtes du Rhone），占有隆河一大半以上的产量。南隆河的温暖气候，葡萄品种繁多，被认可的葡萄品种共计 21 种，其中红葡萄 13 种，白葡萄 8 种，最主要的红葡萄品种有歌海娜、慕维得尔、神索、西拉，白葡萄则以白歌海娜、玛珊、瑚珊等品种为主。南隆河产区的葡萄酒主要采用多品种混合酿制而成，果香浓郁，酒体饱满，多品种香味浑然一体的复杂感以及爽快温和的口感使之魅力四射。歌海娜是南隆河产区最重要的葡萄品种，是多种混酿葡萄酒的主体，主要用于和西拉以及慕维得尔调配，亦可作为单一品种进行酿制，其单一品种的葡萄酒色泽较淡，具有药草的香气，但酒精度高，质感圆润，酒体强劲。慕维得尔具有黑莓般深浓厚果香，单宁馥郁有力，在多品种混酿中主要起到辅助作用，以使口感更加饱满。神索的果香和酸度也为葡萄酒的混酿增色不少。南隆河产区出产的白葡萄酒质量参差不齐，以白歌海娜、玛珊、瑚珊等品种酿造的白葡萄酒能够释放出迷人的蜜蜡、洋甘菊和鲜嫩青草的香气，但如果日照太过强烈，则酿造出的葡萄酒味道会发生劣化。

南隆河产区中最著名的红葡萄酒产区为教皇新堡（Châteauneuf-du-Pape）。教皇新堡是南隆河最炎热干燥的产区，葡萄园的土壤由大大小小的鹅卵石组成，有着极佳的吸热和排水性，葡萄酒的年产量约为 1000 万升，其中 95%是红葡萄酒。教皇新堡的红葡萄酒带有红色浆果、香料和甘草的香气，醇厚饱满，有着很高的酒精度。教皇新堡也是法律规定可以使用葡萄品种最多的地区，最多可允许使用 13 种葡萄品种混合酿造，以歌海娜、西拉、慕维得尔等混合酿制的教皇新堡红葡萄酒香气饱满辛辣，口味浓郁厚重，有着很高的酿造水平，但它的产量极少。教皇新堡也出产带有淡淡香气、酒体饱满的高水平品质白葡萄酒，在感受热带水果香气的同时，醇厚圆润的舌尖触感和饱满的酒体会带来无限的愉悦感，其白葡萄酒仅占葡萄酒总产量的 5%。吉贡达（Gigondas）产区的红葡萄酒也颇具代表性，它的风格接近教皇新堡，使用歌海娜作为主要葡萄品种，但价格相对教皇新堡来说要平实很多，有着小教皇新堡之称。塔维尔（Tavel）产区以歌海娜为原料酿制出非常出色的干型桃红葡萄酒，这些桃红葡萄酒颜色多变，果味浓郁，酒体较重，结构感强，是法国最好的桃红葡萄酒，在这里，许多葡萄酒的酒精度甚至高于 15%。

3. GSM

一些伟大的葡萄酒往往由多品种葡萄混酿或调配而成，这是由于混酿或调配能给予酿酒师更多的发挥空间，能更好地掌控各葡萄品种风味之间的平衡，来自法国隆河谷极具特色的 GSM 混酿组合就是其中的佼佼者。在南隆河几乎所有的葡萄酒都是采用多品种混合酿制而成，GSM 是法国南隆河产区经典的红葡萄酒混酿形式，因此有时候也被称作"南隆河谷混酿（Southern Rhône Blend）"。GSM 为教皇新堡首创，这里属于典型的温和性地中海气候，夏季炎热漫长，从河谷北部吹向地中海的风——密司脱拉风为这里的葡萄园带来一丝清凉，葡萄在这里基本都能达到完全成熟。歌海娜是这里种植最为广泛的葡萄品种，然后是慕维得尔、西拉和神索，它们都非常适合这里充沛的阳光，甚至于一些葡萄酒会透着阳光的味道。

GSM 是指由歌海娜（Grenache）、西拉（Syrah）和慕维得尔（Mourvedre）组成的混酿组合，其中歌海娜葡萄所占的比例最大。有时也会添加一些其他的当地葡萄，如神索、佳丽酿、白歌海娜等。歌海娜是南隆河产区最主要的品种，耐旱，耐风，需要足够的热量成熟，皮薄颜色浅，拥有浓郁的覆盆子味以及果脯味，还伴有肉桂和西柚的气息，果味充沛，其红色水果和香料的香气能够给葡萄酒带来柔和且具有辛香的浆果风味，而且可以让葡萄酒的口感更加圆润。歌海娜酿造的葡萄酒是这三大葡萄中酒体最轻的，但酒精度高，能延长 GSM 混酿葡萄酒的回味，赋予葡萄酒浓郁的果香和较高的酒精含量（约 14%）。西拉能为 GSM 混酿葡萄酒带来更加浓郁的黑色水果风味，包括蓝莓、李子甚至黑橄榄味等，以及烟熏肉、黑胡椒等风味，使葡萄酒的结构感更强，更具野性。西拉和歌海娜的结合是一种天然的绝妙搭配，在 GSM 混酿中西拉的主要作用是丰富其风味，增添颜色和单宁。慕维得尔带有土壤和野味的气息，酒体饱满，颜色深浓，与西拉相似，但其回味却比西拉更长，因此人们往往用其来补充 GSM 混酿葡萄酒的回味。另外，慕维得尔在 GSM 混酿中还可以增加混酿葡萄酒的单宁结构和颜色。酿酒师们通过采用大比例的歌海娜来酿造，而颜色深、单宁含量高的慕维得尔和果味丰富的西拉正好弥补了歌海娜的不足，即保证了葡萄酒迷人的色彩，又增加了葡萄酒的整体酒体和结构。GSM 混酿风格所带来的浓郁果味和香料香气，以及圆润饱满的口感，已成为南隆河风格的典范。

法国并不是 GSM 混酿葡萄酒的唯一产地，美国的加州尤其是帕索罗布尔斯、南澳以及西班牙等都出产着世界级的 GSM 混酿美酒。GSM 混酿葡萄酒富含黑色和红色水果味，其中，旧世界风格拥有更多的植物气息，而新世界风格的 GSM 葡萄酒则以纯净饱满果味而著称。

（六）卢瓦尔河谷（Vallée de La Loire）

卢瓦尔河位于法国西北部，是法国最长的河流，全长约 1 000 公里，从法国中部的中央高原一路向西蜿蜒流入大西洋。卢瓦尔河谷产区是法国西北部尤为重要的葡萄酒产区之一，它从南特附近的大西洋沿岸溯卢瓦尔河而上，直至奥尔良和布尔日，是法国最辽阔的葡萄产区。由于跨越区域面积较大，通常自下游流域至中部流域依次分为南特产区、安茹-索米尔产区、都兰产区和中央产区四大子产区，每个产区都有自己独特的个性。卢瓦尔河谷位于北纬46º 左右的温带地区，临近海洋，所以该产区的气候总体比较温和，但卢瓦尔河谷的四个子产区气候略有差别。南特和安茹地区最靠近海洋，属于温带海洋性气候，冬季温和，夏季炎热且光照充足，昼夜温差小。索米尔和都兰地区由于起伏的丘陵阻挡了来自大洋的湿润气流，且离海洋较远，受到大陆性气候的影响，属于半海洋性气候。从都兰至中央地区的边界，气候逐渐变成大陆性气候，海洋的影响越来越弱，中央地区位于最东部，海洋的影响最弱，为大陆性气候，气候凉爽。卢瓦尔河及其支流在维持有利于葡萄种植的众多小气候方面起到了相当重要的缓和作用，这里的葡萄酒也因此才保持了多样性，拥有不同的风格。卢瓦尔河谷产区栽培着各个品种的葡萄，不同地区酿造着不同风格的葡萄酒，有干型葡萄酒、半干型葡萄酒、甜型葡萄酒、超甜型葡萄酒、起泡酒，白葡萄酒、红葡萄酒和桃红葡萄酒三种颜色的都有，所以人们常说，在卢瓦尔河谷能邂逅到所有类型的葡萄酒。

卢瓦尔河谷产区的土壤极为复杂多变，既有石灰岩、火石岩和沙质岩，也有砾石、火成岩和页岩。最西端南特周边的葡萄园主要是花岗岩土壤、片岩和片麻岩土壤；安茹的西部以片岩为主，东部则是石灰质土；都兰地区的土壤更具多样性，有冲积层、黏土、黏土-石灰质和沙质几种成分；最东部的中央地区土壤主要是石灰质经及一些沙质或沙砾质梯田。卢瓦尔河谷坐拥大海、山脉、河流等优越的自然条件，多种气候和多彩风土条件的变化，造就了卢瓦尔河谷产区葡萄酒的丰富多样性。

1. 主要葡萄品种

卢瓦尔河谷产区以出产白葡萄品种而闻名，该地区的主要白葡萄品种是白诗南（Chenin Blanc，也称为卢瓦尔河皮诺 Pineau de la Loire）、长相思（Sauvignon Blanc）和蜜思卡黛（Muscadet，也称为勃艮第香瓜 Melon de Bourgogne），这三种葡萄在这一地区都有着非常出彩的表现。卢瓦尔河谷的白诗南收成期较迟，散发着苹果、梨等绿色水果、柑橘类和洋槐花的香气，以及一些绿叶植物的气息，成熟后带有蜂蜜的甜香，口感清新，酒体适中，酸度较高，可酿制酒性浓烈、口感浓郁、甘之如饴的葡萄美酒。卢瓦尔河谷的长相思富含黑醋栗芽孢和芦笋的香气，有时还伴有青草、柑橘、烟熏和矿物的风味，酒体适中，酸度高，辅以平衡的矿物质风味，或复杂饱满，或轻盈新鲜，极富表现力；蜜斯卡黛生命力较强，耐寒耐霜冻，早熟，果实小而圆，带有轻微果香，以青苹果、青草风味为主，以及柑橘、柠檬的香气，果香清新飘逸，酒体轻盈，酸度高，一般为极干型，适合年轻饮用，卢瓦尔河谷的蜜斯卡黛葡萄酒现已成为了世界上最清爽的海岸葡萄酒的代名词。白诗南可以用来酿造全系列的葡萄酒，包括干白葡萄酒、半甜葡萄酒、甜白葡萄酒和起泡酒，长相思和蜜斯卡黛的高酸度主要用于酿造干白葡萄酒。

该地区的主要红葡萄品种是品丽珠（Cabernet Franc）、黑皮诺（Pinot Noir）、佳美（Gamay）、赤霞珠（Cabernet Sauvignon）和马尔贝克（Malbec）等。品丽珠是卢瓦尔河谷产区最重要的红葡萄品种，独爱凉爽气候的它酿出的葡萄酒呈浅宝石红色，带有红色水果覆盆子和黑醋栗的香气，散发着烟草、香料和紫罗兰的芬芳，还有一些植物的味道，中等酒体，年轻的时候单宁很重，陈年后中等单宁，具有一定的陈年潜力。品丽珠也可以用来酿造桃红葡萄酒。

由于卢瓦尔河谷纬度较高、气温较低，因此出产的红、白葡萄酒都具有稳定的酸度。葡萄酒的酒体一般不会过于厚重，酒精度也不会过高，清新活泼，轻盈鲜美，给人的味蕾带来无比的享受。

2. 主要葡萄酒产区

卢瓦尔河谷产区呈东西走向，面积广阔，从临近大西洋的下游地区向上游内陆进展，气候从海边温湿的海洋性气候到内陆大陆性气候的迁移，土壤也呈多样性变化，栽培的葡萄品种也随之变化，给葡萄酒带来重要的影响。卢瓦尔河谷法定产区数量繁多，尽管没有分级制度，但各个产区都有独特的葡萄品种，酿造的葡萄酒有着特有的风味。卢瓦尔河谷产区由西至东被分成四个大区：南特产区（Pay Nantais）、安茹-索米尔产区（Anjou-Saumur）、都兰产区（Touraine）、中央产区（Central Vineyards）。

南特产区（Pay Nantais）是蜜斯卡黛的王国。大约在1709年，南物产区经历了百年难遇的严冬，这里的葡萄园全部被冻死，修道士从勃艮第引进了一种叫做勃艮第香瓜（Melon de Bourgogne）的葡萄品种，由于这种葡萄成熟很早，有着较好的抗寒能力，耐霜冻、生命力强、产量可观且较稳定，因而在南特扎根生长下来，并在当地被称为蜜思卡黛。卢瓦尔河在南特产区逐渐变宽，并最终汇入大西洋，是温带海洋性气候。受大西洋海洋性的调节作用，南特产区气候温暖潮湿，夏季多雨，冬季严寒，种植最广泛的葡萄品种就是蜜斯卡黛，最主要的葡萄酒就是蜜斯卡黛干白。大多数蜜斯卡黛葡萄酒一般不经橡木桶处理，酸味清爽。少数的蜜斯卡黛葡萄酒会经过橡木桶熟成，较为饱满而带有香料和黄色水果的香气，可以进行一定程度的陈年，在4～5年内会逐渐发展出烘烤的风味。值得一提的是，南特产区有一种独特的葡萄酒酿造方法，通常将蜜斯卡黛葡萄酒在酒泥上熟成（Sur Lie）后直接装瓶，可使葡萄酒更加饱满、更加复杂又不失新鲜。

安茹-索米尔产区（Anjou-Saumur）是由以安茹为中心的安茹产区和上游索米尔周边产区组成。安茹产区地形多变，葡萄品种多样，酿酒方法也各不相同，葡萄酒风格各异，尤以桃红葡萄酒最为出名。安茹桃红（Rosé d'Anjou）由品丽珠或佳美酿造，果香突出，口感清新柔顺，有着少许的甜味。卢瓦尔河谷大部分的白诗南种植在安茹-索米尔产区和都兰产区的中心地带，与种植广泛的长相思和霞多丽相比，白诗南日益成为卢瓦尔产区中部的标志性葡萄品种，用白诗南酿制的安茹葡萄酒、索米尔葡萄酒都有着极为出众的品质。虽然大多优质的白诗南葡萄酒，尤其是所有的甜白葡萄酒，均采用100%的白诗南葡萄酿制而成，但在安茹-索米尔产区，白诗南可与多达20%的霞多丽或长相思混酿。位于安茹东部的索米尔是著名的索米尔起泡酒产地，主要使用白诗南酿造。索米尔位于卢瓦尔河谷中段，主要的土壤类型为白垩土，气候属于半海洋性半大陆性气候，这里所产的起泡酒在卢瓦尔河谷首屈一指，采用传统酿造法酿制，使用多种葡萄酿制而成，且各种葡萄都必须进行手工采摘，对产量有严格限制，起泡酒在上市前至少要经过一年的陈放。此外，索米尔的品丽珠红葡萄酒风味更加浓郁饱满，著名的索米尔-香皮尼（Saumur-Champigny）就出产于此。

都兰产区（Touraine）因区内的历史古城图尔而得名，这里离大西洋岸已有一段距离，气候要更加凉爽，品丽珠的表现极为优异。都兰的土壤主要是石灰石土质，即使在非常炎热的年份，种植于此的品丽珠也可以保持非常高的酸度。都兰产区的品丽珠红葡萄酒通常呈紫红色，香气馥郁，适合年轻时饮用，较好的年份还可以经过长时间的熟成。最著名的产地是西弄（Chinon），此外还有布尔盖伊（Bourgueil）和圣尼古拉·布尔盖伊（St.Nicolas de Bourgueil），都能够出产卢瓦尔河谷最好的品丽珠红葡萄酒。都兰产区的白葡萄酒则以乌乌黑（Vouvray）使用白诗南酿造的葡萄酒最受欢迎，在这里白诗南也可与多达20%的霞多丽、长相思等多品种葡萄混酿，表现出从干型到甜型的各种风格。在乌乌黑地区，很多酒窖或者房屋都是在当地的白垩岩中挖出来的，自然和酒窖的结合显得非常壮观。

中央产区（Central Vineyards）是四个产区中产量最小的一个，卢瓦尔河在这里改变流向，开始南北向流动。由于靠近内陆，气温更低，在春天还可能受到霜冻的危害。这里距勃艮第的夏布利产区较近，土壤亦是以石灰岩质为主。长相思是中央产区的真正主角，这里是长相思葡萄酒的中心地带，也是法国长相思的代表性产地。中央产区主要生产长相思为主的干白葡萄酒，其中两个最有名的产地隔河而望，分别是桑赛尔（Sancerre）和布衣-富美（Pouilly Fume）。桑赛尔位于卢瓦尔河的左岸，其土壤结构同勃艮第的土壤结构极其相似，土壤中富含燧石，因此葡萄酒中常带有明显的矿物味。桑赛尔长相思葡萄酒是卢瓦尔河谷最著名的长相思干白，其特点是带着浓郁的青草和植物性香气，高酸，中轻酒体，清新爽口，堪称法国品质最卓越的白葡萄酒，它所呈现出的风味成为世界上其他产区酿制长相思所追寻的参照标杆。此外，桑赛尔还使用黑皮诺酿制桃红葡萄酒和红葡萄酒。布衣-富美产区位于卢瓦尔河上游东岸的山坡上，与桑赛尔产区仅有一河之遥，但布衣-富美只使用长相思酿制白葡萄酒。布衣-富美葡萄酒的风格和桑赛尔比较接近，由于土壤中含有更多的燧石成分，香气中带着更多的矿物气息。相比较来说，布衣-富美的葡萄酒在浓稠度、结构感和平衡感上都要稍胜一筹，但酒体的饱满度稍逊于桑赛尔。

3. Muscadet sur lie

Muscadet sur lie 是卢瓦尔河谷南特产区独有的一种葡萄酒酿造方法，也称为“酒泥陈酿”或“带酒脚熟成”。葡萄酒发酵完成酵母死亡之后会自然下沉到发酵容器底部，形成白色粉末状的沉淀物质，这种沉淀物质叫做酒脚或酒泥（Lees）。当地通常将蜜斯卡黛葡萄酒在酒泥上进行陈酿（Sur lie），即在收获当年的冬天，在葡萄酒发酵完成后不马上进行换槽去渣等程序，而是让死掉的酵母和酒渣继续在酒槽中和葡萄酒浸泡接触，到第二年春天直接装瓶。当酵母菌死亡后，细胞壁会自然裂解并逐步释放大量的多糖、氨基酸、脂肪酸、蛋白质等物质到葡萄酒中，这些物质会影响到葡萄酒中酚类物质的构成并直接影响到葡萄酒的酒体、香气和酒的稳定性。

蜜思卡黛作为单一品种，口味比较清淡，应用酒泥陈酿可以有效增加蜜斯卡黛葡萄酒的结构感和口感，赋予葡萄酒饱满的酒体和圆润的口感，增加葡萄酒香气的长度、持久度和复杂度，给葡萄酒增添更多的酒体和风味却又不失新鲜感。酒泥还能吸收葡萄酒中溶解的氧气，从而使葡萄酒缓慢熟成。另外，酒泥中的物质可以与橡木中的收敛性鞣花单宁有效结合，降低葡萄酒中橡木单宁的含量并减缓单宁的收敛感。酒泥还可以去除橡木中的粗糙的酚类物质，并使橡木所释放的香味物质更加稳定，突出橡木的特点。在酒泥接触的同时往往还会发生苹果酸-乳酸发酵，由于酵母细胞使二乙酰演变成没有香气的2，3-丁二醇，伴随着苹果酸乳酸发酵的酒泥陈酿会使二乙酰含量较低，葡萄酒的口感更加顺滑。最著名的蜜斯卡黛葡萄酒产自子产区蜜斯卡黛莎维曼讷（Muscadet de Sèvre et Maine），这里的蜜思卡黛葡萄酒在装瓶前经过酒泥陈酿，因而具有特别的风味，并在酒标上会标注“Sur lie”。

最初，蜜思卡黛葡萄酒的生产者都可以在酒标上标注“Sur lie”，但在1994年，法国官方规定只有符合一定标准的生产者才可以在所生产的蜜思卡黛葡萄酒酒标上标注“Sur lie”。首先，规定只有南特南部的Muscadet de Sevre et Maine、南特北部的Muscadet des Côteaux de la Loire和位于南特西南部的Muscadet Côtes de Grandlieu这三个法定产区的蜜斯卡黛葡萄酒酒标上才可以标注“Sur lie”。其次，根据法国AOC的规定，葡萄收获后在酿造过程中，葡萄酒液至少要与酒脚浸泡一整个冬天的时间直到3月的第3个星期四之后才可装瓶上市。有些酒装瓶时间甚至更晚些，直到10月中旬到11月中旬，这样酿造出的葡萄酒酒体更为饱满，从而保证蜜斯卡黛“Sur Lie”酿制法的品质。最后，还规定葡萄酒液脱离酒脚后直接进行装瓶，不经过换桶或过滤的处理。目前还没有关于浸泡酒脚的容器的大小和类别的规定，但蜜思卡黛生产者倡导使用标准尺寸的橡木桶。不过何种类型的木桶甚至不锈钢发酵罐都可以用来浸泡酒液酒脚，并在酒标上标注“Sur lie”。

图 7.12

（七）汝拉/萨瓦（Jura/Savoie）

汝拉/萨瓦（Jura/Savoie）产区位于法国东部，靠近瑞士的日内瓦（Geneva），在法国十大葡萄酒产区中较为鲜为人知，但却独树一帜。汝拉和萨瓦这两个产区，葡萄种植面积狭小，产量不高，经常容易被人们所忽视，却因拥有特殊的地理环境，所酿的葡萄酒风格独特，使其成为法国最独特的产区之一。

汝拉位于勃艮第和瑞士之间，离西边的勃艮第和东边的瑞士距离一样都为56公里，这里最有特色的是树林繁茂的山坡景观和地势蜿蜒崎岖的汝拉山脉。汝拉主要的土壤是侏罗纪的石灰岩和泥灰，此地是因地壳变动由海底升上来而成的陆地，土地里有许多海底生物，尤其是海星和贝壳的残骸化石，成就了汝拉独特的风土条件。汝拉冬季严寒，夏季炎热，晚秋阳光充足，可以使葡萄成熟良好。其葡萄园大多分布在南边和西南边的山坡上，山坡的倾斜度有利于葡萄最大限度地接受光照。

汝拉的葡萄园面积仅5 000余英亩，最主要的五大葡萄品种是霞多丽（Chardonnay）、黑皮诺（Pinot Noir）、萨瓦涅（Savagnin）、普萨（Poulsard）和特卢梭（Trousseau），这五个品种酿制出了多种风格的葡萄酒。萨瓦涅是酿制汝拉黄酒的唯一品种，其产量十分低，外形圆滑，颜色较浅，一般生长在蓝色或灰色泥灰岩土壤中。普萨是汝拉产区特有的深色红葡萄品种，果粒大，呈椭圆形，果皮薄，酿制出的葡萄酒颜色较浅，但具有独特的香气，常用来酿制稻草酒。特卢梭比普萨的生命力更旺盛，颜色也更深浓，不过随着黑皮诺和霞多丽越来越流行，特卢梭的受欢迎度正迅速下降。

汝拉产区以出产色泽深黄、带有坚果和烟熏香气、风格类似西班牙雪利酒的汝拉黄酒（Jura Vin Jaune），以及采用晒制葡萄酿制的稻草酒（Vin de Paille）名扬天下，被称为“有颜色的产区”。汝拉黄酒是汝拉最具代表性的酒，以其晶莹华贵的金黄色，极其丰富的核桃、杏仁和蜂腊的坚果香气，充满和雪利酒一样独特的酵母香味和惊人的持久芳香而著称。汝拉黄酒只能在阿尔布瓦（Arbois）、汝拉丘（Côtes du Jura）、埃托勒（Etoile）和夏隆堡（Chateau-Chalon）这四个法定产区采用 100%的萨瓦涅葡萄酿制，而其余的法定产区只能进行储存。汝拉黄酒具有很强的陈年潜力，一般至少要陈酿 6 年以上才能装瓶，其金黄色色泽是由发酵过程中自身所产生的一层发酵菌膜形成的。尤其是夏隆堡出产的汝拉黄酒，陈年能力甚至可以超过 100 年。酿造汝拉黄酒的葡萄必须是汝拉最著名的葡萄品种萨瓦涅（Savagnin，当地人称它为“Nature”），而且对成熟度的要求十分高，采收期一般都较晚，从 10 月下旬持续到 11 月，有时甚至会将采收时间延迟至 12 月，这是为了获得较高的含糖量和更丰富的风味物质。人工采收后会立即挑选出最好的葡萄果实，经除梗后进行压榨，压榨后的葡萄汁先经澄清再进行酒精发酵和乳酸发酵，发酵一般会在次年春季完成。发酵完成后的葡萄酒会被转移到使用了 5 ~ 50 年、容量为 228L 的勃艮第老橡木桶中接种酵母进行产膜陈酿。装入橡木桶的葡萄酒液只能是橡木桶容量的 2/3，随后酵母会利用桶内 1/3 的空间中的氧气在葡萄酒液表面进行自我繁殖，逐渐形成一层薄薄的酒膜，类似雪莉酒生产中的“花（flor）”，酒膜可以保护葡萄酒不被氧化，并帮助促进香气和风味的形成。品质最好的酒膜较薄，呈现出灰色，其中的活性酵母可以继续生存。这层酒膜会慢慢增厚并在两三年后成长完整，有效的隔绝空气避免酒体的过度氧化。接下来任由橡木桶内葡萄酒的挥发和酒膜的生长，不进行任何添桶操作，经过 6 年零 3 个月甚至更长时间的漫长陈酿岁月，才能酿制汝拉黄酒。陈酿后的葡萄酒经澄清后装入一种叫做 clavelin 的汝拉特有的 62cL 容量矮胖酒瓶里。陈酿期间葡萄酒发生一系列的反应，并且由于挥发原因，最后橡木桶中葡萄酒约剩下原来的 62%左右，失掉的部分人们称其为“天使的欢愉”。但并非所有橡木桶的葡萄酒都可以经过这漫长时间的考验，一般只有约 1/3 的橡木桶最后才能成就这种享誉世界的黄葡萄酒。本来产量就极低的汝拉黄酒就因此而更加珍贵，人们称之为汝拉酒瓶中的“黄金”。

图 7.12

汝拉出产的另一款具有地方特色的酒是稻草酒（Vin de Paille）。稻草酒，又称麦秆酒、麦秆甜酒、秸秆葡萄酒，是一种用经过在稻草上风干的葡萄来酿造的甜酒，适用于气候较为温暖的产区，法国北罗讷隆河谷产区也出产这种稻草酒。稻草酒的具体酿造方法因产区而不同，最传统的方法是将成串采收的葡萄置于用稻草或芦苇铺成的席子上，以日晒的方式使葡萄风干，葡萄水分蒸发后，其中的糖分就会得到浓缩，之后再用风干的葡萄酿酒。一般来说，稻草酒多为甜白葡萄酒，其酒体与甜度类似于苏玳甜酒。汝拉的稻草酒多用当地特色白葡萄品种萨瓦涅和红葡萄品种普萨以及霞多丽混酿而成，并且一般只在果实极为成熟的年份才生产。汝拉稻草酒金黄浓甜，带有果酱、葡萄干、杏脯的风味，且能经得起常年的陈放。由于葡萄几乎完全被风干，产量极低，所以价格异常昂贵。

图 7.13

汝拉的黄酒和稻草酒是当地两颗最璀璨的金色明珠，另外，汝拉也生产极富韵味的红葡萄酒、香浓圆润的干白葡萄酒、在瓶中二次发酵的起泡酒以及加强酒。汝拉的红葡萄酒多用普萨、特卢梭和黑皮诺酿造，带有野味的气息。这里的白葡萄酒是采用霞多丽单一品种酿造或混酿，既有精致的花香，又有活跃的香料香。

萨瓦产区位于法国东部，毗邻瑞士，以生产白葡萄酒居多，主要出产适合年轻易饮的清淡白葡萄酒以及红葡萄酒，大部份为单一品种葡萄酒。萨瓦产区的红、白葡萄酒口味清新、香醇，为保留葡萄酒的新鲜果香，装瓶通常较早，并常在瓶中留有少许二氧化碳，以让酒味更清新。萨瓦产区主要的白葡萄品种有阿尔迪斯（Altesse）、瑚珊（Roussanne）、阿里高特（Aligoté）和莎斯拉（Chasseias），主要红葡萄品种为梦杜斯（Mondeuse）、佳美（Gamay）和黑皮诺（Pinot Noir）。阿尔迪斯是萨瓦最优质的白葡萄品种，具有较好的抗腐烂能力，酿制的葡萄酒细腻而香气奇特，酸味很高。梦杜斯葡萄酒风味浓郁，风格粗犷，带有葡萄浆果、胡椒、腐殖质的原始韵味，多用橡木桶陈酿，需陈放若干年后方可饮用，非常适合重口味的葡萄酒爱好者。除了白葡萄酒和红葡萄酒，萨瓦还生产少量的桃红葡萄酒和起泡酒。萨瓦起泡酒是用贾给尔（Jacquere）、霞多丽和阿尔迪斯来酿造的，贾给尔是萨瓦产区一种常见的白葡萄品种，非常高产，酿制出的干白葡萄酒香气清雅。萨瓦起泡酒通常带有新鲜的白色水果和柠檬的香气，口感清新，别具一格。

（八）朗格多克-鲁西荣（Languedoc-Roussillon）

朗格多克-鲁西雍（Languedoc-Roussillon）产区位于法国南部，靠近蒙彼利埃（Montpellier），地处地中海沿岸地带，是最具南法风情的葡萄酒产区，美丽的葡萄园从隆河的入海口，经过连绵起伏的山丘和开阔的平原，沿着地中海岸一直蜿蜒到比利牛斯山与西班牙北部接壤，是法国最大的葡萄种植区，也是全世界面积最大的葡萄种植区，葡萄总种植面积达 160 000 公顷，产量高达全国总量的 30%，其中价格便宜、质量上乘的地区餐酒产量，占法国餐酒的 60%，是法国当之无愧的餐酒之王。

朗格多克-鲁西雍在中央高地和地中海之间，好像一个巨大的梯形广场，受到地中海气候的影响，这里的气候炎热干燥、阳光充足、风大而降雨少，非常适合葡萄的成熟。朗格多克-鲁西雍产区土地坎坷不平，土壤类型多变，以石灰岩、砂岩、鹅卵石和花岗岩为主，兼有黏土-沙质土的梯田和片岩高地，在这多样化的土壤上生长的葡萄酿造的葡萄酒大多香气浓郁，具有辛辣、香草气息。朗格多克-鲁西雍产区生产多种类型的葡萄酒，包括酒体中等至丰满的红葡萄酒、酒体较轻的干型桃红酒以及干白葡萄酒、甜红葡萄酒、甜白葡萄酒和起泡葡萄酒。由于从肥沃的环地中海平原到相对贫瘠的内陆地区，葡萄园地理位置的不同会导致葡萄的风味有微妙差异。悠久的酿酒传统、特殊的风土条件、繁多的葡萄品种、南部的热情奔放、法式的丰富细腻，在这里得到了完美的结合。它是法国最炎热、最干燥的葡萄酒产区，出产的葡萄酒浓郁丰饶、淳朴强劲、活力十足。但从前的朗格多克-鲁西雍产区所种植的葡萄品质较差，很多年来生产了大量的劣质葡萄酒，近年来归功于新的控制原产地命名的法规的实施，促使葡萄酒庄限制葡萄的收获量并运用新的酿造方法，让葡萄酒的质量有了明显的提高。

朗格多克-鲁西雍产区是法国最重要的一个地区餐酒产区，区内还细分了一些小产区，以出产红葡萄酒见长。虽然朗格多克和与它相邻的鲁西雍一般被合称为朗格多克-鲁西雍产区，但是这两个产区却各有特色。朗格多克主要产酒区包括密卢瓦（Minervois）、科比埃（Corbières）、菲图（Fitou）、朗格多克大区（Côteaux du Languedoc）和尼姆（Costières de Nîmes），还有一酿造些加强型天然甜酒的小产区。由于长远的葡萄酒传统、多元的天然条件以及繁多的品种，朗格多克产区出产各类多样的葡萄酒，目前以出产地区餐酒（Vins de Pays）等级葡萄酒为主，但 AOC 等级的葡萄酒也在日渐增加。在朗格多克，葡萄园通常被称作“拼图”，因为产区中很多不同的葡萄品种会种植在一起生长。该地区流行的单一品种葡萄酒主要以国际流行的葡萄品种为主，如赤霞珠、美乐、霞多丽、长相思等，大量出口到世界各地。本地的传统葡萄酒则多使用地中海葡萄品种混合酿造，红葡萄以佳利酿（Carignan）、神索（Cinsault）、歌海娜（Grenache）、慕维得尔（Mourvedre）、西哈（Syrah）为主，白葡萄以白歌海娜（Grenache Blanc）、白克莱雷特（Clairette blanc）、麝香葡萄（Muscat à petit Grains Blanc）、匹格普勒（Picpoul Blanc）较为常见。朗格多克地区出产的红葡萄酒通常酒体更加饱满，果香更为突出，白葡萄酒的品种多样，具有独特的风味。近年来，酿造工艺也越来越受重视，小橡木桶和不锈钢桶取代了当地老旧传统的大木桶，温控发酵现在也越来越受重视，酒窖卫生条件也取得了飞跃进步，并使用二氧化碳浸渍法来提取葡萄的风味物质，以及大幅减产保质，使得该产区在世界葡萄酒市场上脱颖而出，出口方面获得了巨大的成功，成为法国的一个重要葡萄酒产区。

鲁西雍是色彩明快的天堂，欧洲南部的热情奔放和法国式的丰富细腻在这里得到了完美的结合，特殊的风土条件为这里的葡萄酒赋予了多样的风格。目前鲁西雍主要出产干红葡萄酒和天然甜葡萄酒，还有少量的干白和干型桃红葡萄酒。在各种风格多样的鲁西雍葡萄酒中，天然甜酒酿造法生产的天然甜葡萄酒非常著名，而采用酒精强化甜酒酿造法酿造的甜酒则是相当特别的一种。它是用夏季炎热干燥的鲁西雍出产的含糖量高的葡萄为原料，在葡萄酒发酵尚未完成时加入高度的天然中性葡萄酒精中断发酵过程酿造而成，这种酿造方法保存了葡萄酒中的天然糖分。这种“中断发酵”的酿造方法是在 13 世纪由当时最富盛名的医生和科学家 Arnau de Vilanova 发明，距今已有 700 多年的历史。所以鲁西雍酒精强化甜酒酿造法酿造的天然甜葡萄酒实际上是一种加强甜葡萄酒，酒精度至少为 15%。按照工艺和选择葡萄品种的不同，其有天然甜红葡萄酒、天然甜粉红葡萄酒和天然甜白葡萄酒之分。

（九）普罗旺斯/科西嘉（Provence/Corse）

普罗旺斯位于戛纳和马赛（Cannes and Marseille）地区，地处法国南部地中海和阿尔卑斯山脉之间，最东边的阿祖尔丘（Côte d'Azur）与意大利接壤，最西边紧挨隆河谷，东西长约 150 英里，南北宽约 100 英里。提起普罗旺斯（Provence），就会让人想起那一望无际的紫色薰衣草田园、蔚蓝的地中海海岸、一年四季都温暖灿烂的阳光以及美味的葡萄酒，薰衣草是普罗旺斯美丽的衣衫，而葡萄酒是普罗旺斯真正的血液。

普罗旺斯地处地中海气候区，风土条件变化多端，呈现出万种风情，时而暖风和煦，时而冷风狂野，时而平原广阔，时而峰岭险峻。全年降水量为 600 mL，且降雨主要集中在春秋两季。春天的雨水则赋予葡萄园勃勃的生机，而秋季的降水恰在葡萄采摘过后，给辛苦了一年的土壤带来养分。这里阳光充沛，雨量适宜，白天温暖，夜晚清凉，特别适合葡萄的生长。同时，普罗旺斯还经常受来自阿尔卑斯山的干燥而寒冷的密斯脱拉风（Mistral）的影响，这极大地降低了葡萄园的相对湿度，从而有效抑制了病虫害的发生。此外，普罗旺斯地形复杂多变，连绵的青山为葡萄园营造出适合生长的缓坡和山谷，土壤类型也多种多样，西部以石灰岩土壤为主，而东面则以花岗岩土壤为主，在一些地方还有火山岩土壤。该地土壤的透水性强，砾石遍布，有机物质匮乏，而这些正是上等葡萄园衍生的绝佳条件，得天独厚的风土让普罗旺斯成为葡萄酒的天堂。

图 7.14

普罗旺斯在拉丁语的意思是我的领土。这片富庶之地深受天主教影响，天主教的修士们管理着葡萄园并发展了酿酒技术。普罗旺斯有着超过 2600 年的酿酒历史，被誉为法国最古老的葡萄酒产区。2600 年前，当时古希腊人建造了马赛城，并将种植葡萄和酿造葡萄酒的技术引进到普罗旺斯地区，从此普罗旺斯就开始了葡萄酒的酿造历史，而当时酿造的第一瓶葡萄酒正是桃红葡萄酒。在那时，葡萄被压榨后很快就进入发酵阶段，因此其葡萄酒的颜色很浅，为桃红色葡萄酒。随着酿酒技术的不断提高，这种传统一直发展完善并延续至今，在法国它是唯一一个以出产桃红葡萄酒为主的产区。目前，该产区桃红葡萄酒的产量占产区葡萄酒总产量的 75%、以及整个法国桃红葡萄酒总产量的 45%，当之无愧是法国第一大桃红葡萄酒产区。普罗旺斯盛产干型桃红葡萄酒，所有普罗旺斯桃红葡萄酒都有共同的特点：口感清新、明快、干爽、含糖量极低。普罗旺斯的桃红葡萄酒比一般的桃红葡萄酒的颜色更浅，呈现各种果香和花香，偶尔还有一丝矿物质和香料的香气。即使在同一个葡萄酒小产区，其桃红葡萄酒也会呈现出一系列色彩、质感与口味的变化。除了举世闻名的桃红葡萄酒外，这里酿造的红葡萄酒和白葡萄酒也十分优质。得天独厚的风土让普罗旺斯成为了葡萄酒的天堂。

由于有着不同的土壤、气候、海拔和历史，普罗旺斯成了许多葡萄品种的故乡，其中有一些品种只有地这里才能发现。普罗旺斯的法定葡萄品种约有36种，它们都原产于法国、西班牙、意大利、希腊和匈牙利等国。普罗旺斯的白葡萄品种主要有侯尔（Rolle）、白玉霓（Ugni Blanc）、布布兰克（Bourboulenc）、克莱雷（Clairette）、玛珊（Marsanne）、瑚珊（Roussanne）和白歌海娜（Grenache Blanc）、以及长相思（Sauvignon Blanc）和赛美蓉（Semillon），本土品种如白帕斯卡（Pascal）、白特蕾（Terret Blanc）、斯帕尼奥（Spagnol）和皮内罗洛（Pignerol）也有种植，但近年来几近消失。普罗旺斯的红葡萄品种主要有黑歌海娜（Grenache Noir）、西拉（Syrah）、穆尔韦德（Mourvedre）、佳丽酿（Carignan）、神索（Cinsault）、古诺瓦兹（Counoise）、丹娜（Tannat）和赤霞珠（Cabernet Sauvignon），此外还有一些本土品种如堤布宏（Tibouren）、布拉格（Braquet）、卡丽托（Calitour）、黑福尔（Folle Noir）和芭芭罗莎（Barbaroux）等。

普罗旺斯的葡萄园主要分布在瓦赫（Var）、布什罗讷（Bouches-du-Rhône）和阿尔卑斯-玛丽坦（Alpes-Maritimes）这三个地区，其葡萄酒产区由9大AOC产区组成，它们分别是：普罗旺斯丘（Côte de Provence）、埃克斯丘（Côteaux d'Aix en Provence）、瓦尔丘（Côteaux Varois de Provence）、波城（Les Baux de Provence）、卡西斯（Cassis）、邦多勒（Bandol）、派勒特（Palette）、贝莱（Bellet）、以及皮埃尔凡（Pierrevert）。

普罗旺斯丘（Côte de Provence）是普罗旺斯产区最大的AOC子产区，产酒量占整个普罗旺斯葡萄酒总量的75%，其中89%是桃红葡萄酒。由于产区幅员辽阔，因此影响其葡萄酒风格的因素众多而复杂，如气候条件、葡萄园海拔、土壤类型或降雨量等等。普罗旺斯丘拥有四个子产区——圣-维克多（Sainte-Victoire）、拉隆德（Lalonde）、弗雷瑞斯（Frejus）和皮耶尔雷弗（Pierrefeu），其名字可以标注在葡萄酒酒标上。法国著名的艺术家马蒂斯（Matisse）、塞尚（Cezanne）和梵高（Van Gogh）等均出生于圣-维克多，这里以石灰岩土壤为主，出产可口的红葡萄酒和桃红葡萄酒。拉隆德的土壤含有大量的石英，具有很好的保温作用，而且酸度低，降雨量少还伴有徐徐海风，神索和歌海娜是这一产区的主要酿酒葡萄，大多数葡萄酒都是桃红葡萄酒。弗雷瑞斯坐落于普罗旺斯丘东部，埃斯特雷尔山脚下的火山岩土壤非常适合堤布宏的生长。这里出产的桃红葡萄酒呈现三文鱼颜色，红葡萄酒则必须经过6个月的橡木桶陈年。皮耶尔雷弗位于法国港口土伦北面，距地中海仅20英里，主要种植歌海娜、西拉和神索。这里的页岩土壤也同样非常适合茴香以及薰衣草等的生长，因此赋予了这里的红葡萄酒和桃红葡萄酒独特的个性。

埃克斯丘（Côteaux d'Aix en Provence）的葡萄种植面积仅次于普罗旺斯丘，深受密斯脱拉风的影响。桃红葡萄酒是这里的主角，一般采用歌海娜、慕合怀特、神索、西拉和古诺瓦兹混酿而成。赤霞珠也在这里占有一席之地，这要归功于拉朗格酒庄（Chàteau La Lagune）庄主乔治• 布吕内（Georges Brunet）在二战后的引进。

瓦尔丘（Côteaux Varois de Provence）位于普罗旺斯最中间，连绵的石灰岩质山脉为这里的葡萄园营造出多种微气候。高海拔的葡萄园气候凉爽，葡萄成熟过程更长，葡萄酒拥有非常脆爽的酸度、复杂的风味和结构。这里同样以桃红葡萄酒为主，主要由神索、慕合怀特、歌海娜和西拉酿造，白葡萄酒品种则以侯尔为主。

波城（Les Baux de Provence）是普罗旺斯最为炎热的地方，素有“地狱之谷”之称。波城位于历史古城阿尔勒（Arles）北面，这里的葡萄园坐落在阿尔卑斯山脉上，尽管这些地方气候多变和地形复杂，但非常适合葡萄生长。密斯脱拉风将这里的潮湿空气带走，而且年均日照时间达 3000 h，近半数的种植者都会采用提前采摘的方式来保证葡萄酒的清爽口感。红葡萄酒是波城的特产，主要由歌海娜、西拉、神索和赤霞珠酿造。

卡西斯（Cassis）位于马赛市东面，濒临地中海，是普罗旺斯第一个 AOC 产区。在 18 世纪的根瘤蚜病中，卡西斯的葡萄园散失殆尽，但近年来的重新种植让这里重新焕发生机。目前，卡西斯主要生产白葡萄酒，玛珊是主要葡萄品种，其次是克莱雷，因此这就造就了卡西斯白葡萄酒浓郁的果香和优雅的口感，充满了柑橘、桃子、蜂蜜和干草味，甚至还还伴有海洋的咸湿气息。

邦多勒（Bandol）以出产红葡萄酒为主，这里贫瘠而透水性好的砂质泥灰岩和石灰岩土壤非常适合喜热晚熟的慕合怀特的生长。邦多勒红葡萄酒以风味浓郁著称，大多采用高达 95%的慕合怀特酿造，而且必须经过至少 18 个月的橡木桶陈酿。另外，这里也出产由克莱雷和白玉霓或布布兰克混酿的白葡萄酒和结构精良、风味多样的桃红葡萄酒。

派勒特（Palette）是普罗旺斯最小的 AOC 产区，以石灰岩和黏土土壤为主，慕合怀特是这里的主要种植品种，既可用来酿造桃红葡萄酒也可用来酿造红葡萄酒，与其混酿的葡萄品种主要有神索、歌海娜。这里的红葡萄酒必须经过至少 18 个月的橡木桶陈年，其风格类似于邦多勒的红葡萄酒。白葡萄酒占子产区总出产量的 37%左右，主要采用白克莱雷、布布兰克等酿造。在派勒特，不管是白葡萄酒还是桃红葡萄酒都必须经过至少 8 个月的橡木桶陈年。

贝莱（Bellet）的葡萄园零星散布在尼斯市（Nice）周边的陡峭山坡上。这里的酿酒葡萄品种非常少见，其中主要的白葡萄品种是侯尔，主要红葡萄品种是布拉格和黑福尔，出产的桃红葡萄酒带有明显的玫瑰红香。另外，贝莱是普罗旺斯唯一一个允许采用霞多丽酿酒的 AOC 产区。

皮耶尔瓦赫（Pierrevert）直到 1998 年才被认定为 AOC 产区，是 9 个 AOC 产区里最年轻的。皮耶尔瓦赫位于阿尔卑斯山脉，与吕贝隆市相邻，这里不管是葡萄品种还是葡萄酒风格都深受隆河谷的影响。主要红葡萄品种是歌海娜和西拉，有时还会加入神索和佳丽酿，而白葡萄品种主要是白歌海娜、侯尔、瑚珊和玛珊。桃红葡萄酒仍是这里的主角，只不过与其他产区的要求略有不同，这里的桃红葡萄酒必须由至少 50%的采用放血法酿造的葡萄酒组成。

科西嘉（Corsica）是地中海的一个岛屿，位于法国的普罗旺斯和意大利的托斯卡纳之间的海域中，由海床上升形成，以其独特的海上山脉、湍急的水流、迷人的风光，素有"美丽岛"（L'lle de Beaute）的美称。属于典型的地中海气候，这里是法国阳光最充足和最干燥的地方。但到了夜晚，山上十分凉爽，即使在最热的夏天，地中海也会为岛屿带来清凉的海风，同时海洋也具有一定的保温作用，使得岛上气温不会太低，为葡萄的生长创造了良好的条件。科西嘉岛上不同区域的土壤类型不一样，最广泛的土壤是花岗岩和片岩，土壤色深贫瘠。西边主要为花岗岩，南部和西南部为花岗岩和沙石（科西嘉岛最有名的沙滩就在这里），而北部为片岩和石灰岩，土壤表面覆盖一层粘土。多山的地形诠释了岛上多元化的风土条件，

科西嘉虽然隶属于法国，但是科西嘉葡萄酒风格却更接近于意大利。科西嘉在历史上受古希腊、意大利和法国影响，葡萄品种丰富多样，科西嘉产区总共有 40 多种酿酒葡萄，包括涅露秋（Nielluccio）、西雅卡雷罗（Sciacarello）和巴尔雷斯（Barbarose）等红葡萄酒品种，以及维蒙蒂诺（Vermentino）、白阳提（Biancu Gentile）和白玉霓（Ugni Blanc）等白葡萄品

种，除此之外，还包括歌海娜（Grenache）、西拉（Syrah）、佳丽酿（Carignan）等常见于法国南部的葡萄品种。科西嘉岛最主要的葡萄品种为涅露秋和维蒙蒂诺，两者均为原产于意大利的葡萄品种。来自意大利著名产区托斯卡纳的涅露秋是岛上最名贵的葡萄品种，含有黑色水果和香料的香味，常用于酿制充满果香，单宁优精致优雅的红葡萄酒和桃红葡萄酒。维蒙蒂诺在法国南部也被称为侯尔（Rolle），含有花朵、柑橘、白色水果和果干的味道，口感鲜爽。维蒙蒂诺的与众不同在于早期采摘可以酿制白葡萄酒，晚期采摘则可酿制红葡萄酒。值得一提的是，科西嘉本土特有的品种西雅卡雷罗在花岗岩土质上表现良好，广泛种植于从阿雅克修（Ajaccio）到萨尔泰纳（Sartene）的西岸，用其酿制的葡萄酒，酒体中等，常伴有野莓、胡椒和香料的香味。

科西嘉产区以出产酒体中等偏低、果味浓郁的红葡萄酒，还有酒体轻盈的干白葡萄酒和干型桃红酒为主，主要用来酿造“Vin de Pays”等级的葡萄酒，果香浓郁、单宁优雅、酒体精致是其主要特色。科西嘉 AOC 级葡萄酒有 55%为桃红葡萄酒，其余 30%为红葡萄酒，14%为白葡萄酒，此外还有小部分其他类型葡萄酒。桃红葡萄酒是科西嘉主要的葡萄酒类型，采用科西嘉本土独特葡萄品种酿造的桃红葡萄酒酒体更加饱满，带有新鲜红色水果以及浓郁的草本植物风味，咸香特点突出。科西嘉葡萄酒尽量避免使用新橡木桶熟成，口感精妙。有的时候白葡萄酒和桃红葡萄酒会带有海盐的味道，这是新酒的标志。红葡萄酒大部分陈年潜力为 7～10 年，也有少部分白葡萄酒可以陈年。

（十）西南产区（Sud-Quest）

西南产区（Sud-Quest）位于波尔多南侧，西邻大西洋，多尔多涅河（Dordogne）和加伦河（Garonne）的上游都处于该产区内。西南产区毗邻波尔多、朗格多克-鲁西雍、大西洋和比利牛斯山脉，陡峭的山坡由东向南，高耸的梯田有效地抵御着来自大西洋的负面影响。西南产区的大部分地区为海洋性气候，东部内陆地区会受到大陆性气候的影响，这里夏季炎热干燥，秋季温和且光照充足，冬季与春季凉爽多雨，为葡萄的生长创造了非常良好的先天条件。尤其在秋季天气条件特别好，可以采用过于成熟的葡萄和贵腐葡萄来酿造利口酒。

西南产区幅员辽阔，葡萄种植总面积达 16，000 公顷，葡萄种植园分布非常分散，是由一个个小葡萄园汇集成的一片区域。西南产区是法国葡萄酒品种最全、最丰富多样的产区，而且这里也是全法国出产葡萄酒风味最复杂、种类最丰富的产区。品种繁多的葡萄是大自然赐予西南产区的巨大财富，主要的红葡萄品种有丹娜（Tannat）、赤霞珠（Cabernet Sauvignon）、梅洛（Merlot）、品丽珠（Cabernet Franc）、马尔贝克（Malbec）、内格海特（Negrette）和费尔莎伐多（Fer Servadou）等，白葡萄品种主要有赛美蓉（Semillon）、长相思（Sauvignon Blanc）、蜜思卡黛（Muscadet）、大满胜（Gros Manseng）、小满胜（Petit Manseng）、库尔布（Courbu）、莫札克（Mauzac）、鸽笼白（Colombard）、卡马哈内（Camaralet de Lasseube）和露泽（Lauzet），该产区还是梅洛、马尔贝克、丹娜和鸽笼白等葡萄品种的发源地。这样丰富的品种加上黏土、石灰石和鹅卵石等多变的土壤类型，使得西南产区葡萄酒风味最为丰富多变，生产的葡萄酒包括酒体丰满的红葡萄酒、芳香的干白葡萄酒和和浓郁的甜白葡萄酒等等。这里从朱朗松（Jurancon）极富诱惑力的甜酒到马迪朗（Madiran）丰满迷人的红葡萄酒，从弗龙东（Fronton）芬芳迷人、易于入口的干红葡萄酒到卡奥尔（Cahors）的黑酒，从精巧的桃红葡萄酒到酸脆爽口的干白葡萄酒，各式各样的葡萄酒一应俱全，应有尽有。

早在公元前一世纪西南产区就已经开始了葡萄种植，并在罗马帝国时期得到了迅速的发展。但由于波尔多的地方保护主义，西南产区长期笼罩在波尔多的阴影之下，有将近五个世纪的时间，西南产区的葡萄酒必须等到波尔多葡萄酒售罄之后才能通过波尔多的经销商以波尔多之名销售到海外市场。现在西南产区已经慢慢走出了波尔多葡萄酒的阴影，也逐渐在葡萄酒爱好者当中树立起了自己的形象，越来越多的人开始了解并接受这个过去淹没在波尔多葡萄酒中的产区。

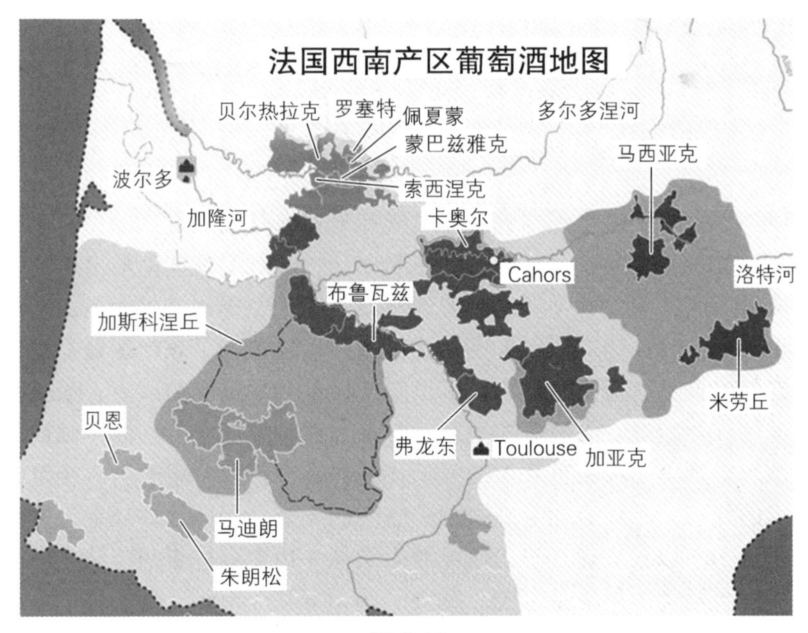

图 7.15

根据不同的气候风土以及葡萄酒特点，西南产区可分为四大子产区：贝尔热拉克和多尔多涅河（Bergerac & Dordogne River）、加仑河和塔恩河（Garonne & Tarn）、洛特河（Lot River）和比利牛斯山（Pyrenees）。

贝尔热拉克和多尔多涅河（Bergerac & Dordogne River）地区位于波尔多东南部，气候介于海洋性气候与大陆性气候之间，葡萄园多分布在多尔多涅河两岸，土壤以冲积土、粘土和石灰土为主。红葡萄品种主要有赤霞珠、品丽珠、梅洛、丹娜和马尔贝克等，白葡萄品种有长相思、赛美蓉、蜜思卡黛、小满胜和莫札克等。这里出产干红、干白、桃红和甜白等多种类型葡萄酒，例如以出产干白葡萄酒闻名的贝尔热拉克（Bergerac）和蒙塔瓦尔（Montravel），以出产大酒为主的佩夏蒙（Pécharment），以及以出产贵腐甜白闻名的索西涅克（Saussignac）、罗塞特（Rosette）和蒙巴兹雅克（Monbazillac）等。由于大都采用波尔多的葡萄品种酿造，因此这里的葡萄酒有着“波尔多影子”的称号，但价格却实惠很多。

加仑河和塔恩河（Garonne & Tarn）产区以两大主要河流为名，位于西南产区的东面，一直延续到法国南部的图卢兹（Toulouse）。这里气候多变，偏西面的位置主要受大西洋气候影响，而偏东面的地方则以地中海气候为主，高温少雨，但气温也不会很高。这里种植的葡萄品种与贝尔热拉克和多尔多涅河产区类似，另外还参杂着一些别的本土品种，如费尔莎伐多、内格瑞特、黑普鲁内拉、兰德乐、白莫扎克等。布鲁瓦兹（Baloo Qise）子产区属于海洋性气候，但东部有大陆性气候特征，降雨集中在春季，土壤主要有粘土、砾石和石灰土三种类型，以风格强劲有力的、单宁充沛的混酿红葡萄酒闻名。弗朗顿（Fronton）子产区位于布鲁瓦兹东南部，为 AOC 级产区，早在中世纪这里就以内格瑞特葡萄酒而闻名，其风格强劲有力，充满着显著的动物气息和紫罗兰味，如今该品种多与其他红葡萄品种混酿，但内格瑞特葡萄比例不得低于 50%。加亚克（Gaillac）是加仑河和塔恩河产区最大的子产区，大陆性气候明显，土壤以石灰石为主，这里有着西南产区最古老的葡萄园，也是兰德乐、杜拉斯、黑普鲁内拉和费尔莎伐多等本土葡萄的原产地。加亚克一级丘（Gaillac Premieres Côtes）是一个新晋 AOC 级产区，该地区受大西洋和地中海气候双重影响，地下水资源丰富，土壤以石灰石-粘土为主，这里的葡萄园海拔都高达 460～990 英尺之间，仅出产白葡萄酒，最有名的是口感清淡、有时也会带气泡的干白葡萄酒。此外，加仑河和塔恩河产区也出产大量的甜酒和起泡酒。

洛特河（Lot River）产区也受到大西洋气候和地中海气候双重影响，这里种植的葡萄品种与加仑河和塔恩河种植的葡萄品种相同。卡奥尔（Cahors）是这里最出名的子产区，主要土壤类型为石灰岩，产区离大西洋和地中海的距离相当，冬季比波尔多更加寒冷，但光照充足，夏季温度也较高，为葡萄的成熟提供了绝佳条件，也造就了该产区葡萄酒浓缩的口感。主要葡萄品种有马尔贝克、梅洛和丹娜，卡奥尔产区是马尔贝克的故乡，最具特色的是以马尔贝克为主混酿的红葡萄酒，酒液呈如墨水般的深黑色，单宁充沛，酒体健硕，有着浓郁的香料、咖啡、烟草以及李子等黑色浆果的气息，还伴有一抹青苹果香气，经过陈年，还会发展出雪松和土壤的气息，有红着葡萄酒中“黑酒”的美誉。产区法律规定，黑酒中马尔贝克应占据混酿比例的 70%以上。现在法国已经对黑酒这一历史名称申请了法律保护，黑酒也已成为卡奥尔产区顶级葡萄酒的象征标志。此外，马西亚克（Marcillac）位于洛特河两岸，气候呈现海洋性到大陆性的过渡区域，春季多雨，夏季温暖干燥，从南部刮来的热风有利于葡萄的成熟。葡萄酒园的土壤多为富含铁的石灰质粘土，主要葡萄品种为费尔莎伐多，主要酿造单宁结实、酒质坚硬且充满胡椒等香料味的红葡萄酒和口感圆润的桃红葡萄酒。米劳丘（Côtes du Milau）是西南产区位置最东的产区，气候偏向大陆性，但整年温和。葡萄园多位于朝南向的斜坡上，多为含砂石的土壤，排水性佳。有佳美、西拉、杜拉斯、费尔莎伐多等葡萄品种，主要出产红葡萄酒，酒体较为轻盈，风格精细雅致，同时也酿造一部分果味精致的干白葡萄酒。

图 7.16

比利牛斯山（Piémont Pyrénéen）是法国和西班牙的天然国界，这里出产的葡萄酒风格粗犷，主要采用本土葡萄品种丹娜酿造。马迪朗（Madiran）是比利牛斯山产区最著名的 AOC 产区，大陆性气候占主导地位，主要土壤类型是石灰岩，以酿造深色、高单宁的红葡萄酒著称。丹娜是马迪朗当之无愧的红葡萄之王，丹娜葡萄皮厚，籽多，单宁含量极为丰富，丹娜葡萄酒充满浓郁的黑色水果味，还伴有烘烤的香料气息，单宁丰富且丝滑。根据产区法律规定，马迪朗的丹娜葡萄酒中必须要 60%比例以上的丹娜酿造，有些上等佳酿会使用 100% 的丹娜酿制。朱朗松（Jurancon）位于马迪朗的西南部，是法国最早获得法定产区地位的产区之一。受到河流的冲积影响，土壤多粘土，在海拔较高的地区也有部分的石灰岩。受大西洋的影响，气候较温和，降水较充足，在来自比利牛斯山热燥风的影响下，该产区在葡萄采摘季节也有比较温暖干燥的气候。主要的葡萄品种为小满胜、大满胜、小库尔布。朱朗松仅出产白葡萄酒，主要生产干白和甜白葡萄酒，以其新鲜酸度和热带水果的芳香而闻名，干白一般采用大满胜酿造，风味较为浓郁，甜白则用高酸度的小满胜酿制。其中朱朗颂甜白最为出名，由于酿酒葡萄不经过贵腐菌感染而是进行自然的风干，这些甜白葡萄酒一般有着浓郁的杏、葡萄柚的香气，有时还伴有新橡木的香气，陈年潜力较强。加斯科涅丘（Côtes de Gascogne IGP）是一个 IGP 葡萄酒产区，地处波尔多东南部，受大西洋影响，西部靠海的地区气候多雨，土壤多砂石，排水性较好，夏季干燥温暖，再加上粘土石灰土壤的保水性能，非常适合种植葡萄。主要葡萄品种有鸽笼白、库尔布、大满胜等，用酿造雅文邑酒的葡萄品种酿造芳香、清爽、酒体较轻的白葡萄酒，带有青苹果的香气。贝恩（Bearn）是朱朗松西北部的一个产区，由于更加靠近大西洋，气候偏向海洋性，降雨较多，但受比利牛斯山的热燥风吹拂，整体气候温和，并且降低了病虫害发生的机率。该产区的土壤多为含岩石和砂石的粘土，排水性佳，出产多种类型葡萄酒，红葡萄酒与马迪朗风格类似，以丹娜为主，混合品丽珠、赤霞珠等品种酿造，质地较坚实。白葡萄酒多以满胜、小库尔布等酿造，风味刺激浓郁。

五、其他旧世界产区

（一）意大利（Italy）

意大利是全世界最大的葡萄酒生产国之一，也是世界上最古老的葡萄酒生产国之一。意大利的葡萄酒历史可以追溯到公元 1000 多年前，古希腊人从波斯来到意大利南部播种葡萄树之际，古意大利的伊特拉斯坎人早已开始在北部地区种植葡萄和酿造葡萄酒，并且葡萄酒已经作为商品广泛地流通。亦开始使用木桶运输、存储和陈酿葡萄酒，并运送到欧洲的各个角落。悠久的葡萄酒历史与传统使意大利人对葡萄酒的热爱达到了极致，甚至意大利人自称他们的血液都是被葡萄酒染红的。意大利国土南北狭长，从北边山区到南端西西里岛跨越了 10 个纬度，又有山与海的自然屏障，整体气候类型比较复杂，各地区微气候区别很大。北部为冬季寒冷、夏季炎热的大陆性气候，从亚平宁半岛往南推进一直到意大利南端都属于地中海气候，常年炎热干旱。意大利纬度和海拔跨越幅度都非常大，使得土壤构成千变万化，大部分的土壤是火山石、石灰石和坚硬的岩石，此外也有大量的砾石质黏土，多样化的土壤为意大利种类繁多的葡萄品种提供了良好的栽培条件，也造就了复杂而多样的意大利葡萄酒。

意大利的葡萄酒出口量和法国不相上下，同居世界第一，但是作为一个地中海国家，其居民的日常生活离不开葡萄酒，因此意大利同时也是葡萄酒的消费大国，葡萄酒消费量位居世界第二。意大利的葡萄栽培面积仅次于西班牙和法国，位居世界第三。意大利原产葡萄品种就有一千多个，葡萄酒种类多样而复杂，巨大的数量就像迷宫一般，加上过于复杂的历史、冗长的酒厂和酒的名字、难懂的语言及看不懂的酒标，使得意大利葡萄酒在国际市场的知名度并不高，直到第二次世界大战结束，意大利葡萄酒都很难与高品质联系起来。从二十世纪中期开始，意大利酿酒业发生了很多的变化，引进国际葡萄品种、大量减产以提高质量、以小法国橡木桶替换大型旧木槽来酿酒等，一连串的改革措施取得了实际成效，再加上葡萄酒相关法规的完善，以及政府的大力推广和宣传，现在的意大利葡萄酒在国际葡萄酒市场已具备与法国酒一争天下的条件。

1. 意大利葡萄酒分级制度

意大利葡萄酒的产量如此之大，为规范提升葡萄酒业的有效管理，意大利于 1963 年制定了一套与法国 AOC 制度相近的葡萄酒分级方案 DOC 制度，并在 1966 年经意大利国会通过原产地命名法案（Denominazione Di Origine）后实施，随后也进行了数次的调整和修改，DOC 制度的实施对意大利的葡萄酒规范化产生了深远的影响。

根据意大利的葡萄酒法规将葡萄酒分为 4 个不同的级别，由低至高分别为：日常餐酒（VDT）、地区餐酒（IGT）、法定产区葡萄酒（DOC）、优质法定产区葡萄酒（DOCG）。其中地区餐酒（IGT）这个级别是 1992 年新添加的，这个等级的葡萄酒被认为比一般的日常餐酒质量要好。

① 日常餐酒（Vino da Tavola 简称 VDT）：泛指最普通的餐酒，为日常就餐时饮用。VDT 对于葡萄酒的原产地、酿造方式等没有严格的规定，但要求必须是品质优良的葡萄酒。按照规定，日常餐酒可以用来自不同地区的葡萄酒进行勾兑，但必须都是欧盟准许的地区，酒标上只标注有葡萄酒的颜色而不记载原产地名。这些葡萄酒主要产自意大利的南部地区与西西里岛，产量巨大。

② 地区餐酒（Indicazione Geografìcha Tipica，简称 IGT）：1992 年经欧共体批准推出此级别，是在 DOC 和 VDT 之间新增加的一个级别，较之于 DOC 它允许葡萄酒产自更广泛的区域，但其质量必须要高于 VDT，目前 IGT 级的葡萄酒在意大利有 118 个。这个级别对产区、允许使用的葡萄品种、具体的栽培方法、酿酒方法、葡萄酒的质量水平、酒精度、酒标的标注规范等各方面都进行了详细规定。IGT 是一种要特别说明地域的葡萄酒，采用特定地区的被推荐的葡萄品种酿造，要求使用特定地区采摘的葡萄比例至少达到 85%，酒标上一般要标明葡萄品种、产地名和葡萄酒的颜色。值得一提的是，IGT 等级中包含了大量非常好的葡萄酒，他们是从过去的 Vino da Tavola 等级中提拔的好酒，由信誉良好的生产商酿造，这是品质的绝对保障。

③ 法定产区葡萄酒（Denominazione di Origne Controllata，简称 DOC）：相当于法国 AOC 级别的优质葡萄酒，在葡萄产地和品种、酿造方法和储藏场所、混合比例、酒精度数、容器、容量和优良鉴定标准等方面都有着极为严格的规定。DOC 级的葡萄酒在意大利目前有 330 个，每一个 DOC 在评为 DOC 级别之前，都必须是 5 年以上的 IGT 级别产区，并且是在以下控制范围内生产的葡萄酒：批准的品种及比例；对一些葡萄酒，种植的最低和最高海拔；每亩产量以及葡萄园用到的修剪方法；每公顷葡萄园生产葡萄酒的最大产量；葡萄酒酿造方法；陈

酿方法、陈酿时间和一些珍藏级别酒（Reserva）的最短陈酿时间。每一款 DOC 葡萄酒必须达到关于颜色、香气和口感的最低标准，这些项目标准都由品尝委员会制定并控制。另外，对于商标的标示也有着统一的规定，在该等级葡萄酒的瓶颈标签上印上 DOC 的标记并写有号码。

④ 优质法定产区葡萄酒（Denominazione di Origine Controllata e Garantita，简称 DOCG）：DOCG 是意大利葡萄酒等级中的最高级别。从 DOC 级产区中挑选品质最优异的产区再加以认证，接受更严格的葡萄酒生产与标示法规管制。DOCG 必须在特定的产区、符合规定的生产标准，才能冠上 DOCG，目前获得此级别的葡萄酒有 73 个。DOCG 葡萄酒必须瓶装出售，酒瓶容量小于 5 L，酒标上要注明 DOCG 及其相应的地理位置，在瓶口的锡箔酒帽上还必须附有严格按产量配发给各装瓶厂商的粉色长形封条，官方编码的标签必须放在瓶子的橡木塞上。一旦 DOCG 产区的生产商被品尝委员会公开否决，这些酒就必须降级到 Vino da Tavola。申请 DOCG 等级产区，必须是持续 5 年以上的 DOC 级别产区。根据意大利葡萄酒法规，申请成为 DOCG 产区必须充分展现自我以及意大利葡萄酒产业，创造一个“国内市场和国际市场同时都具有的声誉和商业影响力”。因此，向 DOC 产区授予 DOCG 称号必须具备 4 个核心条件：第一，这个可能的 DOCG 产区已经生产了历史上重要的葡萄酒；第二，该产区生产的葡萄酒质量已经在国际范围被认知，并且具有持续性；第三，葡萄酒质量有了巨大提升并且受到关注；第四，该地区生产的葡萄酒已经为意大利经济的健康发展做出巨大贡献。

为了配合欧盟 2009 年颁布的新酒法，2010 年意大利进行了葡萄酒分级制度改革，执行新的标准。新标准包括 4 个级别，分别是：① Vini（基础餐酒），这些葡萄酒可以来自欧盟的任何地方，没有具体的产地标示，也没有规定葡萄品种，也可以不标注年份；② Vini Varietali（品种葡萄酒），这些葡萄酒可以来自欧盟的任何地方，但至少要有一个国际葡萄品种的含量在 85%以上，或完全是由两种甚至多种国际葡萄品种酿造，这里的国际品种是指品丽珠、赤霞珠、美乐、西拉、霞多丽和长相思，酒标上可以标注葡萄品种和年份，但不能标注具体的产地；③ Vini IGP（地理标识保护标签酒），这个级别主要由意大利原来的 IGT 级别葡萄酒组成，对产区、允许使用的葡萄品种、具体的栽培方法、酿酒方法、葡萄酒的质量水平、酒精度、酒标的标注规范等各方面都有详细规定；④ Vini DOP（原产地保护标签酒），这个分级主要由意大利原来的 DOC 和 DOCG 两个级别组成，但现在大部分 DOCG 级别的酒庄仍然沿用传统酒法在酒标上标注 DOCG 标识。虽然新酒法已经颁布，但是意大利的大部分酒庄仍然使用改革前的法定分级标注自己的葡萄酒。

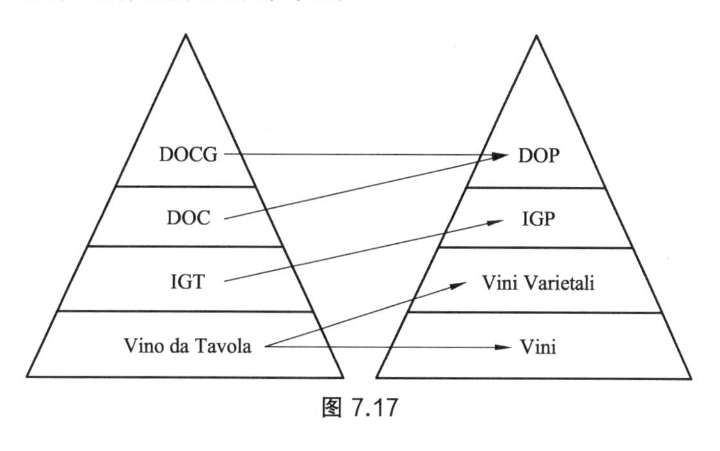

图 7.17

2. 超级托斯卡纳（Super Tuscan）

超级托斯卡纳并不属于正式的意大利葡萄酒分级系统。意大利关于葡萄酒有严格的法律规定，DOC 和 DOCG 级别都规定了法定葡萄品种，而且这些葡萄品种大多是本地品种。如果酒庄使用非法定葡萄品种酿酒，即使葡萄酒的品质很高，也只能用 IGT 甚至 VDT，不能使用更高的等级（如 DOC 或 DOCG）。在托斯卡纳地区，有一些酒庄不受产地规定（葡萄品种、酿酒方法等）的限制，用独特的方法酿造了非常高品质的葡萄酒，这些酒受到了国际葡萄酒界的好评和肯定，赢得了国际荣誉，价格也很昂贵。但由于他们使用的葡萄品种多为 DOC 法定之外的国际葡萄品种，采用新派的酿酒方式，不符合法定标准，所以不能晋升为 DOC 或 DOCG 级别，只能标注 IGT 或 VDT 级别。虽然这些酒没有被列入高等级别，却具有甚至超过高等级别的品质，人们称之为“超级托斯卡纳（Super Tuscan）”。

自 1994 年起，意大利官方修改了 DOC 和 DOCG 的相关标准，使得一些超级托斯卡纳也可以晋升为 DOC 或 DOCG 级别。第一个被从 IGT 等级升级成为 DOC 等级的葡萄酒是西施佳雅（Sassicaia），这是一款以赤霞珠为基础的葡萄酒，由圣-奇诺酒庄在 1986 年首次酿造，采用的是从拉菲庄园引种的葡萄。不过有些颇具个性的酒庄仍然喜欢用 IGT 等级来标注他们的葡萄酒，这也表现了他们保持其特立独行的风格。

3. 主要葡萄品种

意大利的葡萄品种十分丰富，超过 2000 种，这里可以说是葡萄品种最纷繁复杂的区域，一些国际葡萄品种如美乐、赤霞珠、西拉、品丽珠等在意大利都有着广泛的种植，但其中最主要的葡萄并不是我们所熟知的国际品种，而是种类繁多的本土葡萄品种。意大利几乎在全国每个地方都有葡萄种植地，栽培面积最大的葡萄品种为托斯卡纳的桑娇维赛（Sangiovese），紧随其后的是西西里岛的白葡萄品种卡塔拉托（Catarratto）、意大利中部的白葡萄品种特雷比亚诺（Trebbiano）、皮埃蒙特的内比奥罗（Nebbiolo）和巴贝拉（Barbera）、以及普利亚的黑曼罗（Negroamaro）。意大利最知名的当地红葡萄品种是内比奥罗和桑娇维赛，可酿造强劲耐久藏的红葡萄酒，还有甜美芬芳的莫斯卡托（Moscato），值得一提的是，许多意大利的传统品种在世界上的其他国家是完全没有种植的。

① 内比奥罗（Nebbiolo）是在意大利被称为“雾葡萄”，是意大利最出色的葡萄品种，也是意大利最昂贵的葡萄品种。内比奥罗主要种植在意大利西北部的皮埃蒙特大区，秋天的雾气覆盖着皮埃蒙特的大部分区域，为葡萄提供了极佳的生长环境。内比奥罗是个晚熟的葡萄品种，通常在 10 月下旬才能成熟，较难种植，为了达到满意的成熟度，需要种植在向阳的坡地上，在巴罗洛（Barolo）和巴巴莱斯科（Barbaresco）表现最为出色，出产最为著名的 DOCG 等级酒巴罗洛红葡萄酒和巴巴莱斯科红葡萄酒。内比奥罗葡萄酒的色泽为石榴红，时而带些砖红色，香气强劲有力，带有野生蘑菇、松露、玫瑰和柏油的复杂味道，优雅而雄壮，单宁和酸度极高，结构坚实，需要数十年方可成熟。

② 桑娇维赛（Sangiovese）葡萄是意大利中部托斯卡纳大区最主要的葡萄品种，一般只有在意大利才有种植，其他国家很少种植。桑娇维赛“Sangiovese”的字面意思是“丘比特之血”，顺境中生长的桑娇维赛有些平庸，它在成熟期遭受困苦和磨难，委靡不振，可是到了八九月份，只要艳阳相伴，它就会迸发出强烈的生命力，成为具有强烈个性的“丘比特之血”。桑娇维赛葡萄酒一般采用传统法酿造，赋予红葡萄酒中等酒体，高酸，高单宁，葡萄酒中带

有樱桃的芳香以及泥土和雪松的气息。

③ 巴贝拉（Barbera）是在皮埃蒙特和伦巴第南部广泛种植的红葡萄品种，果实颜色深浓，单宁含量丰富，酸度较高，用其酿造的红葡萄酒红色果香馥郁，橡木桶熟成后带有巧克力和香草的香气。巴贝拉葡萄即使在高产的情况下也能酿造出优秀的葡萄酒，因而广受欢迎，适合年轻时饮用。

④ 西西里岛的白葡萄品种卡塔拉托（Catarratto）是意大利种植面积第二大的葡萄品种，也是最受欢迎的白葡萄品种。过去的卡塔拉托多用于酿制马沙拉加强型葡萄酒，如今多用于蒸馏或生产葡萄浓缩汁，主要应用于灌装或勾兑酒。此外还酿制一些口感爽脆，个性十足的优质餐酒。

⑤ 特雷比亚诺（Trebbiano）是意大利种植最广泛的白葡萄品种之一，产量仅次于卡塔拉托，在意大利各地都有种植，以意大利中部地区的阿布鲁佐和拉齐奥的葡萄酒最为著名。所酿葡萄酒之酒色浅且易于入口，有些可以陈酿 15 年以上。

4. 主要葡萄酒产区

意大利的葡萄酒产区划分与行政划分一致，分别为：瓦莱塔奥斯塔（Aosta Valley）、皮埃蒙特(Piedmont)、利古里亚(Liguria)、伦巴第(Lombardy)、特伦蒂诺-上阿迪杰(Trentino-Alto Adige)、弗留利-威尼斯-朱利亚（Friuli-Venezia Giulia）、威尼托（Veneto）、艾米利亚-罗马涅（Emilia-Romagna)、托斯卡纳(Tuscany)、马凯(Marches)、翁布利亚(Umbria)、拉齐奥(Lazio)、阿布鲁佐（Abruzzo）、莫利塞（Molise）、坎帕尼亚（Campania）、巴斯利卡塔（Basilicata）、普利亚（Apulia）、卡拉布里亚（Calabria）、西西里岛（Sicily）和撒丁岛（Sardinia）。这 20 个产区按地理位置又可以大体上归为西北部、东北部、中部和南部四个区域。各大产区中较为出名的葡萄酒有皮埃蒙特的巴巴莱斯科（Barbaresco）红葡萄酒、巴罗洛（Barolo）红葡萄酒和莫斯卡托阿斯蒂（Moscato Asti）起泡酒以及托斯卡纳的基安帝（Chianti）葡萄酒和超级托斯卡纳（Super Tuscan）葡萄酒。

西北部产区包括瓦莱塔奥斯塔、皮埃蒙特、利古里亚、伦巴第等产区，以皮埃蒙特产区最为著名。皮埃蒙特（Piedmont）北靠阿尔卑斯山，南邻绵延的亚平宁山脉，坐落在波河河谷，以丘陵为主，其名字“Piedmont”在意大利语中就是“山脚”之意。产区葡萄园几乎都在绵延的山坡上，土地结构良好，土壤肥沃。这里属大陆性气候，冬季寒冷，夏季炎热，葡萄成熟期昼夜温差大，使葡萄皮能聚集更多的风味物质，酿出的葡萄酒香味浓烈持久。皮埃蒙特拥有 57 487 公顷葡萄园面积，主要种植红葡萄品种内比奥罗(Nebbiolo)、巴贝拉(Barbera)和多姿桃（Dolcetto），以及白葡萄品种莫斯卡托（Moscato）、柯蒂丝（Cortese）和阿内斯（Arneis）。这一地区主要采用单一葡萄品种酿造葡萄酒，红葡萄酒产量占总产量的 80%，高单宁的内比奥罗葡萄酒散发出皮革、烟草、焦油、李子干和玫瑰的香气，巴贝拉葡萄酒则单宁更低、酸度更高，而多姿桃葡萄酒果香浓郁、甜中带苦。皮埃蒙特著名的白葡萄酒产区嘉维（Gavi DOCG）使用柯蒂丝酿造出新鲜辣味多酸的干白葡萄酒，常常带有青苹果和水梨的香气。此外，用莫斯卡托酿造的阿斯蒂气泡酒也颇受人们的关注。

皮埃蒙特作为葡萄酒产区不仅历史悠久，诸多高品质葡萄酒更是令意大利人引以为豪。皮埃蒙特是意大利最大的 DOC 和 DOCG 葡萄酒产区，包括 16 个 DOCG 法定产区和 44 个 DOC 法定产区，其 DOC 和 DOCG 葡萄酒的产量比重位居意大利 20 个大区之首，意大利 2

个最著名的DOCG等级酒巴罗洛红葡萄酒和巴巴莱斯科红葡萄酒就出自于此。有着“意大利酒王”之称的巴罗洛葡萄酒就是由皮埃蒙特产区的明星葡萄品种内比奥罗酿造而成。巴罗洛干红葡萄酒虽然看起来颜色较为浅淡，闻起来花香四溢，给人一种柔和的感觉，但在口中却有着截然不同的表现，其酒体饱满、单宁紧致、酸度充沛，带给人无尽的力量感与惊喜。巴罗洛葡萄酒通过传统方式在大酒桶中熟成，上市前必须至少熟成3年以上，其中18个月必须是在橡木桶中完成，而“巴罗洛珍藏（Barolo Riserva）”则需要熟成5年以上，其中在橡木桶中的熟成时间保持为18个月。由于单宁和酸的含量较高，巴罗洛还有着极佳的陈年潜力。随着陈年时间的增加，酒中的单宁会逐渐被柔化，同时发展出新的香气和风味，使得口感更为复杂。传统酿造的巴罗洛葡萄酒可以陈酿50年以上，被许多葡萄酒爱好者视为意大利最伟大的葡萄酒。在临近巴罗洛的巴巴莱斯科村采用内比奥罗酿造的巴巴莱斯科红葡萄酒，陈酿时间要比巴罗洛短，具有更细腻的风味。

图 7.18

意大利东北部由特伦蒂诺-上阿迪杰、弗留利-威尼斯-朱利亚、威尼托组成，这里出产意大利最重要的白葡萄酒，风格轻盈而优雅。威尼托（Veneto）是意大利东北部三大产区中最著名的产区，与皮埃蒙特齐名，同时它还是意大利葡萄酒产量最多的产区。威尼托的气候由于受到北部山脉与东部海洋的调节，气候温和而稳定，适合葡萄的生长。该产区有1/2一半的面积为平原，土壤表层遍布淤沙，含有黏土和钙质岩屑。这里主要种植卡尔卡耐卡（Garganega）、特雷比来诺（Trebbiano）和科维纳（Corvina）葡萄。前两者可以酿制酒体丰满的白葡萄酒，是当地著名的索阿维白葡萄酒的主要原料。威尼托大区拥有14个DOCG和11个DOC产区，是意大利DOC等级酒产量最大的地区，其中产区内最著名的DOCG有瓦尔波利切拉（Valpolicella）、索阿维（Soave）、巴多利诺（Bardolino）葡萄酒和普洛塞克（Prosecco）起泡葡萄酒。索阿维地区出产的索阿维白葡萄酒使用卡尔卡耐卡葡萄酿造，拥有高雅的香气和清爽多酸的口感，极受人们的欢迎。索阿维也产甜酒，当地的索阿维雷西欧（Recioto di Soave）是以风干葡萄酿成的著名甜酒，风干后葡萄的糖分提高，用其酿制的葡萄酒也特别香甜。巴多利诺产区则主要生产早饮型的红葡萄酒，超级巴多利诺（Bardolino Superiore）就是其DOCG的酒款。威尼托还有意大利的第二大起泡酒产区普洛塞克，普洛塞克起泡葡萄酒口感清淡、柔和，有着苹果、桃子和梨的清新果香和坚果的香气。瓦尔波利切拉是威尼托最重要的葡萄酒产区之一，最主要的葡萄品种为科维纳，瓦尔波利切拉的葡萄酒以干红为主，有着红色水果香气，轻酒体，高酸度，低单宁。阿玛洛尼瓦尔波利切拉（Amarone della Valpolicella

DOC）是瓦尔波利切拉产区最独特的葡萄酒，采用古老的传统方法酿造，首先将精选的葡萄放在麦秆上或悬挂在通风的房间里面风干，使糖度更加浓缩，以获得更多特殊风味的干葡萄，待完全发酵后即得到高酒精浓度、口感馥郁深厚的干型葡萄酒。这类葡萄酒有着很高的酒精度数，至少在 14%～15%，有着黑巧克力、葡萄干、皮革等浓郁的香气，口感略带苦味。

亚平宁山脉将意大利中部分成东西两面，东侧靠亚得里来海由北到南有艾米利亚-罗马涅、马凯、阿布鲁佐和莫利塞四个产区，西侧第勒尼安海这一侧有托斯卡纳、翁布利亚和拉齐奥三个产区。两侧都属于干燥炎热的地中海气候，适合葡萄的生长，葡萄园随处可见。这里的葡萄品种相对集中，白葡萄品种主要是特雷比亚诺（Trebbiano），通常用于酿造简单易饮的白葡萄酒；红葡萄品种主要是桑娇维赛（Sangiovese），是托斯卡纳产区的主打品种；另外，还有种植一些国际葡萄品种如赤霞珠、美乐、品丽珠、西拉、黑比诺、霞多丽、长相思等，国际葡萄品种是超级托斯卡纳葡萄酒的主要成分。

托斯卡纳（Tuscany）是意大利最知名的明星产区，托斯卡纳葡萄酒有时甚至成为了意大利葡萄酒的代名词。从面积上看，托斯卡纳是意大利第三大葡萄酒产区，但是在产量上却仅排到第八位，这主要是因为托斯卡纳的土壤非常贫瘠，种植者们着重于控制产量、生产高品质的葡萄酒，这里 80%的葡萄酒为红葡萄酒。托斯卡纳主要为地中海气候，冬季温和，夏季炎热干燥，产区内大多是连绵起伏的丘陵地，土壤多为碱性的石灰质土和砂质黏土。托斯卡纳最主要种植的葡萄品种是桑娇维斯，桑娇维斯是托斯卡纳产区的标志性葡萄品种，产区内的许多特色葡萄酒都是由不同品系的桑娇维斯葡萄酿造的。托斯卡纳这个以红葡萄酒为主的产区共有 11 种 DOCG 和 34 种 DOC 葡萄酒，著名的 DOCG 包括经典基安蒂（Chianti Classico）、基安蒂（Chianti）和布鲁奈罗蒙塔希诺（Brunello di Montalcino）。基安蒂葡萄酒主要采用桑娇维斯葡萄酿造，有着足够的酸度，中等酒体，高单宁，葡萄酒中带有樱桃的芳香以及泥土和雪松的气息。传统上许多优秀基安蒂会使用橡木桶进行部分发酵来增加酒体，同时加入一些较浓的葡萄汁。一般来说，普通的基安蒂适合在年轻时饮用，珍藏基安蒂通常会在出厂前在木桶中熟成两年，并且还需要在瓶中继续熟成。经典基安蒂来自于基安蒂中心条件最好的古老产区，产量限制严格，平均水准更极高，在酒瓶口会贴上绘有一只名为“Gallo Nero”黑公鸡的圆形认证标识，在其下方写着“CHIANTI CLASSICO（经典基安蒂）”字样。经典基安蒂的酿酒葡萄必须是产自该地区葡萄园的桑娇维塞，比例要求达到 80%～100%，其他的红葡萄品种不能超过 20%。经典基安帝葡萄酒通常呈清澈透明的宝石红色，散发着紫罗兰和鸢尾花香以及典型的红色水果果香，酒体平衡，层次丰富，其单宁会在陈酿过程中慢慢变得柔顺可口。布鲁耐罗蒙塔尔奇诺（Brunello di Montalcino）是托斯卡纳的一颗明珠，采用 100%桑娇维斯酿造，更多的是高品质的大桑娇维斯（Sangiovese Grosso），风格坚硬雄壮，年轻时候极其苦涩强劲，需要经过长时间的窖藏，法律规定其需要在酒厂熟成四年后才可上市，其中两年必须要在橡木桶中储藏。布鲁耐罗蒙塔尔奇诺是意大利最好、寿命最长的葡萄酒之一，品质可以和巴罗洛葡萄酒相媲美。除了 DOCG、DOC 等级的酒，托斯卡纳很多 IGT 和 VDT 等级的葡萄酒同样令人印象深刻。如超级托斯卡纳，就在全球都享有极高的声誉。超级托斯卡纳是由一些满怀热情，强调独创性的酿酒师，在葡萄品种、混合比率、酿制方法等方面对传统葡萄酒进行大胆革新，酿造出的独特而优质葡萄酒。如今，著名的超级托斯卡纳酒有西施佳雅（Sassicaia）和马塞多（Masseto）等。西施佳雅在 70 年代中期成为世界知名的顶级红葡萄酒，被称为是“最正宗的新派超级托斯卡纳葡萄酒”。它的名字很美，常会让人有一连串浪漫的暇想，宝蓝色的瓶盖和圆形蓝底八道金针的标志，带有独特的地中海艺术气息，其品质足以媲美波尔多五大名庄的酒。

图 7.19

意大利南部的坎帕尼亚、巴斯利卡塔、普利亚、卡拉布里亚产区以及西西里岛和撒丁岛都盛产葡萄酒，南部应该说是意大利最炎热最干燥的地区，处于炎热干燥的地中海式气候，但沿海区域和岛屿可以通过海风使温度得到一定的缓解。此地区的土质以火山土和花岗岩为主，但是也有一些露出地面的粘土质石灰土岩层。得益于充足的光照和适当的降雨，再加上富含矿物质的深色土壤和部分山地地形，这里非常适合葡萄的成熟。区域内的地形大部分是山脉或丘陵，尽管葡萄园大都位于平原和普利亚平缓的斜坡上，而最好的位置总是位于面朝北面，山丘边更高的斜坡上，那里种植的葡萄受光度较低且得益于高海拔的影响温度也较低，因此具有更长的生长期。这个地区的酿造者采用不同的葡萄品种运用传统和创新的酿造技术生产出了许多不同风格的优质酒款，尽管没有像意大利其他明星级的产地那样出名，但事实上，意大利南部不仅是全意大利最古老的葡萄酒产区，而且还有许多原产的优异葡萄品种，出产许多风味独特、细腻醇美的葡萄酒。这里除了酿造具有南方风格的果实味十足、果肉丰厚的红葡萄酒外，还酿造大量水果型的白葡萄酒。坎帕尼亚的丘陵、山地和平原等多样性地理条件使得这里能够酿造不同风格的红葡萄酒和白葡萄酒，采用南部许多产区普遍种植的白葡萄品种菲亚诺（Fiano）和格莱克（Greco）酿造的白葡萄酒是该产区最好的。而阿里亚尼考（Aglianico）则为南部地区最负盛名的红葡萄品种，酿造出的葡萄酒颜色较深，酸度和单宁也均较高。普利亚产区最重要的葡萄品种是当地的黑曼罗（Negroamaro）和普里米蒂沃（Primitivo），用这两种葡萄酿出来的葡萄酒酒体丰厚，果香浓郁。西西里岛的主要本地传统红葡萄品种是黑珍珠（Nero d’Avola）、斯卡斯奈莱洛（Nerello Mascalese），前者能酿造出丰润而结实，且带成熟红色水果风味的葡萄酒，后者是酿造艾特纳红葡萄酒和一些细致起泡酒的原料。西西里岛的主要本地白葡萄品种为卡塔拉托（Catarratto）和尹卓莉亚（Inzolia），其中卡塔拉托主要用于酿制西部产量最大的白葡萄酒，可以增加葡萄酒的酒体，还部分用于酿制干中带甜、魅力古足的马沙拉（Marsala）利口酒。

（二）德国（Germany）

德国葡萄酒在世界葡萄酒王国中占有相当的地位。作为旧世界主要葡萄酒生产国之一，德国的葡萄酒历史悠久，拥有两千多年酿酒史，具体可追溯至公元前 100 年的罗马时代。19 世纪时，德国的葡萄酒商业已经比较发达，但由于根瘤蚜虫害摧毁了大部分的葡萄园，后来的两次世界大战又给葡萄的补种带来重创，直到上世纪 50 年代其葡萄种植才开始迅速复苏，并且葡萄园面积也随之逐步扩大。德国的葡萄园分布在北纬 47～55 度、东经 6～15 度之间，属大陆性气候，气候寒冷，北部已经到达了葡萄所能成熟的底限。由于受大西洋暖流影响，以及莱茵河秋季浓雾对葡萄树起到一定的保暖作用，使得德国严苛的葡萄生长环境得到一定的改善，并凭着当地特有的风土和当地人卓越的酿酒技术，酿造出优质的葡萄酒，成为寒冷地区的葡萄酒典范。

德国所有的葡萄园基本上都位于面朝南部的坡地上，主要是为了能够照射到更多的阳光，北面的山坡上基本上没有任何葡萄种植，而且最好的葡萄园都是种植在河流两旁，靠水面的反射获取更多的阳光热量。由于坡度较陡，因此主要只能以人工的方式采摘和作业，成本相对昂贵。富含热容量高的板岩和玄武岩的土壤往往是优质葡萄园的特点，这种土质可以保存更多的热量促进葡萄成熟，可以应对寒冷的气候。即使这样，葡萄在这里也很难达到完全成熟，大多数时候都是半熟状态，伴随着突出的酸度。所以，德国葡萄酒由于糖分不足，往往酒精浓度较低，一般在 7%～11%，突出的酸度使白葡萄酒更加的清新和充满活力，而且高酸度也使得白葡萄酒的陈年能力很强，可以陈年 5～10 年，有的顶级葡萄酒甚至达到 20 年之久。同时，德国葡萄酒农为了等待葡萄糖度的提高而推迟采摘，采摘期一般在 9 月底到 11 月底，有时甚至延续到来年 1 月份，由于较长的葡萄生长期也使得德国的白葡萄酒更加的精细优雅。

德国的葡萄种植面积约为 10 万公顷，葡萄酒年产量约一亿公升，居世界第 6 位。德国以生产优质白葡萄酒为主，大约有 85%是白葡萄酒，其余的 15%是玫瑰红葡萄酒、红葡萄酒及起泡酒。白葡萄酒的类型非常丰富，从干型、半甜型的清淡甜白酒到浓厚圆润的贵腐甜酒都有，另外还有工艺独特的冰酒，全世界最昂贵的白葡萄酒就是产于德国。

1. 德国葡萄酒分级制度

德国葡萄酒品质优异，由于气候寒冷，因此德国葡萄酒是以葡萄的成熟度、即糖度来进行分级。德国用来表述葡萄成熟度的计量单位是“葡萄的糖度 degrees Oechsle（°Oe）”，其定义是：20 °C 下，1L 葡萄汁的重量减去 1L 纯水的重量所得的数字，即为葡萄的糖度。德国的葡萄酒法规将葡萄酒主要分为四大等级，由低至高分别为：乡村餐酒（Tafelwein）、地区餐酒（Landwein）、法定产区葡萄酒（Qualitätswein bestimmter Anbaugebiete 简称 QbA）、特级法定产区葡萄酒（Qualitätswein mit Präidikat，简称 QmP）。

① 乡村餐酒（Tafelwein）：是德国本地消费最多的葡萄酒，只有少量出口，常用来做其他酒的调配，质量和技术指标上的要求较少，但规定其葡萄的糖度至少为 44～50°Oe，酒精度不低于 8.5%。如果标有“Deutscher Tafelwein”，则必须是采用德国 5 个餐酒区出产的葡萄酿制而成，若未标注则可以使用来自欧盟其他地区的葡萄酿制或葡萄酒来进行勾兑。

② 地区餐酒（Landwein）：带有地区标注，酒标必须标明葡萄的产地，一般具有当地葡萄酒的特色。要求必须使用德国 19 个法定地区餐酒产区有葡萄酿制，葡萄的糖度至少为 47～53°Oe，酒精度不低于 9%，并且只能是干型或半干型。若酒标上注明产自单一葡萄园（Einzellage），那么葡萄酒中必须有 85%或以上的葡萄产自这一葡萄园。

③ 法定产区葡萄酒（Qualitätswein bestimmter Anbaugebiete，简称 QbA）：采用德国 13 个法定产区的葡萄酿造，必须 100%使用各产区的指定葡萄品种酿造，产区名称必须标注在酒标上，葡萄的糖度一般在 51～72°Oe，酒精度不低于 7%，并允许在发酵前加糖以提升葡萄酒的酒精度。每一种 QbA 级葡萄酒都必须通过严格的官方质量检验，然后由官方颁发一个检

查号（AP-Nr.）并印制在酒标上。QbA 级别的葡萄酒通常为干型、半干型以及半甜型，并在酒标上标注。此外，这个级别的酒标有时会标注经典（Classic）和特选（Selection），并不代表是级别的高低，只是说明此酒具有较平衡的干型味道。

④ 特级法定产区葡萄酒（Qualitätswein mit Präidikat，简称 QmP）：德国葡萄酒的最高级别，是具有最高要求的酒，必须要显得成熟、平衡和丰满。按照德国葡萄酒法律，特级酒葡萄的糖度不得低于 67°Oe，必须是产于葡萄园区或者单一葡萄园，还必须 100%使用这些法定葡萄园所申报的葡萄品种中的一种葡萄酿造，且不允许在酿造过程中加入额外的糖分。此外，还要求具备官方特定的检验编号（AP-Nr.）。

特级法定产区葡萄酒 QmP 根据葡萄的糖度从低到高又分为珍酿型葡萄酒（Kabinett）、晚摘型葡萄酒（Spätlese）、逐串精选型葡萄酒（Auslese）、逐粒精选型葡萄酒（Beerenauslese 简称 BA）、冰酒（Eiswein）和贵腐颗粒精选葡萄酒（Trockenbeerenauslese，简称 TBA）这 6 个级别，一级比一级更甜。

珍酿型葡萄酒（Kabinett）：由正常采摘季节收获的完全成熟的葡萄酿造，酒精度低，较为清淡，葡萄的糖度至少为 67 ~ 82°Oe，依据产区不同对糖度的要求会有所不同。通常为干型的或半干型，若酒标上带有“Trocken”（干型）表示为干型葡萄酒，若无标识则为半干型葡萄酒。

晚摘型葡萄酒（Spatlese）：在正常的采摘期至少推迟一周后才进行葡萄的采摘来提高糖度，葡萄的糖度至少为 76 ~ 90° Oe。其香气和酒体都比 Kabinett 浓重一些，Spatlese 的酒体更加饱满，带有柑橘、菠萝等水果的味道，可以是半干型或半甜型。虽然 Spatlese 葡萄酒的酒瓶上也会看到“Trocken”（干型）的字样，但它的甜度通常会比 Kabinett 要高。

逐串精选型葡萄酒（Auslese）：在 Spatlese 的基础上，经手工逐串精选出非常成熟的葡萄进行酿造。通常在某种程度上受到贵腐菌的侵染，往往只有在好的年份才会酿造这种等级的葡萄酒。葡萄的糖度至少为 83 ~ 100°Oe，在不同产区要求的最低糖度不同，规定的葡萄品种也不同。Auslese 葡萄酒的整体表现会更高一层，可以被酿造成多种风格，从干型、半干型、半甜型甚至甜型都有，通常是半甜或者甜型，价格也会更贵。

逐粒精选型葡萄酒（Beerenauslese 简称 BA）：从葡萄串上手工逐粒精选出成熟度非常好、大部分经过贵腐侵染的葡萄粒，这些葡萄粒的糖分含量非常高，葡萄的糖度至少为 110 ~ 128°Oe，通常用来酿造甜型葡萄酒。

冰酒（Eiswein）：推迟葡萄的采收，当气温降到 − 8 °C 以下葡萄自然结冰时，采摘枝头上天然结冰的葡萄，并在该温度下保持果粒的冷冻状态完成葡萄的人工采摘、压榨。由于葡萄内部的水分已经结冰，通过压榨去除冰块，利用浓缩的果汁进行发酵获得的葡萄酒。用来酿造冰酒的葡萄大部分是没有经过贵腐侵染的，葡萄成熟度已经达到 Beerenauslese 的标准，葡萄的糖度至少为 110 ~ 128°Oe。

贵腐颗粒精选葡萄酒（Trockenbeerenauslese 简称 TBA）：等到葡萄基本干枯了才进行采摘，从近乎干化为葡萄干的葡萄中逐粒精选出超常成熟、经过贵腐侵染且皱缩的葡萄粒，用来酿造极甜的贵腐葡萄酒。法定最低葡萄的糖度为 150 ~ 154°Oe，由于糖分浓度非常高，很难进行正常的发酵，所以酒精度一般不超过 6 度，并且需要陈年 10 年以上。这是产量最低的一种葡萄酒，极其稀少，价格异常昂贵。

德国葡萄酒依据葡萄采摘时的成熟度来划分葡萄酒等级，这一点和大多旧世界国家按酒庄或产区分级的方式不同，主要原因还是因为气候寒冷，葡萄的成熟度对葡萄酒的影响非常

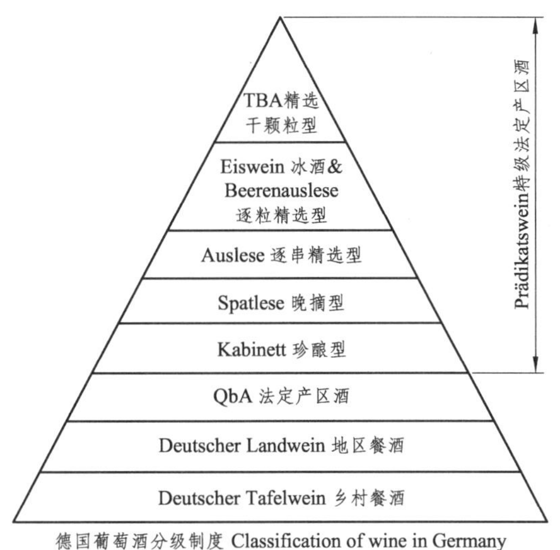

图 7.20

大。如果年份情况一般，酒庄往往都会选择酿造比较清淡、酸度高、回味较短的法定产区葡萄酒 QbA 和珍酿型葡萄酒 Kabinett 这些等级的葡萄酒，只有遇到好的年份才会酿造更高等级的葡萄酒。对于高品质酒而言，葡萄的成熟度会标识在酒标上，目前世界上也只有德国和奥地利葡萄酒会在酒标上有此类信息。

大多数德国葡萄酒都是干型或是半干型，由于葡萄自身的酸度过高，因此酿酒师通常会留有少量的糖分在葡萄酒中而不完全将其转化为酒精，或者加入一点点未经发酵的葡萄汁，以维持均衡的口感，这也是很多德国葡萄酒都带有甜味的原因。酥蕊渍（Sussreserve）是一种常见的酿造德国便宜甜酒的方法，将未发酵的甜葡萄汁加入白葡萄酒中，就得到了酥蕊渍甜白葡萄酒，这种葡萄酒口感清甜，带着清新的果香，酒精度低，适合初尝葡萄酒的人饮用。当然在好年份中，如果酒可以达到平衡，酒庄也同样会酿造完全干型的葡萄酒。德国的干型葡萄酒常会有 Trocken、Halbtrocken、Classic、Selection 等字样标识，Trocken 表示极干，每升酒中的含糖量不超过 9 克，喝起来酸味有些涩口。Halbtrocken 表示半干，每升酒中的含糖量不超过 18 克，但由于德国葡萄酒的酸度本身较高，所以喝起来也基本感觉不到甜味。2000 年之后又多了 Classic 和 Selection 二种标识。Classic 用来表示“单一产区/品种”酒，在酒标上简单标明产区、葡萄品种、Classic 字样，这种酒的含糖量不得超过 15 g/L，最低酒精含量为 12%（摩泽尔地区为 11.5%）。Selection 用来表示“单一产区/品种”酒中的葡萄是在哪个村庄和葡萄园中种植，在 Classic 基础上葡萄级别需达到精选级，在酒标上会标明产区、葡萄品种、Selection 字样，然后是村庄名称和葡萄园名称，这种酒的含糖量不得超过 12 g/L。如果上述四种标识都没有，那么就表示葡萄酒可能是甜型的。

2. 德国名庄联盟（VDP）

德国名庄联盟（Verband deutscher Qualitäts Und Prädikatsweingüter，简称 VDP），也称为德国优质葡萄酒联盟，意为高品质与顶级庄园协会，代表着旗下成员以品质为目标的酿酒理念。德国名庄联盟成立于 1910 年，其宗旨是高标准的种植和管理葡萄园，酿造优秀品质的葡萄酒。德国名庄联盟 VDP 目前约有 200 个顶级酒庄成员，坚持以传统方式生产更高品质的葡萄酒为共同目标，有着自己的一系列标准和分级制度，比德国葡萄酒法规的标准要求更为严格和复杂，德国仅有 3%的酒庄入选其中。VDP 成员要求严格遵守设立的独立标准，除了要有自己的酿造技术和酒窖设施，成员还必须减少葡萄产量并选择性收获以取得更高的葡萄酒品质。对于葡萄品种，成员的葡萄园中必须有绝大部分（80%以上）是使用当地的传统品种，如雷司令和皮诺家族。成员还必须保护葡萄园中的葡萄、土壤，使得它们与自然环境相协调，如实施生态保护措施，运用可持续性葡萄种植技术，使用传统的酿造方法等。所有的庄园及其葡萄酒，都会被定期检查和认证，以确保从庄园打理到葡萄酒酿造的高标准。

VDP 的规范原本只为监管干型雷司令（或其他官方品种）的评价，如今，此规范范围已经同时包括甜型及干型葡萄酒，主要在摩泽尔（Mosel）以外地区使用，尤以莱茵高（Rheingau）地区最为广泛。VDP 的分级与法国勃艮第（Bourgogne）分级类似，标准不仅包括葡萄的残余糖分含量，还包括葡萄酒所反映的风土特点。VDP 从低到高分为 VDP Gutswein、VDP Ortswein、VDP Erste Lage、VDP Grosse Lage/Grossesgewachs 四个级别。

① VDP Gutswein：能反映区域特点的优质质葡萄酒，为 VDP 体系中的入门酒款，干型，通常会标识葡萄所在村庄或地区的名字，同时标注“VDP”。VDP 要求，在这一分级的庄园中，至少 80%种植该区域典型的传统葡萄品种，葡萄园的最大产量为 7 500 公升/公顷。

② VDP Ortswein：是一个村庄最好的葡萄园，葡萄品种反应当地风土特点，葡萄园的最大产量为 6 500 公升/公顷。酒标上常会同时标注该葡萄园的名字及“VDP.Ortswein”。

③ VDP Erste Lage：葡萄园必须具备一流的葡萄种植条件，酿酒葡萄通常为传统的葡萄品种。葡萄园的最大产量为 6 000 公升/公顷。一般而言，只有精选、逐粒精选、精选干颗粒葡萄酒和冰酒等级的葡萄酒才有资格使用该称号。

④ VDP Grosse Lage/Grossesgewachs：来自德国最好的葡萄园的顶级葡萄酒。手工采摘、指定的葡萄品种和口味、带有明显的地域品质、所酿制的葡萄酒最能反映出当地风土的独特特点，果香馥郁，具有很长的陈年潜力。葡萄园的最大产量为 5 000 公升/公顷。

从 1982 年开始，VDP 协会成员可以在酒标上使用 VDP 协会会标——雄鹰标志，为一只雄鹰，内含一串葡萄果实，1991 年开始该标志也在瓶塞上使用。VDP 雄鹰标志保证了生态保护型的葡萄园管理手段和传统酿造工艺为主的葡萄酒生产技术，定期进行感官评定和质量监督以确保品质，并采取合理的市场营销措施。

3. 主要葡萄品种

德国气候寒凉，各大产区以种植白葡萄品种为主，只种植少部分较耐寒的红葡萄品种。尽管寒冷气候在一定程度上限制了德国的葡萄种植业，使其种植的葡萄品种以白葡萄为主，却也使得德国能够种植出世界上最好的雷司令。雷司令（Riesling）是德国种植面积最广的葡萄品种，也是德国最重要的葡萄品种，目前世界上还没有任何一个国家的雷司令能够超越德国。除雷司令外，德国种植的白葡萄品种还有米勒-图高（Muller-Thurgau）、西万尼（Silvaner）、肯纳（Kerner）、巴克斯（Bacchus）、施埃博（Scheurebe）、琼瑶浆（Gewürztraminer）和灰皮诺（Pinot Gris）。此外，德国也种植有少量的红葡萄，主要的红葡萄品种为黑皮诺（Pinot Noir，德国称为晚收勃艮第 Spätburgunder）、丹菲特（Dornfelder）、葡萄牙人（Portugieser）、特罗灵格（Trollinger）、莫尼耶皮诺（Pinot Meunier）和莱姆贝格（Lemberger）。

雷司令是一种起源于德国的芳香型白葡萄品种，通常不经橡木桶陈酿也不与其他葡萄品种进行混酿。典型的雷司令干白葡萄酒矿物质特质非常明显，并带有柠檬、橙、蜜瓜和菠萝的风味。其矿物质风味与热带水果风味相互平衡，很好地展现出干型的特点，口感越干的雷司令白葡萄酒会表现出更多的矿物质特征，口感越甜的则具有更丰富的热带水果风味。由于酸度很高，优质雷司令白葡萄酒可以陈年数年之久。德国雷司令葡萄酒风格多样，包括干型、半干型、半甜型、甜型以及起泡型葡萄酒（Sekt），甜型的雷司令葡萄酒一般用冰葡萄或者经过贵腐菌感染的葡萄酿造。德国是世界上生产冰酒的主要国家之一，口感纯正、复杂，品质卓越，堪称其他国家冰酒的质量基准，但受气候条件限制，并不是每个冬季都有冰酒出产。

雷司令在德国的种植面积已经达到了 22 424 公顷，其中法尔兹（Pfalz）和摩泽尔（Mosel）产区的种植面积位列第一和第二位，摩泽尔（Mosel）和莱茵高（Rheingau）两大产区的雷司令尤其出名。由于雷司令是一种能够高度反映其种植环境的土壤特征的葡萄品种，不同产区的雷司令葡萄酒会因风土的不同而呈现出不同的特点。

4. 主要葡萄酒产区

德国葡萄酒主要出产于莱茵河及其支流摩泽尔河地区。德国目前共有 13 个葡萄酒产区，包括阿尔（Ahr）、巴登（Baden）、弗兰肯（Franken）、黑森山道（Hessisiche Bergstrasse）、中部莱茵（Mittelrhein）、摩泽尔（Mosel）、那赫（Nahe）、法尔兹（Pfalz）、莱茵黑森（Rheinhessen）、莱茵高（Rheingau）、萨勒-温斯特鲁特（Saale-Unstrut）、萨克森（Sachsen）和符腾堡（Wurttemberg）。

莱茵高（Rheingau）是德国非常小的一个产区，葡萄园面积 3125 公顷，仅占德国葡萄园总面积的 3%，但却是德国最重要的葡萄酒产区，也是德国的顶级葡萄酒产地。莱茵高地区有两条河，分别是美茵河（River Main）和莱茵河（River Rhine），葡萄园分布在两条河流北岸朝南的斜坡上，可以更多的接收日照以及宽阔的莱茵河面提供的反射阳光。葡萄园北面更是受到陶努斯（Taunus）山脉的保护，使葡萄园免受寒冷北风的影响。葡萄园斜坡的上部土壤主要是由风化的深色板岩、泥灰岩构成，板岩土壤不仅内含丰富的矿物质，同时深色的土壤可以白天吸收太阳的热量，在夜间释放给葡萄树，非常有利于葡萄的成熟。底部较多是沉积土与黏土，出产的葡萄酒酒体更加丰满。另外，从莱茵河升起的雾气促进了贵腐霉菌的产生，在好的年份可以酿造带有浆果或浆果干风味的高质量葡萄酒，如 BA 和 TBA 级别的高级贵腐葡萄酒。莱茵高产区内最重要的两种葡萄为雷司令和黑皮诺，其中雷司令种植比例占 78.8%，高于德国境内其他任何一个产区；其次是黑皮诺，种植比例占 12.2%；然后是白葡萄品种米勒-图高，种植比例占 1.6%。莱茵高地区 80%的葡萄酒为干型的，酒体从中度到饱满，带有成熟的水蜜桃等水果香气。莱茵高最优秀的雷司令葡萄酒以其深邃和强劲的个性而远近驰名，世界上第一个酿造雷司令葡萄酒的约翰山酒庄（Schloss Johannisberg）就是在莱茵高。在莱茵高产区的一些村庄，也生产德国最好的黑皮诺红葡萄酒，其特点是口感如天鹅绒般柔滑，酒体介于适中至丰满之间，伴有黑莓的香气和味道。

摩泽尔（Mosel）产区的葡萄酒产量虽然位居德国 13 大产区中的第三位，但其国际知名度却领先于其他所有产区，是世界公认的德国最好的白葡萄酒产区之一。产区位于蜿蜒曲折的摩泽尔（Moselle）河的两岸，并包括其支流萨尔河（Saar）和乌沃河（Ruwer）所形成的河谷。几乎所有的葡萄园都位于河边陡峭朝南的斜坡上，坡度一般在 60°以上，最陡峭的斜坡有 65°，是全世界最陡峭的葡萄园之一。由于葡萄园比较陡峭，手工操作是这里唯一可行的办法，而且葡萄树必须独立引枝以适应如此陡峭的坡度。因此葡萄园间的作业非常困难，大大地增加了人工成本，是全世界人工成本最高的产区之一。摩泽尔产区位于峭壁上和河谷中的葡萄园有着十分理想的温度和降雨量，土壤主要为片岩石质土壤，具有非常好的排水性，且容易吸收太阳的热量，增加葡萄园的温度。摩泽尔属于大陆型气候，由于位置向北，气候相对凉爽，使得葡萄酒中的果酸十分充沛，但由于土壤中富含钾，从可和酒中的果酸加以综合。摩泽尔产区最主要的葡萄品种为雷司令，种植比例占 59.7%；其次为米勒-图高，种植比例占 14.7%；另外埃布令的种植比例占 4.6%。这里出产的葡萄酒颜色浅，香气馥郁，酒体轻盈，酸味清爽怡人，花朵的香气有时候比水果的香气还突出，酒精度在 7.5% ~ 8%之间，一般很少超过 10%。大多数的葡萄酒适合在年轻的时候饮用，但晚收酒和一些精选葡萄酒可以长期陈酿。在摩泽尔产区，雷司令是声誉最高、品质最高的品种，但由于它在寒冷地区较难成熟，所以并不是每个葡萄园都会种植，海拔、光照、山坡朝向都会影响到它的成熟及酒质。但是值得肯定的是，即使雷司令葡萄没有完全成熟，它也依然可以酿出精美、雅致的酒，这是其他品种的葡萄所做不到的。那些不适合种植雷司令的庄园一般会种植大量的米勒-图高或者肯纳，但是用这两种葡萄酿制出来的酒一般质量不高。

阿尔（Ahr）产区是德国的红葡萄酒王国，主要出产黑皮诺葡萄酒。中部莱茵（Mittelrhein）产区以出产白葡萄酒为主，最主要的品种是雷司令，其次是米勒-图高，这里的葡萄酒产自陡峭的山坡上，香气清新怡人，芬芳四溢。那赫（Nahe）产区是德国西南部的明珠，土壤类型十分丰富，出产具有新鲜水果及矿物质香气、酸度精致以及口味丰富的雷司令葡萄酒。莱茵黑森（Rheinhessen）是德国最大的葡萄酒产区，也是德国最具活力的葡萄酒产区之一，葡萄酒种类丰富，涵盖了普通的佐餐酒到最优质高级葡萄酒、静止葡萄酒到起泡葡萄酒，主要种植米勒-图高和西万尼，拥有世界上最大的西万尼葡萄园，所产葡萄酒精致馥郁，温和柔软，酒体适中。法尔兹（Pfalz）出产着丰富、雅致的雷司令和非常可口的丹菲特葡萄酒。巴登（Baden）以特别温和的气候著称，出产德国最精彩的红葡萄酒和颇具特色的桃红葡萄酒。弗兰肯（Franken）产区的葡萄酒以绿色大肚酒瓶为标志，最经典的葡萄酒是内敛而坚实的西万尼。符腾堡（Wurttemberg）是德国南部的红葡萄酒产区，其中最著名的是特罗灵格（Trollinger）葡萄酒。黑森林道（Hessisiche Bergstrasse）是德国 13 个产区中最小的一个，葡萄种植地为斜坡，风景优美，气候宜人，生产的葡萄酒馥郁芬芳，酸度较高，口感细腻。萨勒-温斯图特（Saale-Unstrut）是德国最北端的优质葡萄酒产区。主要品种是米勒-图高，多出产白葡萄酒，口感柔和，酒体适中。萨克森（Sachsen 或 Saxonia）是德国最温暖、阳光最充足的产区，主要品种是米勒-图高，此外还出产极具特色的金雷司令（Goldriesling）葡萄酒。

（三）西班牙（Spain）

西班牙是一个有着漫长的葡萄酒酿造与饮用历史的国家。早在古罗马时期，西班牙就开始了葡萄园的开垦与葡萄酒的酿造。西班牙位于伊比利亚（Ibérian Peninsula）半岛，拥有超过 290 万英亩的葡萄园，是全世界葡萄种植面积最大的国家，占世界葡萄种植整面积的 15.5%，葡萄酒产量和葡萄种植面积都处于世界最高水平。但在很长的时间里，西班牙葡萄酒产量很大，质量却不高，直至上世纪八十年代初，鲜有西班牙葡萄酒能跻身世界级水平。自西班牙 1986 年加入欧盟后，葡萄酒业发生了翻天覆地的变化，越来越注重质量的改进，西班牙现代葡萄酒产业迅速崛起和发扬光大，并推出多个世界一流水准的红酒品牌，成就了今天西班牙葡萄酒的繁华。除了享誉全球的西班牙加强型葡萄酒雪莉酒（Sherry）、卡瓦起泡酒（Cavas）、里奥哈（Rioja）葡萄酒之外，如今西班牙还引进了越来越多的国际葡萄品种，涌现出更多的新兴产区。

西班牙国土相对辽阔，土壤和气候组合众多。西班牙的土壤多为含石灰岩的砾石土壤和沙质土壤，气候形态是地中海气候和内陆干旱或半干旱气候并存、以地中海气候为主的气候。西北部的海洋性气候，温暖潮湿；东南部的地中海气候，四季炎热干燥；中部高原则为干燥的大陆性气候。这里由于夏季白天干燥炎热而晚上温度低，昼夜温差非常大，冬季温和多雨，所以西班牙的葡萄成熟度好，着色深。但过于干燥的气候容易导致水分不足，因而西班牙的葡萄植株种植间距很大，亩产量很低，葡萄酒农不愿意减产保质，加上过多的老植株，使得生产的葡萄品质难以提升以至影响整体表现。最近欧盟法律中对西班牙加入了“允许灌溉”，这将进一步改善西班牙葡萄酒的产量和品质。

1. 西班牙葡萄酒分级制度

随着西班牙葡萄酒业的发展，西班牙人逐渐意识到对本国葡萄酒进行法律保护的重要性，借鉴于法国的产区分级制度，1926 年里奥哈产区首先制定了第一个酿酒规范，随后在 1932 年，西班牙创立了原产地命名制度（Denominación de Origen，DO），并于 1970 年进行修订颁布实施。1986 年西班牙加入欧盟后为了与欧洲标准同步，又对葡萄酒分级制度进行了重新调整，于 2003 年颁布了新的葡萄酒分级制度法规，对不同级别葡萄酒的质量标准给出了具体描述，这些标准涉及产品质量的控制以及对葡萄酒生产工艺的要求，西班牙葡萄酒原产地保护系统中的各级别的定义也由此产生。此外，法规也根据葡萄酒陈酿年限的规定，建立了以陈酿时间为标准的分级系统。2003 年的西班牙葡萄酒法规将葡萄酒分为两大类：法定产区葡萄酒（Vinos de Calidad Producidos en Regiones Determinadas 简称 VCPRD）和餐酒（Vinos de Mesa 简称 VDM）。由西班牙国家产区管制单位 INDO 负责监管，在各产区则由当地的管理委员会负责管理。

（1）法定产区葡萄酒（Vino de Calidad Producidos en Región Determinada 简称 VCPRD）：这一级别代表了西班牙葡萄酒生产的较高要求，其中又分为以下几个等级：

① 地区标识葡萄酒（Vino de Calidad con Indicación Geográfica，简称 VCIG）：这一级别的葡萄酒必须采用种植于指定产区内的葡萄酿造，并且其质量必须反映出该产区的地理气候特点以及人为因素，其中包括葡萄的种植、葡萄酒的酿造以及陈酿过程。在酒标上标有“Vino de calidad de + 产区名”。

② 法定产区葡萄酒（Vino con Denominación de Origen，简称 DO）：这一级别的葡萄酒囊括了生产于特定产区的高质量葡萄酒。除卡瓦起泡酒（Cava）外，必须是在独立的法定产区内生产，并且其酿造过程必须遵循各产区特定的工艺标准。这些工艺标准由各产区的原产地保护委员会制定，其具体内容包括允许使用的葡萄品种、单位面积产量、酿造方法以及陈酿时间。除质量必须满足要求外，还要求在过去的 5 年时间里都必须达到地区标识葡萄酒（VCIG）的级别入被允许升入 DO 级。目前西班牙大约有四分之三的葡萄园属于这个等级。

③ 特级法定产区葡萄酒（Vino con Denominación de Origen Calificada，简称 DOC 或 DOCa）：只有在很长一段时间都能保持较高质量水准的葡萄酒才能归属于这个级别，升入这个级别的要求包括：在过去的 10 年内都属于产区酒级别（DO），所有产品都必须以瓶装酒的

形式出售并且灌装必须是在原酒庄完成，其质量为相关机构所监控。1991 年 4 月里奥哈产区成为了第一个升入此级别的产区，目前这个级别仅有两个产区入选，分别是里奥哈（Rioja）、普里奥拉（Priorat）。

④ 特优级法定产区葡萄酒（Vino de Pago，简称 VP）：这是西班牙 2003 葡萄酒法规中最新增加的一个特殊级别，是分级系统中的最高级别。特指单一葡萄园才有资格申请，而且它的气候和土壤必须极具特色。特优级产区葡萄酒的生产和销售所遵循的质量管理系统和特级法定产区葡萄酒（DOCa）一致，并且必须在原酒庄完成灌装。

（2）餐酒（Vino de Mesa，简称 VDM）：这个类别代表了西班牙葡萄酒的较低级别，主要分为两个级别：

① 普通餐酒（Vino de Mesa，简称 VdM）：这一等级是分级制度中最低的一级，约等同于法国的 VDT。所有不隶属其他等级的葡萄园出产的酒，或品质不符规定而被降级的葡萄酒，都只能用 Vino de Mesa 的名称出售，常由许多来自不同产区的葡萄酒混合而成。

② 地区餐酒（Vino de la Tierra，简称 VdIT）：这一级别约等同于法国的 VDP，葡萄酒生产于指定产区，并且允许标明产地。其生产过程所遵循的质量标准的严格程度低于法定产区酒。这一级别的葡萄酒的酒标上除标有产地外，还需要标明酒精度以及口感特点。

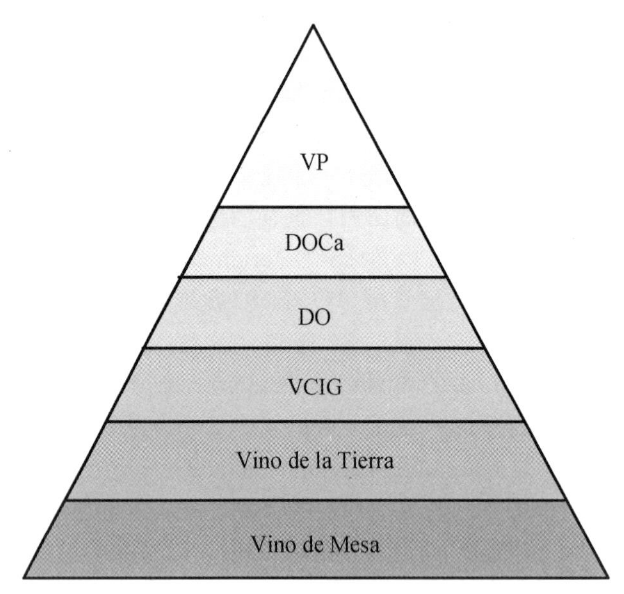

图 7.21　西班牙葡萄酒分级制度

传统的西班牙葡萄酒酿造都必须在橡木桶中进行长时间的熟成，主要使用美国橡木桶，葡萄酒颜色较浅，常呈现石榴红，新鲜水果的香气在成熟过程中渐渐转化成了醇香，带有明显老酒的风味。由于西班牙传统的酿造方式浸皮的时间比较长，在橡木桶中熟成的时间也比较长，因此不同于其他国家，西班牙的葡萄与葡萄酒法规中依据葡萄酒在橡木桶中的熟成时间有着其独特的分级制度，制定了依据陈酿时间划分的葡萄酒等级，并规定每一瓶法定产区（DO）以上级别的葡萄酒都必须注明其陈年时间。以陈酿时间为标准划分的葡萄酒等级有两个系统，一个系统是针对全国葡萄酒包括地区餐酒和法定产区葡萄酒共同的陈酿分级，另一个系统是只针对法定产区葡萄酒的陈酿分级。

地区餐酒和法定产区酒共同的陈酿分级分为三级：① Vino noble，这一级别的葡萄酒必须经过至少 18 个月的陈酿，陈酿可以在容量不超过 600 L 的橡木桶或瓶中进行。② Vino añejo，这一级别的葡萄酒必须经过至少 24 个月的陈酿，陈酿可以在容量不超过 600 L 的橡木桶或瓶中进行。③ Vino viejo，这一级别的葡萄酒必须经过 36 个月的陈酿，并且拥有氧化特性，这些氧化特性产生于光、氧、热量的共同作用。

只属于法定产区葡萄酒的陈酿分级共分为四级：① Jóven（新酿），表示该酒“获得许可”未经过陈酿就可上市，指采收后的隔年就上市的年轻葡萄酒，在装瓶之前没经过橡木桶熟成或极短时间的接触过橡木桶。② Crianza（佳酿），这一级别的红葡萄酒的陈酿时间至少为 24 个月，其中至少 6 个月在橡木桶中进行；白葡萄酒和桃红葡萄酒的陈酿时间至少为 18 个月，对橡木桶陈酿没有要求。③ Reserva（陈酿），这一级别的红葡萄酒的陈酿时间至少为 36 个月，其中至少 12 个月在橡木桶中进行；白葡萄酒和桃红葡萄酒的陈酿时间至少为 18 个月，其中至少 6 个月在橡木桶中进行。④ Gran reserva（特级陈酿），这一级别的红葡萄酒的陈酿时间至少为 60 个月，其中至少 18 个月在橡木桶中进行；白葡萄酒和桃红葡萄酒的陈酿时间至少为 48 个月，其中至少 6 个月在橡木桶中进行。特级陈酿只有在特别好的年份才会生产，对葡萄酒的质量要求更高。

近年来，受国际葡萄酒行业的流行趋势影响，现代酿酒方法为部分西班牙酿酒师采用，他们更偏好种植国际流行葡萄品种，采用更加细腻的法国橡木桶，更短的熟成时间，酿造出更具浓郁的新鲜水果香气和口感的葡萄酒。

2. 主要葡萄品种

西班牙是全世界葡萄种植面积最大的国家，葡萄品种十分多样，西班牙葡萄酒大多为不同葡萄品种的混酿酒，在各级别的西班牙葡萄酒中使用的葡萄品种最多有 600 种以上，而且多数西班牙葡萄酒都是采用本地葡萄品种酿造，是使用本地葡萄品种最多的国家之一。西班牙主要以红葡萄酒为主，也有相当出色的白葡萄酒和起泡酒，当然还有著名的雪莉酒。西班牙红葡萄品种主要是添帕尼罗（Tempranillo）、歌海娜（Garnacha）和莫纳斯特雷尔（Monastrell）等，白葡萄品种以维奥娜（Viura）、阿尔巴利诺（Albarino）和玛尔维萨（Malvasia）为主。近年来，西班牙酿酒商们也加强了对美乐、赤霞珠和霞多丽等国际葡萄品种的使用。

添帕尼罗（Tempranillo），又称丹魄、坦普拉尼罗，是西班牙的标志性红葡萄品种，名字来源于西班牙语中的 Temprano，意思是“早”，因为这个品种的特点就是早熟，最适合种植在石灰石、白垩土土壤以及凉爽的气候下生长。添帕尼罗在西班牙的地位就像赤霞珠在波尔多的地位一样，用于酿造最优秀的西班牙葡萄酒，被誉为“西班牙的赤霞珠（Cabernet Sauvignon）”，其葡萄酒颜色呈深宝石红，既带有樱桃和黑加仑的气息，又伴有香料和巧克力的风味。添帕尼罗酿出的葡萄酒非常多样化，既可能被酿成果香甜美、口感柔和的葡萄酒，也可在大木桶中熟成数年，酿出含有香草和皮革味道、口感紧实的葡萄酒。添帕尼罗是西班牙北部里奥哈、普里奥拉和斗罗河产区的重要品种，在当地常常用于和歌海娜进行调配。

歌海娜（Garnacha）在法国被称作“Grenache”，原产于西班牙，是西班牙种植最广泛的红葡萄品种，需要在炎热和干旱的条件下才能完成成熟。歌海娜果皮薄酿出的葡萄酒颜色浅，因此非也常适合酿造桃红葡萄酒。歌海娜红葡萄酒强劲且果香浓郁，常带有红色水果香气如草莓、覆盆子以及少许的白胡椒和草药香气，陈年后会出现皮革、焦油和太妃糖的香气，重酒体，高酒精度，单宁却较低。在纳瓦拉、里奥哈和普里奥拉产区都扮演着重要的角色。

西班牙的白葡萄品种最有名的是维奥娜（Viura），是马卡贝奥（Macabeo）在西班牙的别称，可以给葡萄酒增添花果香和酸度。维奥娜和西班牙本地其他白葡萄品种帕雷亚达（Parellada）和沙雷洛（Xarel-Lo）一起酿造著名的“西班牙香槟”——卡瓦起泡酒（Cava），维奥娜给卡瓦添加了花香，帕雷亚达给卡瓦添加了柠檬的风味，沙雷洛则给卡瓦带来了新鲜的水果风味和适宜的酸度。在里奥哈产区维奥娜通常与玛尔维萨（Malvasia）进行调配，酿造出里奥哈最好的传统型白葡萄酒。另外，西班牙西北部海边地区的阿尔巴利诺产区，用维奥娜酿造出的白葡萄酒带有甜美桃子芳香，堪称西班牙最优雅的白葡萄酒。

3. 主要葡萄酒产区

西班牙是旧世界重要的葡萄酒产区，各地几乎都有葡萄酒的生产，葡萄园分布在 16 个自治区内，每个自治区又包含有若干个葡萄酒产区，每个产区出产的葡萄酒都各不相同。著名产区有里奥哈（Rioja）、纳瓦拉（Navarra）、普里奥拉（Priorat）和斗罗河（Ribera del Duero）等。

里奥哈（Rioja）位于西班牙北部的中部地区、埃布罗河旁，三面环山，气候凉爽，土壤以石灰石和粘土为主，是西班牙最著名的葡萄酒产区，也是西班牙第一个特级法定产区 DOCa，历史上一直出产全西班牙最好的葡萄酒。根据土壤和气候的不同，里奥哈又分为三个子产区：位于西部的上里奥哈（Rioja Alta），葡萄园的海拔为 500 ~ 800 m，海拔较高，土壤比较贫瘠，所产葡萄酒的酒体比较饱满，酸度也较高，出产高品质且平衡度佳的葡萄酒。位于北部的里奥哈阿拉维萨（Rioja Alavesa），葡萄园位于坎塔布连山脉的山脚下，很大程度挡住了来自大西洋的雨水，海拔 800 m，这里贫瘠的土壤、较高的海拔可以帮助保持较低的产量，出产酒体饱满、酸度较高的葡萄酒，这个子产区的葡萄酒是里奥哈葡萄酒中酒体最轻的，也是最具活力的。位于东南部的下里奥哈（Rioja Baja），这里具有更明显的大陆性气候，干燥而温暖，出产成熟而有力量的葡萄酒，干旱是葡萄种植者面临的主要问题。

里奥哈以红葡萄酒为主，这里出产的葡萄酒 75%为红葡萄酒，主要的葡萄品种为添帕尼罗，会使用歌海娜做一些调配，高品质红葡萄酒香气复杂，口感富有层次，中高的单宁，可以陈年。里奥哈也生产少量的白葡萄酒和桃红葡萄酒，白葡萄酒选用维奥娜和玛尔维萨进行调配酿造，在下里奥哈也可用歌海娜来生产桃红葡萄酒。传统的里奥哈葡萄酒常常用三个子产区的葡萄酒一起调配，然后置于橡木桶中经过很长时间的陈酿，通常比法定的陈酿时间要长很多。陈酿多使用旧橡木桶，不会带来橡木香气，主要起到微氧化的作用。陈酿后的葡萄酒口感顺滑，但由于长时间的微氧化，果香不是很丰富。近年来，新风格的里奥哈葡萄酒开始出现，葡萄酒的浸渍时间开始延长，使用更多比例的法国新橡木桶，酿制的葡萄酒比以前颜色更深，单宁更丰富，果香更新鲜浓郁，具有更明显和丰富的橡木香气。

纳瓦拉（Navarra）位于西班牙北部，紧邻里奥哈产区，1933 年被评为西班牙法定产区 DO。纳瓦拉的葡萄园大多分布在比利牛斯山脉山脚下的低度斜坡上，表层土壤肥沃且含有泥炭，底层分布着石块和白垩岩层。纳瓦拉曾经最出名的葡萄酒是采用歌海娜酿造的桃红葡萄酒，轻型简单的风格很容易让大众接受，现在逐渐转变开始生产越来越多品质不错的红葡萄酒和新鲜型的白葡萄酒。随着红葡萄酒产量的增加，添帕尼罗现在成为了种植最广泛的品种，红葡萄酒中的 70%是由添帕尼罗酿造的。此外，纳瓦拉产区也逐渐开始种植赤霞珠、美乐等国际葡萄品种。纳瓦拉的白葡萄酒产量占到整体葡萄酒产量的 5%，主要采用的葡萄品种为维奥娜以及国际流行的霞多丽和长相思，大多使用现代酿酒工艺酿造，提升了葡萄酒的果香和新鲜感，白葡萄酒的质量和风格正在逐步提升。

普里奥拉（Priorat）位于西班牙的东北部，是西班牙的新锐产区，2000年被评为特级法定产区 DOCa。普里奥拉是世界上地形最崎岖、土壤最贫瘠的葡萄酒产区之一，葡萄园大多位于远离海岸的深山里，分布在山脉中陡峭的梯田之上。这里拥有一种特殊的土壤“llicorella”，为红色的石炭质板岩土，其中含有细小的云母颗粒，可以反射太阳光增加葡萄园的光照和土壤的温度，促进葡萄更好的成熟。土壤非常贫瘠，但是由于有足够的厚度，可以支持生长季葡萄树所需要的水分。夏季雨水很少，灌溉主要来河水，因此产量极低。最好的葡萄园是在海拔 500 - 700 m 的山坡上，夜晚冷凉，白天有很强烈的光照。由于炎热和干燥，普里奥拉托最好的葡萄园都面北，这样可以使葡萄免受从6月下旬到9月份傍晚热气的烘烤。普里奥拉主要的葡萄品种是添帕尼罗、歌海娜和佳丽酿，有许多老葡萄树，虽然产量很低，但可以出产高度浓缩的葡萄果实，大部分葡萄酒都会经过长时间的橡木桶熟成。严酷的生长环境让这里的葡萄酒具有浓郁深厚、高单宁、高酒精、结构雄厚的特性。现代酿造方法则调配了更多的赤霞珠和西哈，使用法国新橡木桶进行陈酿，酒精度被降低、果香更新鲜，香气更为复杂，不仅表现出浓郁的莓果香气和强劲的单宁，同时赋予了葡萄酒极佳的窖藏潜力。普里奥拉也出产白葡萄酒和桃红葡萄酒，但产量极小。

斗罗河（Ribera del Duero）位于西班牙中北部地区，1982年被评为西班牙法定产区 DO，其 DO 级别的葡萄酒只包括红葡萄酒和桃红葡萄酒。斗罗河产区面积不大，但却是西班牙条件最为得天独厚的葡萄酒原产地之一。由于受到山脉的环形包围，斗罗河的葡萄园几乎不受任何海洋气流的影响，为典型的大陆性气候，夏季短暂而炎热，冬季非常寒冷。葡萄园大多位于梅塞塔高原海拔 850 m 区域，昼夜温差很大，最高可达到 20 °C，这非常有利于葡萄糖分和风味物质的积累。这里的土壤较松散，并不十分肥沃，石灰质成分比例非常高，地势最高的山坡，土壤中还含有少量的石膏等有益成份，此外斗罗河还为此处葡萄的生长提供了水源。斗罗河以高品质的红葡萄酒最负盛名，添帕尼罗是斗罗河最主要的红葡萄品种，由于有充足的光照和很大的昼夜温差，这里的添帕尼罗成熟度非常好，果实积累了丰富的色素和果香，同时也保留了很高的酸度，比里奥哈的果皮更厚、酸度更高、颜色更深、具有更强劲的单宁以及更多的黑色水果的香气。这里最好的葡萄酒能够和法国的新橡木桶完美结合，品质可以和波尔多的列级名庄所产葡萄酒相媲美。历史悠久的贝加西西里亚（Vega Sicilia）葡萄酒就来自斗罗河产区。歌海娜在斗罗河主要用来生产干型桃红葡萄酒，另外这里也种植赤霞珠、美乐等国际型葡萄品种。

其他重要的产区，如加泰罗尼亚（Catalonia），这里常常被认为是另类的西班牙葡萄酒产区，因为这里受到法国葡萄酒风格的影响比较大，其著名起泡酒卡瓦（Cava）就是采用香槟产区的传统方法进行酿造，西班牙 95%的卡瓦产自加泰罗尼亚。西班牙最大的酒厂桃乐丝就坐落于这里的佩纳迪斯（Penedes）子产区，在桃乐丝孜孜不倦的带领下，这里的葡萄酒行业发展迅速，越来越多的潜力被开发出来。其他产区如鲁埃达（Rueda）、托罗（Toro）也越为越受到国际的关注。

西班牙白葡萄酒产量不大，最受欢迎的是来自下海湾（Rias Baixas）的阿尔巴利诺葡萄酒，带有独特的桃子风味，酸度高，酒体轻，有时酒中还会含有少量的二氧化碳，以增加清爽的口感。

4. 雪利酒（Sherry）和卡瓦（Cava）

西班牙葡萄酒种类丰富，最有名且最特殊的要数雪利酒（Sherry）和起泡酒卡瓦（Cava），这两种酒现已成为西班牙葡萄酒最重要的两张名片。

雪利酒是一种著名的加强型葡萄酒，素有“西班牙国酒”的美誉，源于西班牙南部海岸的赫雷斯（Jerez），是西班牙最炎热的地区，地中海气候，白垩土土壤。法定用来酿造雪利酒的葡萄品种只有三个，而且都是白葡萄品种，分别是帕洛米诺（Palomino）、帕德罗-西门内（Pedro Ximenez，PX 葡萄）、亚历山大麝香（Muscat of Alexandria）。其中，帕洛米诺葡萄在赫雷斯的种植比例高达 95%，是酿造雪莉酒最主要的葡萄品种，PX 和亚历山大麝香主要用来酿造甜型雪利酒。雪利酒分为“开花”和“不开花”两种。所谓“花”，就是指在发酵过程中福洛酵母在葡萄酒表面形成的一层“薄膜”。开花的葡萄酒其酒精度会被加强到 15%，称为“菲诺（Fino）”，未开花或开花很少的葡萄酒其酒精度会被加强到 18%，称为“欧罗索（Oloroso）”。雪利酒的橡木陈酿系统非常特别，也受到法律严格的管制，称为“索乐拉系统（Solera）”，即把陈酿橡木桶一层一层叠起来，每次装瓶销售的雪莉酒只能从最下面一层的橡木桶中抽取，然后依次将上一层橡木桶中的雪利酒添加到下一层的橡木桶中，最上面的一层可以添加新酒。这种取酒方法保证了每一批装瓶雪莉酒风格及质量的一致性。法律规定，每年从一个索莱拉系统抽取的雪利酒量不能超过 1/3，所有的雪利酒必须陈酿至少 3 年以上。混合了多年份酒液的雪利酒变得更多样复杂，从琥珀色到黑檀木色，从特干到浓甜，不同类型各有千秋。

著名的起泡酒卡瓦 Cava 与法国香槟酒非常相似，采用与香槟一样的传统发酵法进行酿造，但卡瓦主要是采用西班牙本地葡萄品种维奥娜（Viuva）、帕雷亚达（Parellada）和沙雷洛（Xarel-Lo）酿造。近些年来，酿酒师们有时也会采用霞多丽和黑皮诺，前者增加了卡瓦的酸度，后者带给酒体很好的结构。卡瓦可分为白卡瓦和桃红卡瓦，桃红卡瓦的基酒主要由歌海娜酿造。酿制卡瓦的葡萄必须经过严格挑选，而且为避免葡萄沾染秋天的热气，通常都是在清晨采摘，而且榨汁过程十分小心，这样才能在理想的成熟度获取最佳葡萄汁，酿制出的卡瓦起泡酒酒体轻淡，结构细腻。卡瓦起泡酒多数是干型，中高酸度，通常带有青苹果、柠檬、坚果、烟熏的风味，气泡细腻持久。西班牙的 DO 明文规定了卡瓦的酿造方式必须是传统的香槟酿造法，并且还规定酿造卡瓦的葡萄只能来自加泰罗尼亚（Catalonia）、阿拉贡（Aragon）、纳瓦拉（Navarra）、里奥哈（Rioja）、巴斯克（Basgue Country）和瓦伦西亚（Valencia）六个产区。

六、新世界产区

（一）美国（USA）

美国是葡萄酒新世界的重要代表，是世界第四大葡萄酒生产国，仅次于法国、意大利和西班牙，年产约 18.5 亿升葡萄酒，同时美国也是世界第一大葡萄酒消费国。美国葡萄酒产量的 95%都产自加利福尼亚州、俄勒冈州、华盛顿州和纽约州，其中以加州的产量最大，占到 89%。由于各地地理位置、地质条件和气候条件的不同，美国葡萄酒各个州生产的葡萄酒风格差异也较大。

美国葡萄酒的历史是由第一批来到北美的欧洲殖民者开创的。这些殖民者在北美地区发现了许多葡萄树，并将这些地区称作“Vinland”，但他们发现用这些本地原产葡萄酿制的葡萄酒既不纯正又不美味，于是尝试在西海岸种植欧洲的葡萄品种，但又由于根瘤蚜虫的侵蚀而失败。19世纪后期加州率先找到利用嫁接的技术，将欧洲葡萄品种嫁接到美洲葡萄植株上，利用美洲葡萄的免疫力来抵抗根瘤蚜病虫害的方法，为未来葡萄酒业的繁荣发展铺平了道路，同时也促使加州的葡萄园得以迅速地扩张。美国在1919～1933年实施禁酒令，葡萄酒的真正发展是在20世纪30年代禁酒令废除后，加州葡萄酒迅速发展，为美国葡萄酒业带来勃勃生机。为发展美国的葡萄酒业，一些美国人遍游欧洲，向当地酿酒师学习酿酒技术，并积极寻觅和引进适宜在美国生长的优良酿酒葡萄品种，这也是美国酿酒葡萄如此繁多的一个重要原因。今日的美国已经跻身于最重要的葡萄酒生产国之列，作为新世界葡萄酒的强国，美国因其创新精神创造出自身独特的葡萄酒文化，美国葡萄酒企业在品牌、市场以及消费者口味研究方面拥有旧世界不可比拟的长处，美国葡萄酒非常多样化，从日常饮用的餐酒，到足以和欧洲各国媲美的高级葡萄酒都有。这里的红葡萄酒的甜度更高，白葡萄酒的橡木香和奶香更浓郁，各种葡萄酒的果香都很突出，现代风格明显，几乎能在瞬间捕获消费者的味蕾。

1. 美国AVA葡萄酒产地制度

美国的葡萄酒法律有两个级别：联邦法和州法。美国早期的产区体系是按照行政州、郡的地界划分的，而相应的联邦法规则是由烟酒武器专管局TTB管理实施。美国在借鉴法国原产地概念的基础上，根据本国葡萄酒发展的实际情况，制定了符合自身需求的美国葡萄酒产地制度AVA（American Viticultural Areas），于1983年起由美国酒类、烟草和武器管理局开始实施。为方便标识葡萄酒，之前所有的州郡产区在新制度下均得以保留。

美国AVA葡萄酒产地制度是依据不同气候和地理条件来划分葡萄酒产区的地理位置和范围，对具体的葡萄品种、种植方法、酿造方法等没有限制，相对具有一定的灵活性。AVA产区的范围可大可小，可能是州、郡、山谷、或是镇，甚至可能是划定的某块葡萄园区域，一个AVA产区也可能包含有多个州。AVA产区应遵循以下规范：① 至少95%的葡萄原料是酒标上标注年份采收的；② 至少85%的葡萄原料来自于该AVA产区；③ 品种葡萄酒中所标注的品种葡萄的含量至少为75%；④ 若酒标上标注“酒庄装瓶（Estate Bottling）”，则酿酒葡萄原料必须100%由该酒庄种植、采摘和酿造，而且葡萄酒必须由该酒庄独立装瓶。AVA产区的要求在不同的州之间有所不同，比如对于单品种葡萄酒，俄勒冈州要求该葡萄品种的含量至少达到90%，华盛顿州和加州则要求该葡萄品种的含量至少达到85%。

2. 主要葡萄品种

所有国际流行的葡萄品种在美国都有种植，红葡萄品种超过40多种，以赤霞珠（Cabernet Sauvignon）、美乐（Merlot）、西拉（Syrah）、黑皮诺（Pinot Noir）以及金粉黛（Zinfandel）为典型代表；白葡萄品种有20多种，以霞多丽（Chardonnay）、威欧尼（Viognier）、长相思（Sauvignon Blanc）为代表。

金粉黛（Zinfandel，又叫仙粉黛）是美国标志性的红葡萄品种，在加州的地位举足轻重。虽然很多时候金粉黛都被用来酿造略带甜味的桃红葡萄酒，但是表现最佳的还应该是干红葡萄酒。金粉黛干红葡萄酒大都酒体丰满，酒精含量高，带有黑色水果、果脯和甜香料风味，果味浓郁，酸度高，十分强劲。值得一提的是加州的老藤金粉黛葡萄酒，风味浓郁，层次复杂，所采用的葡萄都采摘自树龄高达 100 年的葡萄树。

最出名的赤霞珠产自加州纳帕谷，有着浓郁的芳香和强劲有力的结构，陈年能力极佳。柔和多汁的美乐在美国也非常流行，其甜美风格适合美国大众的口味，用其酿制的葡萄酒至今仍是加州销量最高的以品种命名的葡萄酒。加州的霞多丽葡萄酒通常经过苹果乳酸发酵，并放在橡木桶中熟成，酒体丰满，酒精度高，丰盈肥美，带有热带水果的甜香以及明显的橡木、榛子和黄油的味道。美国的黑皮诺通常较为强劲、水果味浓。长相思在美国也叫做“Fume Blanc”，大多通过橡木桶熟成，带有花香和辛辣的香料味道，酒体新鲜并且带有充满活力的较高酸度。

3. 主要葡萄酒产区

美国全国 50 个州都有种植葡萄,但最主要的葡萄酒产区主要分布在靠近太平洋海岸的三个大产区，由北至南分别为华盛顿州（Washington）、俄勒冈州（Oregon）和加利福尼亚州（California），这三个产区出产的葡萄酒产量占美国葡萄酒生产量的 95%以上。

加利福尼亚州（California）是美国酒质最优、面积最大的葡萄酒产区，加州的葡萄酒产量占到整个美国葡萄酒产量的 89%，美国国内葡萄酒消费的 60%都是来自加州。加州西邻太平洋，有着 1370 公里的海岸线，跨越 10 个纬度，这里有海洋、山脉、山谷、平原、高原，具有非常复杂多样的气候和风土条件。加州目前有超过 1，730 平方公里的葡萄种植面积，葡萄园主要分布在门多西诺县（Mendocino County）和里弗赛德县（Riverside County）南端之间 700 英里内的区域内。夏季，太平洋的水汽会在海洋沿岸地区形成寒冷的晨雾，在没有高山或其他因素阻挡的地区，晨雾可以延伸到离海岸 160 公里的内陆，对所影响的地区的气温有一定程度的调节。加州种植的葡萄有 100 多种，多来源于法国、意大利和西班牙，最主要的葡萄品种有 7 个：赤霞珠、美乐、黑比诺、西拉、金粉黛、霞多丽和长相思。通常，在靠近海岸线的冷凉地区，更适合种植黑比诺和霞多丽葡萄。往内陆的地区，气温更加温暖，酿造的葡萄酒果味丰富，矿物质风味没那么明显，一些地区可以出产加州最富盛名的顶级赤霞珠干红葡萄酒。金粉黛在加州表现的非常优秀和经典，成为了加州产区的标志性葡萄品种。加州葡萄酒多为结构简单、果味浓郁的新世界风格葡萄酒，温暖的天气赋予了加州葡萄酒较高的酒精度，许多葡萄酒的酒精度都超过了 13.5%。加州产区的气候和土壤非常复杂多样，依据纬度、海拔、山脉、土壤及太平洋冷流影响程度的不同划分为 5 个产区 107 个 AVA 产区。加州大区由 5 个产区组成，分别是：北海岸（North Coast）、中央海岸（Central Coast）、南海岸（South Coast）、中央山谷（Central Valley）和雅拉丘陵产区（Sierra Foothills）。美国很多著名的优质葡萄酒产区都集中在加州，如索诺玛县（Sonoma County）、纳帕谷（Napa Valley）、中央山谷（Central Valley）和蒙特利县（Monterey County）等。这些优质的葡萄酒产区是整个加州，乃至整个美国葡萄酒品质的代表。

纳帕谷（Napa Valley）是加州最著名的产区，有着加州最贵的葡萄园与最有声望的酒庄。纳帕谷为丘陵地形，南北走向，东侧瓦卡斯山、西侧梅亚卡玛斯山脉、中间纳帕河流过，两侧的山脉挡住了从太平洋和内陆湖吹来的水汽，使得山谷非常干旱，非常低的降雨量多集中在冬季，生长季节必须进行灌溉才能保证葡萄的正常生长。土壤多为火山土，相对肥沃，但是排水性能非常好。晨雾常常聚集在两个山脉之间，降低了纳帕谷的气温，这里光照充足，昼夜温差较大，为葡萄的生长创造了近乎完美的气候条件。今日的加州葡萄酒可以得到如此多的关注和赞赏，首要归功于纳帕谷出产的赤霞珠红酒。赤霞珠在这里成熟度好，色泽深不见底，具有黑樱桃等优雅的水果香气，中到高的酒精度，单宁丰富且柔软，具有浓郁的芳香和强劲有力的结构，某些顶级赤霞珠葡萄酒可陈年达 50 年之久，纳帕谷的赤霞珠已经成为世界顶级酒的经典之一。美乐因广受欢迎于 90 年代在加州得到了广泛的种植，主要用来酿造波尔多风格的混合葡萄酒。在纳帕山谷南部的卡内罗斯山谷（Carneros Valley），由于南部海湾吹过来的晨雾，比北端更凉爽，出产特别优雅的黑比诺和霞多丽葡萄酒。独特的地理和气候，赋予了纳帕谷葡萄更加香甜美妙的口感和丰富的风味，因而这里也汇集了众多知名酒庄，包括贝灵哲酒庄（Beringer Vineyards）、鹿跃酒窖（Stag's Leap Wine Cellars）、蒙大维酒庄（Robert Mondavi Winery）和啸鹰酒庄（Screaming Eagle）等。

纳帕谷西面的索诺玛县（Sonoma County）处在索诺玛山脉和梅亚卡玛斯山脉之间，在这里的晨雾比较浓密，持续时间比较长，再加上从海洋吹来的冷风，使得索诺玛山谷气温十分冷凉，但阳光却非常充沛。索诺玛县主要由 13 个 AVA 法定葡萄种植区组成，每个产区都有自己独特的土壤和气候条件，适合某一葡萄品种的生长。在这里，你可以品尝到由多个品种酿造、展现多样风格的葡萄酒，既有模仿波尔多的雄浑赤霞珠葡萄酒，又有比夏布利更香醇的霞多丽葡萄酒，还有最地道的金粉黛葡萄酒。索诺玛县有声望的葡萄酒产区包括以出产最高品质的黑比诺和霞多丽葡萄酒闻名的俄罗斯河谷（Russian River Valley），以及以非常高质量的老树龄金粉黛闻名的干溪谷（Dry Creek Valley）。索诺玛县种植的葡萄品种还有赤霞珠、美乐、西拉、长相思、维欧尼等。索诺玛县产区最著名的酒庄是金舞酒庄（Kenwood Vineyards），它是该产区的领袖酒庄，始建于 1970 年，面积约为 22 公顷。金舞酒庄一直致力于生产优质、能反映索诺玛县最好个性和风格的葡萄酒，经典葡萄品种有长相思、灰皮诺、霞多丽、黑皮诺、美乐、金粉黛、西拉和赤霞珠等，其中以金粉黛、赤霞珠和黑皮诺尤为优秀。

中央山谷（Central Valley）位于加州内陆地区，是加州最大的一个子产区，沿太平洋海岸方向绵延约 650 公里，西侧是太平洋海岸地区，东侧是雅拉内华达山脉，气候干燥炎热，夜晚凉爽，葡萄产量很高，其葡萄酒产量占整个加州葡萄酒产量的 80%，主要生产量大、品质普通但价格便宜的葡萄酒。表现比较好的葡萄品种有白诗南、鸽笼白、巴贝拉和霞多丽。蒙特利县（Monterey County）位于加州中部海岸，有着崎岖的海岸线，产区葡萄园面积达 40，000 英亩。从蒙特利湾吹来的凉爽空气使该地区的东北部气候非常凉爽，特别适合霞多丽和黑皮诺葡萄的生长。距山谷更远的地区，随着风力的减弱，温度也更高一些，适合种植的葡萄品种更为广泛，包括赤霞珠、金粉黛和美乐等。蒙特利县产区的气候和葡萄酒风格很大程度上受到地形地质的影响，风格有很大的差异，该产区的葡萄主要种植在沿海地区的莎丽娜谷（Salinas Valley），那里的莎丽娜河给葡萄藤灌溉提供了良好的水源，葡萄酒口感爽脆清新，酒体轻盈。而距莎丽娜谷较远地区的葡萄酒口感则丰富和强劲，酒体也更丰满。

俄勒冈州（Oregon）的葡萄园主要位于海岸山脉和瀑布山之间，土壤主要是花岗岩，带有少量的火山岩和黏土，西邻太平洋的地理优势以及不同的海拔高度为产区创造了一系列不同的微气候。总体来说，该产区气候较为凉爽，夏季温和漫长，秋季较为潮湿，而靠近加州的南方地区气候略显干燥。因为气候凉爽，俄勒冈州非常适合黑皮诺的种植，公认为是勃艮第外最佳的黑皮诺产区之一。黑皮诺是俄勒冈州最主要的葡萄品种，种植面积超过 50%，生产的黑皮诺葡萄酒单宁丝滑、风格优雅、风味复杂。俄勒冈州最著名的产区是威拉麦狄

（Willamette Valley AVA），这里出产的顶级黑皮诺被认为可以和勃艮第的一流好酒相抗衡。除黑皮诺外，俄勒冈州的红葡萄品种还包括美乐、赤霞珠、西拉和金粉黛等，灰皮诺则是俄勒冈州最主要的白葡萄品种，产区内的霞多丽和雷司令也有出色的表现。

华盛顿州（Washington）临近太平洋，位于马里兰州和弗吉尼亚州之间的波托马克河与阿纳卡斯蒂亚河的交汇处，尽管其葡萄酒产业相对较年轻，但目前已经成为美国第二大葡萄酒产区。华盛顿州属副热带湿润气候，气候温和，四季分明，葡萄生长期的每天平均日照时间达 17 个小时。充足的阳光可使葡萄得以充分的生长和成熟，而当地寒凉的夜晚又能使果实自然酸度得以较高的保留，从而酿造的酒拥有丰腴的香气与味道并且结构均衡。华盛顿州的地貌造就了多种局部气候区域，适合不同葡萄品种的生长，该产区主要的葡萄品种包括霞多丽、雷司令、美乐、赤霞珠和西拉。

（二）智利（Chile）

智利位于南美的最南端，西邻太平洋，有着长达 5 000 公里的海岸线，东侧是高达 7 000 m 的安第斯山脉，北部是炎热干燥的阿塔卡马沙漠，南部接近寒冷的南极地区，南北延伸超过 4 000 公里，东西宽度不超过 480 公里，为世界上最狭长的国家。彩带一般狭长国土的中部属地中海气候，拥有温暖的气候和肥沃的谷地，降雨多集中在冬季，春末至秋末略旱，受东部安第斯山脉和西邻的太平洋的影响，白天清凉的海风和夜晚安第斯山脉凉爽的微风使得这里空气凉爽干燥，昼夜温差大，日间温度在炎热季节可达 30 ~ 40 °C，沿河地区的夜间温度可降至 10 ~ 18 °C，山上消融的冰雪在流入太平洋的途中灌溉了葡萄园。在中部长达 800 公里的地带，集中了智利大多数的葡萄酒产区，拥有种植葡萄得天独厚的地理环境和气候条件，充足的阳光、清凉的海风、沙质的土壤，对葡萄树的光合作用帮助很大，晚上的低温又给予了葡萄树充分的休息，是葡萄成熟最理想的条件。在这里，葡萄的色泽和香气都接近完美，被有些酒评家赞誉为“酿酒师的天堂”。

智利葡萄栽培起始于 1518 年，当时的西班牙传教士在圣地亚哥周边种植葡萄并开始酿造葡萄酒。智利葡萄酒的质量稳定且价格实惠，也能酿出世界顶级的葡萄酒，但直到 20 世纪，伴随着政治的稳定、经济的复苏，智利葡萄酒才开始大规模的发展并开始用于出口。智利葡萄种植面积 11.8 万公顷，75%为红葡萄品种，是南美最重要的葡萄酒出口国，近年来，智利葡萄酒在国际市场上表现突出，被认为是高性价比的代名词，深受各国消费者的欢迎。智利几乎与世隔绝的地理条件，创造了葡萄生长的世外桃源。智利是全世界极少数未遭根瘤蚜虫灾害的葡萄酒产区之一，智利的葡萄树都未进行过嫁接，保持了更加纯净的品种风格，还保留了许多老藤的葡萄树。由于当地独特的气候环境和地理条件，智利也是最适合进行葡萄有机种植的地方。

1. 智利葡萄酒分级制度

如同大多数葡萄酒新兴国家，智利对葡萄种植以及葡萄酒生产没有旧世界国家法律系统的严格要求，智利的葡萄酒分级制度比较简单，对产区、葡萄品种、葡萄栽培方法、酿造方法等都没有具体的要求，生产者拥有相对广阔的空间，酒标标示内容可由酒庄自行标注，因此同一级别的葡萄酒在不同酒庄间没有太多可比性。不过对于有信誉有声望的酒庄而言，标注级别越高，葡萄酒品质越好。

智利葡萄酒分级制度将葡萄酒主要分为五大等级：① 品种酒（Varietal），酒标只标注葡萄品种的名称，是最基本的酒。② 珍藏酒（Reserva），指葡萄酒经过橡木桶熟成，酒质与风味较品种酒丰富而质优。③ 极品珍藏（Gran Reserva），葡萄酒不仅经过橡木桶熟成，而且使用更多、更新的橡木桶，储藏的时间也较长，其酒质及陈年潜力也更好，很多酒庄都有这类酒。④ 家族珍藏（Reserva de Familia），一般代表某酒庄中最好的葡萄酒，但也可能用其他类似的模式来表达，比如蒙特斯酒庄（Montes）用欧法 M（Alpha M）、富乐（Folly）等来命名最好的葡萄酒。⑤ 至尊限量（Premium）：比家族珍藏更好的葡萄酒，但数量非常有限，如果没有达到标准的葡萄，酒庄就不会酿制 Premium 级别的葡萄酒。通常状况下，Premium 系列的酒存放在新的法国橡木桶中的时间要超过 18 个月。另外，智利葡萄酒法规还规定：如果酒标上标注葡萄品种，那么该葡萄品种的含量至少不低于 75%；如果酒标上标注年份，那么该酒中至少要有 75%的葡萄来自于该年份；如果酒标上标注产地，那么该酒至少有 75%的葡萄原料来自于该产区。

2. 主要葡萄品种

智利葡萄品种繁多，世界各地的品种在智利几乎都能见到，其中来自于波尔多的佳美娜（Carmenere，卡曼纳）是当地最耀眼的明星，是智利的标志性葡萄品种。佳美娜颜色深浓，糖分高，酸度较低，单宁柔和且酒体较为丰满。如果成熟度好，则酒体圆润柔顺，经常带有红色浆果、黑巧克力和胡椒般的辛辣口味。佳美娜被称为“丢失的波尔多”，原先一直在法国波尔多广泛种植，是波尔多产区法定可以栽培的六个红葡萄酒品种之一，用于酿造顶级葡萄酒。该品种曾被人们普遍认为已于 19 世纪欧洲爆发的根瘤蚜菌病时绝迹，但在上世纪 90 年代，人们在智利发现了该品种，这一发现简直是上天给予智利酒业的最佳恩赐。不过，佳美娜在智利一直被误认为是美乐品种，直到 1991 年通过 DNA 鉴定才得以正名。另外，当地传统葡萄品种巴依斯（Pais），是智利种植面积第二大的葡萄品种，产量高，但其酿制的葡萄酒品质一般，主要用作生产内销酒，不能用于出口。目前智利主要种植国际流行葡萄品种，如赤霞珠（Cabernet Sauvignon）、美乐（Merlot）、西拉（Syrah）、黑皮诺（Pinot Noir）、霞多丽（Chardonnay）、长相思（Sauvignon Blanc）等，以赤霞珠和美乐混酿的葡萄酒品质最优，在南部较凉爽地区雷司令和琼瑶浆的种植面积也在逐年增大。

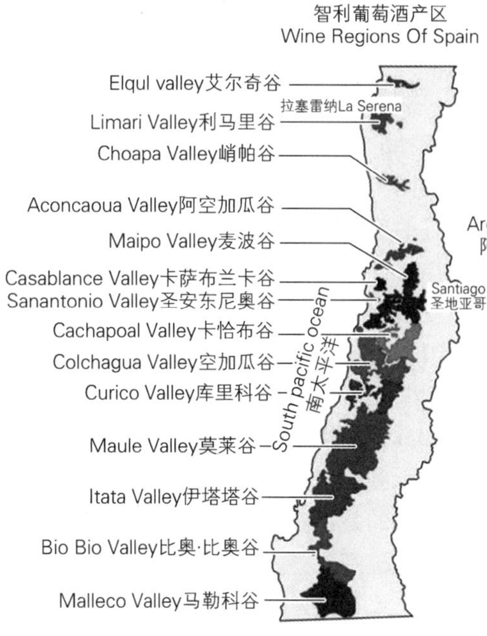

图 7.22

3. 主要葡萄酒产区

智利由北到南分为三大产区，分别是北部产区、中央山谷和南部产区。这些产区包括多个子产区，由北至南分别是：艾尔基谷（Elgui Valley）、利马里谷（Limari Valley）、峭帕谷（Choapa Valley）、阿空加瓜谷（Aconcagua Valley）、卡萨布兰卡谷（Casablanca Valley）、圣安东尼奥谷（Sanantonio Valley）、麦波谷（Maipo Valley）、卡恰布谷（Cachapoal Valley）、空加瓜谷（Colchagua Valley）、库里科谷（Curico Valley）、莫莱谷（Maule Valley）、伊塔塔谷（Itata Valley）、比奥比奥谷（Bio Bio Valley）和马勒科谷（Malleco Valley）。一般来说，葡萄酒所标示的产地越小，葡萄酒的品质就越高。

北部产区的科金博（Coquimbo）产区是智利较为年轻的一个葡萄酒产区，科金博包括三个重要的子产区，分别是艾尔基谷（Elqui Valley）、利马里谷（Limari Valley）和峭帕谷（Choapa Valley）。这个产区生产的红葡萄酒主要由赤霞珠和西拉混酿而成，白葡萄酒则主要由长相思和霞多丽混酿而成。北部产区最著名的是阿空加瓜谷（Aconcagua Valley），产区东侧是安第斯山脉，西侧是太平洋，气候炎热干旱，阳光充足，大部分的葡萄园都种植在靠近河流的地方，这些河流大部分发源于安第斯山脉，携带着矿物质成分。白天从太平洋吹来的冷风降低了葡萄园的温度，夜晚来自安第斯山脉回来的冷流使得夜晚的葡萄园非常冷凉，昼夜温差很大，延长了葡萄的生长期和成熟期。阿空加瓜谷出产非常高品质的赤霞珠、西拉、美乐、佳美娜干红葡萄酒，出产的红葡萄酒酒体饱满、酒精度高、单宁强劲、具有成熟水果的香气。近年来人们开始致力于降低酒精度、提升果香的新鲜度和复杂度，现在更多的葡萄园种植在产区西部冷凉的斜坡上，甚至种植在海拔几千米的山脉上，以得到更新鲜的果香和更优雅的酒体。著名的桑雅（Sena）酒庄的葡萄酒在 2004 年的柏林品酒会上获得了第一名，超越了许多法国和意大利的顶级酒庄。

南边的卡萨布兰卡谷（Casablanca Valley）靠近太平洋，是智利最寒冷的葡萄酒产区之一。受到太平洋洪堡洋流的强烈影响，清晨雾气浓厚，使得产区的温度较低而湿度较高，下午来自海洋的冷风一直吹拂到产区东侧的安第斯山脉并在夜晚返转回来，昼夜温差非常大，但冷风并不是非常强烈，不会让卡萨布兰卡的白天过于冷凉，这也为葡萄的生长保留了合适的温度条件。土壤为沙质粘土，有很好的排水性。凉爽的气候条件，让卡萨布兰卡谷出产非常杰出的白葡萄酒，葡萄的生长和成熟期非常长，可以积累复杂的风味物质和糖分、发展复杂精细的风味并保留很高的酸度与之平衡。卡萨布兰卡谷是目前智利唯一一个种植白葡萄品种多于红葡萄品种的产区，主要种植的葡萄是霞多丽和长相思，酿造的干白葡萄酒细致优雅，其品质可与法国卢瓦河谷和新西兰马尔堡所产的葡萄酒相媲美。此外，红葡萄品种黑皮诺在卡萨布兰卡谷的冷凉气候条件下发展得也相当不错。圣安东尼奥谷（Sanantonio Valley）是智利最靠近海洋的产区，产区内的气候受到海洋寒流的强烈影响，温度较低，且土壤贫瘠，出产优质的黑皮诺葡萄酒以及受到国际广泛认可的长相思和霞多丽白葡萄酒。

中央山谷（Central Valley）位于智利首府圣地亚哥的南部，是智利最重要的葡萄酒大产区，智利出口的葡萄酒 90%来自于此。中央山谷从麦波谷（Maipo Valley）一直延伸到莫莱谷（Maule Valley）的南端，长度达到 400 公里，但宽度大约只有 100 公里。葡萄园大多位于温暖的平原上，利用安第斯山流下来的雪水进行灌溉。中央山谷是多种葡萄品种的原产地，但区内种植最多的是赤霞珠、美乐、西拉、霞多丽、长相思等国际流行葡萄品种，智利的标志性葡萄品种佳美娜在这里也占有一席之地。产区内较为凉爽的地区也正在逐渐尝试种植新的白葡萄品种，比如维欧尼、雷司令和琼瑶浆。中央山谷包含了许多优秀的子产区，有着许多不同的气候类型，出产的葡萄酒风格也多种多样。中央山谷产区包括四大子产区，分别是麦波谷（Maipo Valley）、兰佩谷（Rapel Valley）、库里科谷（Curico Valley）和莫莱谷（Maule Valley）。其中，兰佩谷又分为卡恰布谷（Cachapoal Valley）和空加瓜谷（Colchagua Valley）两个子产区。麦波谷（Maipo Valley）是智利最著名的葡萄酒产区，也是智利葡萄酒诞生的摇篮，生产着智利最成功的出口葡萄酒。麦波谷周围被群山环绕，挡住了太平洋的洋流，产区几乎不受到太平洋气流的影响，气候干燥、温暖，昼夜温差极大，降雨量非常少，葡萄园多采用滴灌系统进行灌溉。最好的葡萄园在安第斯山脚下，从安第斯山上吹来的冷流可以降低葡萄酒园的温度，这里表现最好的葡萄品种是赤霞珠，酿制智利最好的红葡萄酒，另外种植广泛的葡萄品种还有美乐、霞多丽，佳美娜的种植比例也在不断上升。智利最大以及最富盛名的葡萄酒业集团甘露酒庄就位于智利中央地带麦波谷产区的阿尔托港（Puente Alto）。卡恰布谷（Cachapoal Valley）绝大多数的葡萄园都靠近安第斯山脉，温暖干燥，土壤为沙子、粘土和沃土的混合土。佳美娜在这里表现最好的。尤其在佩乌莫（Peumo）区出产智利最好的佳美娜红葡萄酒，葡萄酒酒体丰满，果香四溢，口感微甜，带有巧克力和果冻的美味。产区东部冷凉地区种植的赤霞珠、美乐也有着非常好的表现，种植面积逐年增长。空加瓜谷（Colchagua Valley）的气候类型为地中海气候，阳光充足，太平洋对空加瓜谷产区也有着十分积极的影响。廷格里里卡河从安第斯山脉的高峰卷着冰雪融水流入到山谷和谷内下区的葡萄园中，运来了淤泥和黏土，产区内的土壤由沉积碎石和沉积物构成，蕴含着丰富的矿物质，为葡萄种植创造出理想的自然条件。出产的葡萄酒质量非常高。在靠近海岸比较冷凉的地区，多出产以霞多丽、长相思为主的优质干白葡萄酒。在东部比较温暖干燥的地区，主要出产以赤霞珠、佳美娜、西拉和马贝克为主的酒体饱满、口感醇厚的干红葡萄酒。中央山谷产区最南部的莫莱谷（Maule Valley）产区是智利种植面积最大的葡萄酒产区，也是智利最古老的山谷之一。产区为地中海气候，气候温暖，水资源充足，这里的土壤富含黏土，酸性很高，使得葡萄的产量较低。山谷内种植了所有世界上流行的红、白葡萄品种，以红葡萄品种为主，种植最广泛的是赤霞珠，占莫莱谷葡萄种植面积的三分之一，其经种植较多的红葡萄品种有佳美娜、美乐和马尔贝克，主要的白葡萄品种为霞多丽和长相思。靠近河流的地方出产的葡萄酒比山坡上的有着更为浓郁的果香。

南部产区由三个子产区构成，分别是伊塔塔谷（Itata Valley）、比奥比奥谷（Bio Bio Valley）和马勒科谷（Malleco Valley），白葡萄品种在这里表现出色。伊塔塔谷（Itata valley）融合了传统与现代的特色，红白葡萄的种植比例比较平衡，但至今还没有表现特别出色的明星葡萄。比奥比奥谷（Bio Bio valley）气候比较冷凉且潮湿，夏季的最高温度也不会超过 30 °C，最主要种植的是红葡萄品种派斯（Pais）和白葡萄品种亚历山大麝香（Muscat Of Alexandria），出产的葡萄酒大多为本地消费。这里的风土条件非常适合种植高贵的葡萄品种，包括长相思、黑皮诺、雷司令和霞多丽，这些葡萄品种需要较长的成熟期，可以酿制出酸甜美妙、口感鲜美的葡萄酒。马勒科谷（Malleco Valley）是智利目前最南端的葡萄酒产区，在这里霞多丽和黑皮诺是发展最出色的葡萄品种，酿制的葡萄酒已经吸引了世界的目光。

（三）澳大利亚（Australia）

澳大利亚是新世界葡萄酒产酒国的代表之一。澳大利亚的第一株酿酒葡萄树是在 1788 年由欧洲殖民者带到澳大利亚的，从此开启了澳大利亚葡萄酒的光辉历史。澳大利亚的酿酒历史虽然只有两百多年，但是发展非常迅速，如今，葡萄酒产业已经成为澳大利亚最主要的经济支柱产业之一。澳大利亚是世界第六大葡萄酒生产国，也是继法国、意大利和西班牙之后的第四大葡萄酒出口国。澳大利亚葡萄酒产业的发展与酿酒师们的大胆创新、锲而不舍精神是分不开的。澳大利亚人敢于创新，从 19 世纪 50 年代中期澳大利亚率先使用螺旋盖新技术完整保留葡萄酒的风味，到 90 年代初期旋转式发酵罐的开发和普遍运用，盒中袋、易拉罐等新型包装满足消费市场多变的需求,以及葡萄园的夜晚采摘和节水滴灌等设备的广泛应用，使其在葡萄酒工艺的创新领域一向居世界领先地位。澳大利亚葡萄酒被称为是“新世界，新潮流”的代表，近年来以其优良的品质和合理的价格受到了世界各地众多消费者的喜爱。

澳大利亚葡萄酒产业的蓬勃发展离不开当地得天独厚的气候条件，土壤类型十分多样，多为沙土、壤土和砾石土。澳大利亚的降雨量在五大洲中最少，许多河流都是季节性的，因此多数澳大利亚的葡萄园采用灌溉栽培技术。澳州的北部纬度低，是热带雨林区，内陆是沙漠和莽原，气候炎热干燥，都不适合葡萄的生长。澳大利亚绝大多数的葡萄园主要分布在东南部，高品质产酒区集中在最南部气候温和的地区，这里的葡萄拥有充足的光照，成熟度十分理想，且基本没有病虫害的影响，酿出的葡萄酒丰满而浓郁。澳大利亚的葡萄酒厂多为大型酒厂，采用先进的酿造工艺和现代化的酿酒设备，再加上澳大利亚稳定的气候条件，每年出产的葡萄酒品质都比较稳定。特有的优良土地和许多世界级杰出优秀的酿酒师，再加上世界上最严格的管理和生产过程，酿造出质优价廉的世界级美酒。

1. 澳大利亚葡萄酒分级

澳大利亚属于新世界葡萄酒国家，所以分级系统并没有进行法律上的规定。半官方的澳大利亚葡萄酒烈酒协会（AWBC）进行全国葡萄酒的评级、推荐，并且可以标注在酒标上。AWBC 把澳大利亚葡萄酒按照市场表现和个性分为四类：

① 品牌之冠（Brand Champions）：是澳大利亚本土及国际市场上的主流产品，品牌知名度高、销售量大。对消费者而言，这些葡萄酒来自哪些地区并不重要，重要的是风格和口味的一致性。

② 新锐之星（Generation Next）：以“新”抢占市场的产品，意味着不断创新、尝试新配方、种植新品种和优化营销（包装和宣传），追求卓越。

③ 区域之粹（Regional Heroes）：是品种与产地的完美结合，如巴罗萨谷的西拉子、猎人谷的赛美蓉、雅拉谷的黑皮诺、库拉瓦拉的赤霞珠、克莱尔谷的雷司令、玛格瑞特的赤霞珠等，且与当地风土、人文很好的结合。在此基础上还有指示性指标（至少要符合其中两项）：因出色表达区域和品种特点屡获殊荣并已建立声誉；强有力的第三方认可；现有的强大出口业绩历史或确凿的出口实力；对开发区域特点作出积极贡献并得到同业认可等。

④ 澳洲之巅（Landmark Australia）：代表着澳大利亚葡萄酒最高品质、能够在世界上产生伟大影响力的品牌或酒款。澳洲之巅可以简单理解为区域之粹的最高级别，是集产地、品种、酿造、口感、理念、文化之大成，能够获得世界著名酒评家一致认可，具有伟大的陈年能力，层次丰富而优雅。

图 7.23

澳大利亚对酒标标识的内容有严格的规定，其酒标上关于葡萄来源的信息不允许出现任何虚假和误导性的描述，许多名称（如地理标志的名称）是受法律保护的。澳大利亚产地命名（Geographical

Indications，简称 GI）制度成立于 1993 年底，主要规定了葡萄酒所在产区和地域的命名。如果产区、品种或年份被标示出来，那么 85%以上的酿酒葡萄必须来自于这个产区、品种或者年份。澳大利亚的法规并没有限制酿酒所用的葡萄品种，也没有强制标示葡萄品种。但是规定：若标示单一葡萄品种，则该品种的使用比例至少为 85%；如为混酿，则至多标示出 5 个主要的葡萄品种，标示在前的品种要比标示在后的品种含量多，且所标示的品种要超过整体 95%，单一品种的比例至少为 5%；若最多标示了 3 个品种，则总标示品种的比例超过 85%、单一品种的比例至少为 20%。另外，澳大利亚的法规并没有强制标示葡萄产区及酒庄，但若标示单一葡萄产区，则酿酒所用的葡萄至少 85%来自该产区；如果为混酿葡萄酒，至多标示 3 个葡萄产区，且酿酒所用葡萄至少 95%来自标示的产区，其中单一产区所使用的葡萄比例至少为 5%。

2. 主要葡萄品种

几乎所有国际流行的葡萄品种在澳大利亚都可以找到,种植面积前十的葡萄品种分别为：为西拉子（Shiraz）、霞多丽（Chardonnay）、赤霞珠（Cabernet Sauvignon）、美乐（Merlot）、雷司令（Riesling）、长相思（Sauvignon Blanc）、赛美蓉（Semillon）、麝香葡萄（Muscat à Petits Grains Blancs）、灰皮诺（Pinot Gris）和黑皮诺（Pinot Noir）等。澳大利亚没有原产葡萄品种，所有葡萄品种均是在 18 世纪末和 19 世纪初从欧洲和南非引进。现今澳大利亚已经开始人工培育一些新品种，如森娜（Cienna）和特宁高（Tarrango）等，这些小品种的葡萄酒丰富了澳大利亚葡萄酒的风格和口味。

澳大利亚最具代表性的红葡萄品种当属西拉子（Shiraz，即西拉 Syrah），它是澳大利亚种植面积最广的红葡萄品种，占澳大利亚红葡萄品种种植面积的 40%，占葡萄总种植面积的 20%。西拉葡萄酒颜色深浓，单宁和酸度中等偏高，酒体丰满，通常带有黑色水果和黑巧克力香气，气候比较温和的地区出产的西拉葡萄酒可能还带有草本植物、烟熏肉和香料的风味。而气候比较炎热的地区出产的西拉葡萄酒则会更多地表现出甜香料风味，陈年之后还会发展出动物和植物的气息。在澳大利亚，赤霞珠的种植也非常广泛，这里的赤霞珠表现出成熟迷人甜美的黑醋栗、黑莓果味，以及柔和多汁的口感。霞多丽是澳大利亚最流行的白葡萄品种，大都会使用橡木块、橡木条或是橡木桶进行发酵和熟成，现在更多的葡萄酒厂则开始酿造清爽无橡木风格的霞多丽。另外，雷司令和赛美蓉在澳大利亚也都有优异的表现。

在葡萄酒全球化的过程中，澳大利亚对现今全球葡萄酒产业有着举足轻重的作用。目前，澳大利亚由霞多丽和西拉子酿制的葡萄酒已成为行业标杆，其中，最具代表性的奔富葛兰许（Penfolds Grange）葡萄酒就可与法国顶级名庄的佳酿相媲美，另外来自猎人谷（Hunter Valley）的赛美蓉白葡萄酒别具一格。来自南澳州库纳瓦拉（Coonawarra）产区的赤霞珠红葡萄酒也独树一帜，以黑醋栗、薄荷和雪松的芳香，极为均衡的口感，细密的单宁，赢得了世人无数赞誉。

3. 主要葡萄酒产区

澳大利亚地域宽广，共分为七个州，分别是北领地（Northern Territory）、南澳洲（South Australia）、西澳洲（Western Australia）、新南威尔士洲（New South Wales）、维多利亚洲

（Victoria）、昆士兰洲（Queensland）和塔斯马尼亚岛（Tasmania），目前有 65 个葡萄酒产区，每个产区都可以种植适合自己风土的葡萄品种，也都可以找到体现该产区风土的葡萄酒。

① 南澳州（South Australia）是澳大利亚产酒量最高的产区，占到整个澳大利亚总产量的 50%左右。比较有名的产区有巴罗萨谷（Barossa Valley）、伊顿谷（Eden Valley）、克莱尔谷（Clare Valley）、麦克拉仑谷（Mclaren Valey）、库纳瓦拉（Coonawarra）以及阿德莱得山区（Adelaide Hills）。巴罗萨谷（Barossa Valley）是澳大利亚最古老的葡萄酒产区之一，气候炎热干燥，因浓郁强劲的西拉葡萄酒而闻名，出产的西拉葡萄酒酒色深红，酒体醇厚，有着黑莓和甘草的香味，并带有浓郁的巧克力风味，单宁强劲顺滑，尤其是出产的老藤西拉葡萄酒酒体饱满，口感柔和，香气充沛，酒精度高，在国际上享有很高的声誉。该产区还出产赤霞珠、赛美蓉和霞多丽葡萄酒。大多数澳大利亚大型酒庄比如奔富（Penfolds）就位于这个产区。伊顿谷（Eden Valley）和克莱尔谷（Clare Valley）气候凉爽，出产的雷司令葡萄酒天然高酸，带有经典的汽油味和酸橙味，陈年潜力极佳。麦克拉仑谷（Mclaren Valey）是一个绿色清新的产区，以出产柔软醇厚的红葡萄酒而闻名。麦克拉仑谷栽培的葡萄品种除西拉外，还包括菲亚诺、添帕尼罗、桑娇维塞、仙粉黛、多瑞加和巴贝拉等品种。库纳瓦拉（Coonawarra）位于南澳洲的石灰岩海岸地区，有着当地最特殊的特罗莎红土，其表层是富含铁质的红色土壤，下层则是排水良好的石灰石土壤，素以出产赤霞珠单一品种葡萄酒为世人所称道，赤霞珠在红色土壤的滋养下，发展出极具标志性的桉树叶风味，结构异常突出，香气极为浓郁，是生产赤霞珠的顶级产区。除了赤霞珠外，库纳瓦拉还种植西拉、雷司令及梅洛、马尔贝克和味而多等葡萄。阿德莱得山区（Adelaide Hills）产区位于阿德莱得市周围，为洛夫蒂山脉的一部分，从圣文森特湾吹来的海风很好地调节了阿德莱得山区葡萄园的气候，所以这里是整个南澳州最凉爽的产区，出产的葡萄酒普遍活力十足，酸味优雅清新，以顶级长相思、霞多丽和黑皮诺单一品种葡萄酒及起泡酒闻名世界。

② 新南威尔士洲（New South Wales）最有名的产区是猎人谷（Hunter Valley），这里为地中海气候，是澳大利亚最炎热和最潮湿的一个葡萄酒产区，土壤是排水性非常好的黑色粉砂壤土，最出色的葡萄品种是赛美蓉和西拉。在这里赛美蓉采收的比较早，糖分含量低，酸度非常高，酿造的葡萄酒酒精度较低，在刚装瓶时香气比较淡，但在酒瓶中慢慢熟成后可逐渐发展出蜂蜜、杏仁和烘烤香气。赛美蓉干白葡萄酒则被誉为“新南威尔士州的雷司令”，具有长达 20 多年的瓶中陈年能力。西拉干红葡萄酒通常为覆盆子、樱桃等红色水果的香气，单宁柔软，具有泥土气息。这里的霞多丽干白葡萄酒表现也非常出色，大多经过橡木陈酿，有着明显的橡木香。

③ 西澳洲（Western Australia）生产的葡萄酒产量不及澳大利亚总产量的 5%，但却是澳大利亚顶尖葡萄酒的产区。西澳洲最知名的产区是玛格丽特河谷（Margaret River），这里受到强烈的海洋性气候的影响、以及地中海气候的影响，年平均气温非常低，总体气候条件与法国波尔多相似。玛格丽特河谷种植的白葡萄品种与红葡萄品种比例相当，主要的葡萄品种有赤霞珠、霞多丽、长相思、赛美蓉、西拉子、美乐、白诗南等。玛格丽特产区的葡萄酒风格多样，其中赤霞珠葡萄酒拥有强劲的结构以及丰富紧致的单宁，带有核果类水果香气且酸度较高，SSB（Semillon and Sauvignon Blanc）赛美蓉和长相思混合葡萄酒口感活泼、带有草本植物的芳香和清新的柠檬草风味。

（四）新西兰（New Zealand）

新西兰与澳大利亚一样是近年来为人们所关注的新世界葡萄酒产区。新西兰位于南半球的南纬 36～45 度之间，是世界上最南部的葡萄酒产区。新西兰由两个相对狭长的岛屿组成，分为北岛和南岛，不同产区的土壤各有所不同，主要是淤泥土壤和粘质土壤。葡萄园主要分布在沿海地区，总体是凉爽的海洋性气候，北岛北端接近亚热带气候，温度相对较高，全年绿草如茵，而南岛的最南端已经接近极地，气温较低，这里更像是大陆性气候，四季分明。两岛的葡萄采收期从二月开始，直到六月才能全部完成。新西兰葡萄在生长期遇到的主要问题就是过度充沛的雨水，雨水不仅会降低葡萄的含糖量，也会影响葡萄的成熟度。岛屿上坐落着连绵起伏、海拔高达 4000 m 的山脉，这些雄伟的山脊阻挡了来自海洋的寒风和雨水，在东边形成相对少雨的地带。另外，当地还充分利用棚架和引枝管理技术，避免了过于潮湿的问题，创新的科学种植方法在这里得到了很好的运用和发展。

相比旧世界的葡萄酒生产国，新西兰的葡萄酒历史较为短暂。在刚开始发展的时候，一直效仿邻国澳大利亚，但新西兰的葡萄成熟度远远不及澳大利亚，酿出来的葡萄酒酸涩难喝。这种情况一直持续到 20 世纪 70 年代才有较好的改善，随着当时政府对南岛的开发，以及境内葡萄品种的改变，新西兰逐渐成为全世界最具潜力、最为活跃的葡萄酒产酒国。作为新世界葡萄酒产地，新西兰具有同类产地很少有的寒冷气候，因为昼夜温差较大，使葡萄最大限度地保持果香和酸味，因此新西兰无论红葡萄酒还是白葡萄酒，都拥有迷人的新鲜果香和清爽多酸的口感，被誉为“南半球的德国”。

新西兰主要的葡萄酒产区有北岛的奥克兰（Auckland）、怀卡托（Waikato）、吉斯本（Gisborne）、霍克斯湾（Hawke’s Bay）、怀拉拉帕（Walrarapa）和南岛的尼尔森（Nelson）、马尔堡（Marlborough）、坎特伯雷（Canterbury）、中部奥塔哥（Central Otago）。其中，南岛东北部的马尔堡（Marlborough）是新西兰最大的葡萄酒产区，也是新西兰阳光最充足、葡萄成熟度最高的葡萄酒产区；霍克斯湾（Hawke's Bay）是新西兰最古老的葡萄酒产区；而位于南岛底端的中部奥塔哥（Central Otago）地区是世界上最靠近南极的葡萄酒产区。由于每个产区的种植环境都较为独特，出产的葡萄酒也各不相同。新西兰主要种植国际流行的葡萄品种，主要包括白葡萄品种长相思（Sauvignon Blanc）、霞多丽（Chardonnay）、灰皮诺（Pinot Gris）、雷司令（Riesling）和琼瑶浆（Gewurztraminer）等，以及红葡萄品种黑皮诺（Pinot Noir）、赤霞珠（Cabernet Sauvignon）、美乐（Merlot）和西拉（Syrah）等。新西兰南岛和北岛都种植红葡萄品种和白葡萄品种，南岛以白葡萄品种为主，而北岛因气候较温暖，所以在种植红葡萄品种上更有优势。

长相思（Sauvignon Blanc）一直是新西兰的标志性葡萄品种，也是新西兰种植面积最广的葡萄品种，长相思葡萄酒占据新西兰葡萄酒出口量的 72%。新西兰南北岛海岸地区的凉爽气候赋予了长相思葡萄酒独有的酸度，而鲜明的柑橘类水果风味和草本植物气息也是其主要特征。新西兰以绝妙的长相思干白葡萄酒而闻名于葡萄酒界，具有强烈的植物性香气，如刚刚割过的青草、芦笋、青椒的香气，最为典型的是刺激性的黑醋栗芽孢，这种味道也常常被人比喻为“猫尿味”，口中带有清爽的酸度。大部分新西兰长相思适合在年轻时饮用。另外，北岛和南岛的长相思风格存在较大的差异，北岛的长相思非常成熟，层次更加丰富，带有甜瓜、油桃以及核果的香气，而南岛的长相思则更加清新和鲜爽，富含西番莲以及其他芳香水果的香气，青草风味更突出。马尔堡（Marlborough）产区白天气候较为温暖，夜间气候非常凉爽，葡萄的生长期也较长，出产的长相思果香诱人，酸度活泼，品质卓越，被认为是全世界最好的长相思干白葡萄酒产区。

图 7.24

此外，新西兰的黑皮诺、霞多丽和雷司令酿制的葡萄酒因其较高的品质也在世界享有美誉。黑皮诺（Pinot Noir）是新西兰种植面积最广的红葡萄品种，在 20 世纪 70 年代首次出产于奥克兰（Auckland），随后中部奥塔哥（Central Otago）、马尔堡（Marlborough）等产区也都纷纷出产了各具特色的黑皮诺，很快成为新西兰仅次于长相思的第二大出口葡萄酒款。新西兰顶级黑皮诺主要来自于中部奥塔哥（Central Otago）和马尔堡（Marlborough），这里出产的黑皮诺葡萄酒具有丰满的结构、饱满的酒体，酒精度较高，充满了深色浆果的风味。霞多丽（Chardonnay）在新西兰主要种植在北岛，其中，位于新西兰北岛东岸温暖的吉斯本（Gisborne）在 19 世纪 20 年代就开始栽种葡萄了，霞多丽更是此地种植最广泛的葡萄品种，用其酿出的霞多丽葡萄酒浓郁奢华，展现出类似勃艮第风格的丰满圆润，更为吉斯本赢得了“新西兰霞多丽之都”的美誉。此外，奥克兰（Auckland）以及南岛北部的马尔堡（Marlborough）和尼尔森（Nelson）也出产优秀的霞多丽葡萄酒。典型的新西兰霞多丽优雅且以果香为主，口感丰富，柑橘类水果和热带水果的风味较为集中，脆爽的酸度与风味形成完美平衡，有些会使用橡木桶陈年带来圆润的口感。新西兰生产的雷司令（Riesling）葡萄酒既有高酸、矿物味丰富的干型，也有酒体丰满的甜葡萄酒，南岛地区是种植雷司令的绝佳地区，尤其是坎特伯雷（Canterbury）生产的雷司令葡萄酒品质非常优秀。

（五）南非（South Africa）

南非的葡萄酒历史比大多数新世界国家要悠久一些，1654 年，第一株葡萄树种植在南非的开普区（Cape），1685 年在开普区附近创建了康斯坦提亚（Constantia）酒庄，到 1778 年康斯坦提亚已成为南非葡萄酒业的中心，然而 1866 年南非葡萄业在根瘤蚜虫病的肆虐下遭受重创，造成了该国葡萄酒业长达 20 年的低迷。为了扭转这一局面，酒农们于 20 世纪初开始大量种植高产的神索（Cinsaut），但由于产量过剩而导致许多葡萄酒最终被倒进了河里。为防止此类事件再次发生，1918 年南非酒农联合协会（KWV）应运而生。该组织负责控制全国的葡萄产量，制定葡萄酒出售的最低价格。此后，南非又将葡萄酒产业重心移向白兰地和加烈酒，至此南非葡萄酒产业得以稳定。随着种族隔离制度的废除，南非葡萄酒产业的发展进入一个崭新的时代，不仅本地的酿酒师从海外带回了最新的酿造技术，也吸引了大量欧洲酒庄来投资，其酿酒传统与欧洲地区非常相似，目前南非葡萄酒产量占世界总产量的3%。

南非酒农联合协会KWV在成立初期对统一生产、扩大葡萄酒市场和控制销售价格起到了非常积极的作用，但是对品质的监管却难以控制，南非自1974年开始推行原产区葡萄酒命名（Wine of Origin 简称WO），将葡萄园按照区（Region）、小区（District）、葡萄园（Ward）由大到小进行划分，并确保酒标上产地信息的真实性。除此外还规定，如果酒标上出现年份或品种，那么瓶中至少有75%以上的葡萄来自于该年份或标示的品种；在欧盟出售的葡萄酒如果标出年份或品种，则至少需要到85%以上的葡萄来自于该年份或品种，葡萄必须100%产自酒标上标出的产区。南非虽然被划分为新世界，但其分级制度和葡萄酒又融合了旧世界的风格，因此常常有人说，南非是新世界中的旧世界。

南非西临大西洋，东临印度洋，夏季温暖且漫长。高低不平的地势以及山谷坡地的多样性，再加上两大洋的交汇，尤其是大西洋上来自南极洲的本格拉寒流向北流经西海岸，减缓了夏季的暑热，带来了宝贵的凉爽气候。白天有海上吹来凉风习习，晚间则有富含湿气的微风和雾气，适度的光照也发挥了很大作用。南非的葡萄园主要集中在南纬34度的地中海式气候区域，西部气候凉爽，形成了从海边向内陆不超过50公里沿海的葡萄酒种植区域。在沿海地区多是砂质岩和被侵蚀的花岗岩，在地势较低处则被页岩层层包围，而在靠内陆的区域则以页岩母质土和河流沉积土为主，使得葡萄种植能够获益于多山地形和不同地质所带来的多样的区域性气候，创造了其葡萄品种和品质的多样性。

虽然南非气候炎热，却种植了一半以上的白葡萄品种，且白葡萄品种种类繁多。最重要的白葡萄品种是白诗南（Chenin Blanc），当地称作施特恩（Steen），种植面积约占南非总种植面积的20%。白诗南是一个在法国卢瓦尔河谷以外很少有种植的白葡萄品种，却在南非风格表现多样，可以酿造出清爽的干白葡萄酒和不同甜度的甜酒，往往带有桃子味和花香味，优雅而清淡。在过去，大多数白诗南都被用来酿造白兰地，不过现在南非白诗南葡萄酒正受到越来越多人的重视。紧随其后的是长相思（Sauvignon Blanc）和霞多丽（Chardonnay），其他的白葡萄品种还包括鸽笼白（Colombar）、赛美蓉（Semillon）、维斯雷司令（Weisser Riesling）、琼瑶浆（Gewürztraminer）和麝香葡萄（Muscat à petit Grains Blancs）。

南非种植的主要红葡萄品种是赤霞珠（Cabernet Sauvignon）、美乐（Merlot）和品丽珠（Cabernet Franc）。近年来，西拉（Syrah）和本土杂交葡萄品种皮诺塔吉（Pinotage）也越来越流行。赤霞珠种植面积约占南非全国总种植量的13%。南非赤霞珠葡萄酒以结构复杂但又美味可口著称，果味极为浓郁，在黑醋栗、黑莓和李子味中夹杂着黑胡椒、柿子椒等味道，其风格介于新旧世界之间。皮诺塔吉是南非的国家标志性品种，是黑皮诺（Pinot Noir）与神索（Cinsaut）亚种间的杂交新品种，充满覆盆子味和蓝莓味的香气，还伴有浓郁的巧克力和烟草味。相比于黑皮诺葡萄酒要更浓郁、酒精度更高，也更加可口。皮诺塔吉既可以酿造出口感轻盈、带有红色莓果香气、适合大口饮用的葡萄酒，也可以经过橡木桶熟成，酿造出香气浓郁、口感粗犷、重酒体风格的葡萄酒。在南非，皮诺塔吉往往和西拉进行混酿或调配。

南非主要葡萄酒产区包括康斯坦提亚（Constantia）、斯泰伦布什（Stellenbosch）、帕尔（Paarl）、伍斯特（Worcester）、罗贝尔森（Robertson）、奥勒芬兹河（Olifants River）、克林克鲁（Klein Karoo）、沃克湾（Walker Bay）等。南非绝大多数的葡萄园都位于西开普省（Western Cape），有着许多闻名遐迩的葡萄酒产区，如康斯坦提亚（Constantia）、斯泰伦布什（Stellenbosch）。康斯坦提亚（Constantia）是南非最古老的葡萄酒产区，以传奇的康斯坦提亚天然甜白葡萄酒（Vin de Constance）和老藤长相思葡萄酒闻名于世。目前，康斯坦提亚除生产传统风格的麝香葡萄甜酒外，种植最我的葡萄品种是长相思，此外还种植着一些霞多丽和赤霞珠，出产的波尔多混合风格葡萄酒也具有非常高的品质。斯泰伦布什（Stellenbosch）是南非最著名的葡萄酒产区，气候条件非常理想，冬季降水充足，夏季很少过于炎热而且生长季比较干燥，多为花岗岩和砂石土壤，还有比较高比例的粘土，土壤的排水性强。斯泰伦布什以生产红葡萄酒为主，是皮诺塔吉葡萄的诞生地，最著名的葡萄品种是赤霞珠，通常和美乐一起酿造成波尔多风格的葡萄酒。另外西拉在此地也表现出色。斯泰伦布什的冷凉地区还可以出产非常高品质的长相思和霞多丽葡萄酒。

七、世界其他葡萄酒产区

世界葡萄种植业现在已经遍及世界各地，随着葡萄种植技术和葡萄酒酿造技术的发展，世界葡萄酒地图在过去、现在、未来都在发生巨大的变化。各国葡萄品种及其产区的风土特点，使得葡萄酒的世界精彩纷呈。

（一）葡萄牙（Portugal）

葡萄牙素有“软木之国”的美誉，出产的软木塞和橡树制品的产量都位居世界前列，同时葡萄牙也是欧洲传统葡萄酒生产国之一。葡萄牙地处欧洲伊比利亚半岛，其西部和南部濒临大西洋，北部和东部与西班牙相接，葡萄酒产区主要集中在中北部。尽管葡萄牙是一个很小的国家，但它在气候上却是充满了差异性，最重要的影响来自于大西洋，大部分地区都是温和的海洋性气候，夏天温暖，冬天凉爽潮湿，内陆的葡萄园气候则转为大陆型气候，炎热而干燥，年降水量和平均气温的巨大差异造成了葡萄牙葡萄酒的多样性。早在公元前，葡萄的生产和酿造技术就已经传到了葡萄牙，至今已经有两千五百多年的酿酒历史，悠久的历史加上特别的气候和土壤条件，葡萄牙约有 300 多个葡萄品种，是世界上拥有最多自己本土葡萄品种和特色的优质葡萄酒生产国之一。因为位处偏远的封闭环境，葡萄牙并没有受到太多外来的影响，保留了非常多本地独有的葡萄品种，如红葡萄品种本土多瑞加（Touriga Nacional）、特林加岱拉（Trincadeira）以及阿尔巴利诺（Alvarinho）、费尔诺皮埃斯（Fernao Pires）等白葡萄品种，酿造的葡萄酒极富个性和特色。葡萄牙最著名的葡萄酒有波特酒（Port）、马德拉酒（Madeira）和绿酒（Vinho Verde）。

1. 波特酒（Port）

提起葡萄牙的葡萄酒，就不得不说到这个国家最具代表性的国酒——波特酒（Port）。波特酒属于酒精加强型葡萄酒，是世界上最古老的酒种之一，全世界很多国家都有生产，但真正的波特产自于葡萄牙杜罗河流域（Douro Valley）及上杜罗河区域（Upper Douro）。波特酒是在葡萄酒发酵进行至一半时，向发酵汁中添加白兰地（酒精）以杀死酵母而中止发酵，因此酒液中既含有大量的糖分，又有着很高的酒精度，其酒精度达 16%～20%，带有樱桃、黑莓和黑醋栗等水果香气和浓郁的焦糖、巧克力和蜂蜜味。波特酒在混合或装瓶之前，一般要在大型的橡木桶中进行长时间的陈酿，用来更多地吸收橡木的醇香和更好的熟化。法定允许用来酿造波特酒的葡萄品种有 80 多种，几乎都是葡萄牙本地品种，其中大部分为红葡萄品种，白葡萄品种非常稀少。用的最多的葡萄品种有：本土多瑞加（Touriga Nacional）、卡奥红（Tinta Cã o）、巴罗卡红（Tinta Barroca）、多瑞加弗兰卡（Touriga Francesa）和罗丽红（Tinta Roriz），以本土多瑞加最为著名，酿造的波特酒颜色深黑，单宁强劲。

2. 马德拉酒（Madeira）

马德拉酒（Madeira）源自葡萄牙南部大西洋中的同名小岛马德拉岛，是大航海时代的产物。马德拉酒属于酒精加强型葡萄酒，酿酒原料以四种葡萄牙本土贵族白葡萄品种舍西亚尔（Sercial）、华帝露（Verdelho）、布尔（Bual）和马姆齐（Malmsey）为主，以及红葡萄品种黑莫乐（Tinta Negra Mole）和科姆雷（Complexa）。采用类似波特酒工艺酿造，通常是通过在发酵过程中向酒中添加白兰地来中止发酵，酒精度在 18%～19%，然后将酒放在罐中加热到 30 °C～50 °C 进行长达 90 天到六个月的催熟，再经过人工加热让葡萄酒发生马德拉反应，出现焦糖气味，带有氧化味并具有氧化醇香。马德拉酒具有极佳的酸度，带有烘烤面包、杏仁、烟熏、干果和橡木的风味，复杂而迷人，口感也十分醇厚，风格壮丽。其最突出的特点为具有极强的陈年潜力，上好的马德拉酒甚至可以陈年超过 100 年。

3. 绿酒（Vinho Verde）

绿酒（Vinho Verde）主要产自葡萄牙西北部的米尼奥（Minho）以及部分杜罗河（Douro）的临海地区，这些地区也称为“绿酒产区”，大约有 3 万公顷葡萄园，占葡萄牙总葡萄园面积的 15%。这里气候受到海洋的影响，凉爽、降水丰富、相对湿度较大，出产的葡萄很难达到较高的糖度，酿造的葡萄酒口感清爽、味道淡雅，被称为“绿酒”。绿酒的特点是清新、高酸、酒精度较低、酒体轻，适合年轻时饮用，不需要陈酿。有的酿酒师在装瓶时会在酒中保留较多发酵时产生的二氧化碳，使其具有微微的气泡以进一步提升清新感。“绿”在这里主要是指清新和年轻，并不是绝对意义上的色彩描述。所以，绿酒可以是白葡萄酒、红葡萄酒，也可以是桃红葡萄酒。其白葡萄酒主要采用阿尔巴利诺（Alvarinho）、洛雷罗（Loureiro）、阿瑞图（Arinto）和阿莎尔（Azal）等酿造，通常呈柠檬色或草黄色，有着天然的酸度、果香和花香，著名的阿尔巴利诺酒（Vinho Alvarinho）就是用阿尔巴利诺葡萄酿制的绿酒。红葡萄酒通常是用维毫（Vinhao）、伯拉卡（Borracal）或阿玛拉尔（Amaral）酿制而成，酸度突出，虽然酒体较轻但单宁显著，呈现出浓郁的颜色。桃红葡萄酒用艾斯帕德罗（Espadeiro）和帕德罗（Padeiro）葡萄酿制而成，一般带有非常浓郁的果香。绿酒作为葡萄牙葡萄酒的经典代表之一大量出口供应国际市场，占葡萄牙葡萄酒出口量的第二位，仅次于波特酒。

图 7.25

（二）匈牙利（Hungary）

匈牙利自古以来就是葡萄酒生产大国，在欧洲，仅有匈牙利语与希腊语中有自己的“葡萄酒”一词，而不是使用拉丁语。匈牙利位于北纬 46 ~ 49 度之间，与法国很多的顶级葡萄酒产区如北隆河、香槟等纬度基本相同，四周环陆，典型的大陆性气候，夏季酷热、冬季严寒，加之地形多山，土壤主要为火山岩和石灰岩，因此非常适宜葡萄树的生长。匈牙利秋季气候较为特殊，惯有的阴霾常笼罩天际，有利于酿造出甜美的贵腐酒。相较于其他欧洲产酒国，匈牙利葡萄酒大多种植本国特有的土生品种，也因此使得葡萄酒的风味独特。在经历了 19 世纪 80 年代席卷欧洲的葡萄根瘤蚜病、两次世界大战和四十年的共产主义集体化等挑战后，匈牙利的葡萄酒产业正慢慢回到正轨，许多小庄园开始重新种植葡萄树，坚持传统酿造工艺的同时融入现代酿酒风格。匈牙利大约有十四万公顷的葡萄园，横跨西部和中部地区，70% 生产红葡萄酒。匈牙利的代表性白葡萄品种是富尔民特（Furmint），它是酿制托卡伊贵腐甜酒的三大葡萄品种之一，在托卡伊葡萄酒中的比例达到三分之二。匈牙利本地的其他普通白葡萄品种还有威尔士雷司令（Olaszrizling）、蓝茎（Keknyelu）、哈斯莱威路（Harslevelu）和穆斯克塔伊（Muskotaly）等。红葡萄品种主要有卡法兰克斯（Kekfrankos）、卡达卡（Kadarka）和国际流行的葡萄品种如黑皮诺（Pinot Noir）、美乐（Merlot）和赤霞珠（Cabernet Sauvignon），位于匈牙利南部的维拉尼（Villany）产区是赤霞珠产量最大的产区。目前，匈牙利有 5 大葡萄酒产区，其中包含 22 个子产区，主要包括托卡伊（Tokaj）、埃格尔（Eger）、维拉尼（Villany）和纳吉索姆罗（Nagy SomLo）等，种植着数百种葡萄，出产最著名的两种葡萄酒：托卡伊（Tokaji）贵腐甜白葡萄酒和公牛血（Bulls Blood）红葡萄酒。

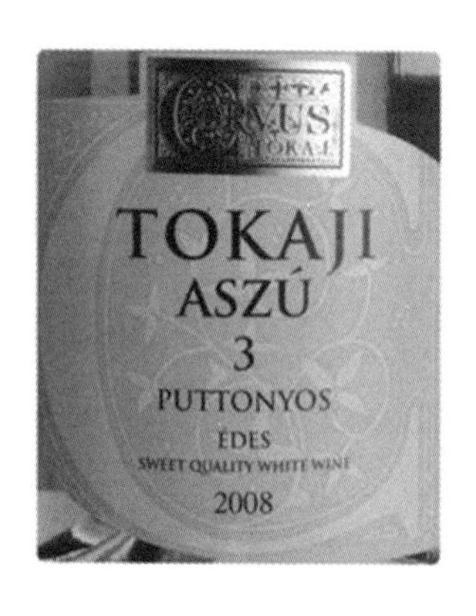

图 7.27

1. 托卡伊葡萄酒（Tokaj wine）

托卡伊（Tokaji）贵腐甜白葡萄酒是世界上最著名的贵腐葡萄酒之一，与法国的苏玳（Sauterness）、德国的逐粒精选葡萄酒（BA）和逐粒枯萄精选葡萄酒（TBA）并列为世界著名三大贵腐酒，是匈牙利产区最耀眼的明珠。托卡伊主要产地在匈牙利东北部与斯洛伐克接壤的托卡伊（Tokaj）产区，2007 年欧盟规定只有匈牙利可以使用“托卡伊（Tokaj）”这个名字作为商标。托卡伊产区位于匈牙利东北部托卡伊山麓（Tokaj-Hegyalja），葡萄园分布在 27 个村庄和小镇，约 6 000 公顷葡萄种植区域内具备良好的自然生态条件：特有的沙性土壤，典型的大陆性气候。需要注意的是“Tokaji”是托卡伊的酒名，而“Tokaj”是产区名。托卡伊地区有博德罗格河（Bodrog）和蒂萨河（Tisza）两条河，还有成片的湿地，使得秋季的早晨有大雾产生，白天气温升高雾气散去，这种潮湿和温暖交替的天气，为贵腐菌感染葡萄创造了有利条件。贵腐菌感染葡萄后菌丝穿透葡萄表皮，使葡萄中的水分蒸发，葡萄的酸度、糖分和风味物质浓缩，由此酿造出如蜜糖般甘美、如丝绒般柔滑的贵腐酒。托卡伊贵腐有着成熟的菠萝、杏脯、荔枝和柑橘等果味，以及姜和肉豆蔻香料味，还有火山赋予的略带丝丝咸味的矿物质风味。优质的托卡伊贵腐能够在瓶中发展几十年甚至几百年，却依然保持鲜爽的口感。

托卡伊贵腐酒主要由富尔民特（Furmint）、哈斯莱威路（Harslevelu）和萨格穆斯克塔伊（Sarga Muskotaly）三种葡萄品种混酿而成，其中富尔民特约占60%，哈斯莱威路占30%左右，有时会添加其他葡萄品种，如科维斯泽罗（Koverszolo）、泽达（Zeta）和卡巴尔（Kabar）。富尔民特和哈斯莱威路的种植面积占当地葡萄园面积的90%，二者混酿的口感极为和谐，富尔民特赋予托卡伊以青柠、梨、面包和坚果的味道，以及高酸和高酒精度；哈斯莱威路赋予葡萄以浓郁的香料味，芳香四溢，使口感更加顺滑和富有个性。托卡伊地区葡萄完全采用手工采收，根据采收情况时葡萄感染贵腐菌的程度和酿造工艺的不同，分为三种情况：

第一种是采收健康的葡萄，以酿制托卡伊干白葡萄酒（Tokaj wine）。托卡伊以生产贵腐甜酒而闻名全世界，但事实上酒庄也生产很多高品质的高级干白葡萄酒。托卡伊干白葡萄酒的葡萄没有经过贵腐菌的侵染，有着多种风格，有些是果香新鲜、没有经过橡木陈酿、适合新鲜时消费的干白葡萄酒，有些是酒体丰满、有陈酿潜力的干白葡萄酒，还有一些是经过新橡木桶陈酿的顶级白葡萄酒。

第二种是采收部分被贵腐霉侵染的葡萄串，用以酿造绍莫罗得尼（Tokaji Szamorodni）甜白葡萄酒。由于是整串采摘，酿酒葡萄感染贵腐菌的程度有所不同，因而绍莫罗得尼可能是甜型的（Edes），也可能是干型的（Szaraz），视酿酒葡萄感染贵腐菌的程度而定，但干型葡萄酒中会带有一些贵腐的风味。绍莫罗得尼葡萄酒必须熟成2年以上才能出售，其中至少1年需在橡木桶中完成。甜型绍莫罗得尼葡萄酒的的含糖量要求最低是45 g/L，但通常在80～120 g/L之间，酒精度也比较高，约为14%左右。

第三种也是最重要的一种，就是将完全被贵腐菌侵染的葡萄逐粒采摘下来，这种葡萄被称作阿苏葡萄（Aszu Berry），用以酿造托卡伊阿苏葡萄酒（Tokaji Aszu）。阿苏葡萄需要工人在葡萄园来回穿梭多次进行采摘，人工成本很高。阿苏葡萄酒的酿造分为两个发酵阶段，第一个阶段是用健康的葡萄进行发酵，酿制干型基酒，基酒可以是新鲜的葡萄汁、半发酵的葡萄汁或是刚发酵完的葡萄酒。第二个阶段是将完整的、未破皮的完全被贵腐菌侵染的阿苏葡萄倒入干型基酒中浸渍36个小时以上，然后把混合物进行压榨、发酵，得到的葡萄酒必须熟成2年以上，其中至少1年需在橡木桶中完成。传统工艺中采用未破碎的阿苏葡萄是为了防止苦味物质的浸出，酿酒所需的橡木来自产区附近的桑佩伦山（Zemplén Mountains）。在酿酒过程中加入的阿苏葡萄的量决定了托卡伊阿苏葡萄酒的甜度，托卡伊阿苏葡萄酒常用“篓”（Puttonyos）（即装葡萄的小篓或筐）来表示甜度，一篓能装25 kg阿苏葡萄。托卡伊葡萄酒上的数字分为3P、4P、5P、6P，即表示在136.5公升基酒中加入了3～6篓的阿苏葡萄，其葡萄酒甜度具体的换算为：3P=60 g/L、4P=90 g/L、5P=120 g/L、6P=150 g/L。“Puttonyos”数字越高，葡萄酒中的含糖量就越高，酿造的时间也就越长。当加入7篓时葡萄酒的含糖量达到180 g/L以上，称为阿苏精华（Aszu Eszencia），这种葡萄酒产量非常少，价格昂贵，而且只有在很好的年份才生产。不过要注意的是，2013 年匈牙利的酒法废除了“3 篓”、“4 篓”的甜度，也就是自此之后，托卡伊阿苏葡萄酒最低的甜度是 120 g/L。经典的托卡伊阿苏葡萄酒为深琥珀色，酸度非常高，香气集中馥郁、具有橘子酱、杏桃、蜂蜜等的香气。顶级葡萄酒则更加复杂，往往还带有黑麦面包、烟熏、咖啡、焦糖等香气和风味。

另外，还有一种是用完全被贵腐菌侵染的阿苏葡萄的自流汁液酿造的葡萄酒——托卡伊精华（Tokaji Eszencia），由于糖度非常高，酵母发酵困难，发酵过程往往要耗时数年，酒精度也很低，仅有 5% ~ 6%，最低糖度要求是 450 g/L，但通常可达 500 ~ 700 g/L，甚至更高。托卡伊精华葡萄酒中含有极高的酸度能与高糖平衡，其香气和风味极其复杂和集中，它可以保持自身新鲜的酒体长达一个世纪甚至更长的时间。托卡伊精华极其珍贵，一公顷的葡萄园只能生产约 1 L 的托卡伊精华，故其通常只有 0.1 L 的包装，一般不做商业出售，多数用于添加在托卡伊阿苏中，以提高托卡伊阿苏的浓郁度。

2. 公牛血（Bulls Blood）红葡萄酒

公牛血（Bulls Blood）红葡萄酒是匈牙利最著名的红葡萄酒，在匈牙利只有东北部的埃格尔（Eger）和南部的塞克萨德（Szekszard）两个产区可以生产公牛血。匈牙利的红葡萄极为稀少，主要散布于南部，但在东北部的埃格尔产区却有着极好的发展。埃格尔产区最为著名的葡萄酒是 Egri Bikaver 红葡萄酒，其更为人所熟知的名字为公牛血红葡萄酒。这个名称源自于 1552 年的一场由土耳其苏莱曼大帝发动的侵略战事，当时匈牙利的将领给士兵提供了大量美食和颜色像公牛血的 Bikaver 红酒以激励士气，此后士兵们果然斗志高昂，土耳其军队听闻匈牙利军队喝了公牛血，竟害怕畏缩至放弃进攻。从此埃格尔红葡萄酒便以公牛血扬名天下。公牛血红葡萄酒是由多种优质酿酒葡萄混合酿制而成，最多可采用十三个法定葡萄品种，而且最少要调配其中的三个品种，每个品种的调配份量不能超过一半。传统公牛血红葡萄酒采用木桶窖藏，典型风格是色浓味醇、酒体强劲、口感饱满而丰富。不过现代的公牛血常倾向于较轻的单宁和酒体，更易饮用。

埃格尔的公牛血红葡萄酒主要使用的葡萄品种是蓝色妖姬（Kékfrankos，Blaufrankisch），酿出的葡萄酒有非常好的酸度，同时果味非常突出，常常还可以感受到很多香料的香气，酒精度约为 13%。在 2004 年引入了一个新的等级是埃格尔特级公牛血，须由官方规定的 13 种葡萄中的 5 种混酿而成，产量严格控制，在橡木桶中陈酿 12 个月，瓶中陈年 6 个月后才可上市。塞克萨德的公牛血红葡萄酒主要使用匈牙利本土葡萄品种卡达卡（Kadarka），有一种特有的香草香气。炎热的气候让塞克萨德的葡萄较埃格尔的成熟期更长，果实糖分也较高，生产的葡萄酒要更浓郁一些，但是酸度稍微欠缺一点，酒精度也更高，常常达到 14.5%以上。

（三）阿根廷（Argentina）

阿根廷是南美重要的葡萄酒产区之一，是世界第五大葡萄酒生产国。其酿酒历史可以追溯到 450 年前，1557 年从智利传过来的葡萄树种植在阿根廷的门多萨省，开启了阿根廷的酿酒历史。19 中期，随着大量欧洲移民的涌入，葡萄树也随之种植在了安第斯山脉附近，他们带着家乡的葡萄品种来到这里，丰富了阿根廷的葡萄品种，混酿葡萄酒也由此开始流行起来。20 世纪 90 年代之前，阿根廷出产的葡萄酒产量较大，但质量平平，加之没有国际意识，因此并没有引起外国市场的关注。近年来许多国际酒业大亨纷纷在阿根廷投建酿酒厂，使得当地的葡萄酒保持了较高的质量和数量，阿根廷葡萄酒在国际市场上的份额也在不断增长，尤其是在北美和欧洲。世界知名葡萄酒评论家 Robert Parker 就称阿根廷为“世界上最令人兴奋的新兴葡萄酒地区之一”。

阿根廷气候炎热干燥，阳光充足，可以出产非常成熟健康的葡萄，并适合酿造有机葡萄酒。西部安第斯山脉挡住了来自大西洋的水汽，这里的降雨非常有限，甚至可以说是非常干旱，山上融化的雪水，提供了大部分葡萄园灌溉所需的水源，而部分高品质的葡萄园则采用控制更加精准的滴水灌溉法。海拔形成的凉爽气候在这里至关重要，绝大部分的葡萄园都种植在海拔较高（500 ~ 1500 m）的安第斯山脉上，夜间温度普遍偏低，有利于酿出颜色深厚、味道浓郁的红葡萄酒和芳香四溢的白葡萄酒。

马尔贝克（Malbec）是阿根廷最具代表性的红葡萄品种，该品种 18 世纪开始广泛种植在波尔多，却因气候较冷无法完全成熟，不受重视，但在炎热的阿根廷表现得近乎完美，尤其在门多萨产区最为有名。这里的马尔贝克葡萄酒颜色深黑，带着浓郁的黑色水果香气和香料味，如黑莓、黑李子、丁香、胡椒等气味，酒体厚重，高单宁。马尔贝克也非常适合在橡木桶中熟成，可以得到更为复杂的香气和口感，有时也会和赤霞珠、美乐一起调配。托隆特斯（Torrontes）是阿根廷标志性的白葡萄品种，在阿根廷种植广泛。该品种气味芳香，带着强烈的花香、白色水果和葡萄皮的香气，但酸度较高，因此表现得更加均衡。最好的托隆特斯出产在门多萨北部的卡法亚特产区。和智利一样，阿根廷也是国际葡萄品种的天堂，如赤霞珠、美乐、西哈、霞多丽和维欧涅。受意大利和西班牙影响深远，欧洲其他地区的品种也在这里遍地开花，如意大利的勃纳达（Bonarda）、巴贝拉（Barbera）和桑娇维赛（Sangiovese），西班牙的添帕尼罗（Tempranillo），勃纳达是阿根廷目前种植最广泛的红葡萄品种。

阿根廷重要的葡萄酒产区包括门多萨（Mendoza）、圣胡安（San Juan）、卡法亚特（Cafayate）、拉里奥哈（La Rioja）、黑河（Rio Negro）、卡达马尔卡（Catamarca）和内乌肯（Neuquén）。位于阿根挺的中西部地区的门多萨（Mendoza）是阿根廷最大、最重要的产区，其葡萄酒产量占阿根廷总产量的 60%以上，葡萄园面积约 16 万公顷，也是全世界最大的葡萄酒产区，几乎所有著名的酒厂都坐落于此。这里的马尔贝克主要以强劲浓郁而著称。圣胡安（San Juan）产区位于门多萨的北部，是阿根廷第二大葡萄酒产区，生产的葡萄酒几乎占到整个阿根廷的四分之一，这里是阿根廷白兰地和苦艾酒（vermouth）的主要原产地，还出产一些雪利酒风格的烈酒和廉价的餐酒。卡法亚特（Cafayate）位于阿根廷的西北部，海拔 1750 ~ 3111 m，是世界上海拔最高的葡萄酒产区。这里光照很强，温度不高，昼夜温差非常大，很好的延长了葡萄的生长期，出产的葡萄果实皮比较厚，风味物质积累丰富。卡法亚特主要种植的葡萄品种是阿根廷国家标志性白葡萄品种托隆特斯，通常托隆特斯白葡萄酒的结构简单、缺少酸度、有一点苦味，但在卡法亚特这个高海拔产区，托隆特斯葡萄酒却果香集中、带有芬芳的花香、酸度清爽、中度酒体。卡法亚特的主要红葡萄品种有马尔贝克、西拉、赤霞珠，近年来，丹那（Tannat）葡萄的种植比例也在逐渐增加，生产出的红葡萄酒酒体饱满、结构复杂。

（四）加拿大（Canada）

加拿大湖泊众多，海岸线漫长，水资源十分丰富。尽管从地理位置上来说，加拿大已经是酿酒葡萄种植的最北限了，但是其葡萄园得益于产区特殊的风土条件，却能生产出闻名全世界的冰葡萄酒，是全球最大的冰酒生产国。德国、奥地利等地因受气候条件限制，冰酒无法每年都生产，而加拿大却由于特殊的地理位置和气候，几乎年年都可以酿造冰酒。加拿大已被公认为世界上最主要且品质最佳的冰酒生产国。

加拿大冰酒酿造技术是由德国移民带入加拿大，经过进一步改良，主要酿造白冰酒和红冰酒。加拿大的冰葡萄于凌晨温度在零下 8 °C 的时候手工采摘、运输和压榨，将冻成固体冰晶的大部分水分去除，榨取最浓甜的葡萄汁进行发酵。冰酒的发酵时间很长，一般需要 1 ~ 3 个月，有些冰酒会在橡木桶中进行熟成。所酿造的冰酒风格突出，口感顺滑，甜美醇厚，酸味适中，常常带有成熟的梨、桃、芒果、杏仁和花的香味。加拿大的第一批冰酒是英属哥伦比亚省的海恩勒酒庄（Hainle Vineyards）生产的 1974 年雷司令冰酒，安大略首次生产冰酒则是在 1982 年云岭酒庄（Inniskillin）酿造。在加拿大，用来酿造冰酒的最常见的白葡萄品种主要是白威代尔（White Vidal）和雷司令（Riesling），琼瑶浆（Gewürztraminer）、霞多丽（Chardonnay）和白皮诺（Pinot Blanc）也渐渐开始流行。红葡萄品种主要是品丽珠（Cabernet Franc）和赤霞珠（Cabernet Sauvignon），美乐（Merlot）、黑皮诺（Pinot Noir）和西拉（Syrah）也日渐受到人们的欢迎。红冰酒的产量较白冰酒更为稀少，价格也更为昂贵。

加拿大的传统种植以原生耐寒冷的欧美杂交品种为主，如红葡萄品种黑巴可（Black Baco）、马雷夏尔-弗什（Marechal-Foch），白葡萄品种白赛瓦（Seyval Blanc）、维达尔（Vidal）。国际白葡萄品种如霞多丽、雷司令在这里品质表现相当不错，国际红葡萄品种主要有黑比诺、赤霞珠和品丽珠。因气候寒冷，加拿大红葡萄酒清淡却果香浓郁。值得一提的是，加拿大允许酒商使用进口葡萄汁进行酿酒，酒标标注“加拿大窖藏”。其中，英属哥伦比亚省酿酒所允许使用的进口葡萄汁含量可达 100%，而安大略省则要求进口葡萄汁的含量至多不能超过 70%。

加拿大拥有两个最大的葡萄酒产区，分别是安大略省（Ontario）和英属哥伦比亚省（British Columbia 简称 B.C）产区，加拿大 98%的优质葡萄酒都产自这两个产区。安大略（Ontario）产区内种植有大概 60 多种葡萄品种，种植最广泛的是白葡萄品种威代尔和雷司令，通常酿制成酸度新鲜、果香纯净的干型、半干型和优雅细致的甜型冰葡萄酒。安大略的干型霞多丽葡萄酒也非常出色，有多种风格，通常具有干净纯洁的果香和优雅适中的橡木香。在红葡萄酒方面，也能生产高质量的黑比诺葡萄酒，现在品丽珠、赤霞珠、美乐的种植比例也越来越多，可酿造单一葡萄酒和混酿葡萄酒。安大略产区以生产冰酒而闻名，其冰葡萄酒采用多种葡萄品种酿造，包括红葡萄品种，但实际上大部分葡萄酒为干型餐酒，干型餐酒中白葡萄酒比例相对较多。英属哥伦比亚（British Columbia）产区红葡萄品种和白葡萄品种的种植面积旗鼓相当，种植最多的品种是美乐和灰皮诺。该产区的葡萄酒风格多种多样，既有强劲的赤霞珠混合葡萄酒，也有芳香的琼瑶浆葡萄酒、也生产质量不错的起泡葡萄酒，还有著名的冰酒，不过这里冰酒的产量比安大略要少。另外，魁北克省（Quebec）和新斯科舍省（Nova Scotia）这二个产区近来也在葡萄酒市场中逐渐崭露头角。

（五）中国（China）

中国的葡萄酒和葡萄酒文化具有悠久的历史。据记载，中国的葡萄栽培及葡萄酒的生产最早始于汉代张骞出使西域归来的时候。到了唐朝，随着葡萄酒生产的发展与扩大，优雅璀璨的葡萄酒文化得以进一步积淀、推广与传播，许多文人雅士以葡萄酒为题材作赋吟诗，王翰的一首“葡萄美酒夜光杯，欲饮琵琶马上催。醉卧沙场君莫笑，古来征战几人回。”更成为了脍炙人口、流传千古的诗篇。元朝时，葡萄酒和葡萄酒文化的发展达至鼎盛时期，规定祭祀太庙必须用葡萄酒，并在山西太原、江苏南京开辟葡萄园。清朝，尤其是清末民国初，是我国葡萄酒发展的转折点。首先是由于西部的稳定，葡萄种植的品种增加，到清朝后期，由于海禁的开放，葡萄酒的品种进一步增多。中国现代的工业化葡萄酒酿造始于 1892 年，爱国华侨张弼士先生先后投资 300 万两白银在烟台创办了“张裕酿酒公司”，成为中国葡萄酒厂的先驱，中国葡萄酒工业化的序幕由此拉开。解放后，国家为了防风固沙和增加人民的收入，在黄河故道地区大量种植葡萄，并在 50 年代后期建立了一批葡萄酒厂，从而掀开了中国葡萄酒发展的新篇章。到 2016 年，中国已经发展成为全球第六大葡萄酒生产国。

中国幅员辽阔，南北纬度跨度大，在北纬 25 ~ 45 度广阔的地域里，种植着各具特色的葡萄品种，分布着多个葡萄酒产地，如云南高原的米勒产区、坐落在沙漠边缘的甘肃武威产区、周边靠山的银川产区、四周环水的渤海湾产区等。地形的多样性也有利于葡萄的种植，即便在冬季温度低至零下 40 °C 的通化产区，以及夏季温度高至 45 °C 的吐鲁番产区，也能种植出品质尚佳的葡萄。中国广泛种植的酿酒葡萄中，以红葡萄品种为主，种植比例约占 80%。为了适应葡萄酒国际化的潮流，尽快融入国际葡萄酒市场，中国葡萄酒业非常重视引进和推广世界优良的酿酒葡萄品种。赤霞珠（Cabernet Sauviignon）以超过 2.3 万公顷的栽培面积成为中国栽种面积最大的引进品种，其他红葡萄品种还有美乐（Merlot）、品丽珠（Cabernet Franc）、蛇龙珠（Cabernet Gernischet）、黑皮诺（Pinot Noir）和本土品种山葡萄（V.amurensis）等。而白葡萄品种有龙眼（Dragon Eye）、贵人香（Italian Riesling）、霞多丽（Chardonnay）、白雷司令（White Riesling）、白玉霓（Ugni blanc）等，其中龙眼为我国古老而著名的晚熟酿酒葡萄品种，酿造的葡萄酒酒质极佳。

中国属于典型的大陆季风型气候，气候类型复杂多样，凭借较合适的地理环境以及气候条件，为中国葡萄酒业提供了有利的发展空间，葡萄种植的面积不断扩大，种植的品种也越来越丰富，涌现出不少优质的葡萄酒产区，河北、山东、云南、陕西、宁夏和新疆等地区都有大面积的葡萄种植。但由于葡萄生长所需的特定生态环境，以及地区经济发展的不平衡，所以葡萄酒产区分布较为分散，多数集中在中国东部，规模也参差不齐。目前，根据不同的气候特点，中国葡萄酒产区划分为东部、中部和西部三大片区、十三大产区，分别是：东北产区、北京产区、天津产区、河北产区、山东产区、山西产区、黄河故道产区、新疆产区、甘肃产区、宁夏内蒙古产区、陕西产区、西南高山产区、广西产区。其中沙城产区、昌黎产区、胶东半岛产区和贺兰山东麓产区等为中国的优质葡萄酒认证产区。

沙城产区包括河北的宣化、涿鹿和怀来，北依燕山，南靠太行，中有桑洋河横贯其中，多为丘陵山地，土壤以褐色沙质土壤为主。这里地处长城以北，光照充足，热量适中，昼夜温差大，夏季凉爽，气候干燥，降雨量偏少，十分适于葡萄的生长。龙眼和牛奶葡萄是这里的主要品种，近年来大力推广种植赤霞珠、美乐等世界酿酒葡萄品种。现有长城葡萄酒公司、长城桑干酒庄、中法庄园、容辰庄园、紫晶庄园、贵族庄园等 35 家葡萄酒加工企业落户于此，葡萄酒年产销量达 7 万吨，葡萄产业产值近 40 亿元。沙城产区 27 大品牌、500 多款葡萄酒产品，在国内市场占有率达 14%，远销 20 多个国家和地区。

昌黎产区位于河北省东北部，与法国波尔多位于同一纬度，东临渤海，北依燕山，土壤为亿年前的中生代三层土壤结构。这里日照时间长，昼夜平均温差大，年降雨量较少，主要种植葡萄品种包括赤霞珠、西拉、品丽珠和美乐。昌黎产区集结了大量优秀葡萄酒生产商，主要包括中粮华夏长城葡萄酒、贵州茅台酒厂（集团）昌黎葡萄酒业有限公司、朗格斯酒庄、香格里拉（秦皇岛）葡萄酒有限公司等。

山东胶东半岛产区内核心产区包括烟台产区、蓬莱产区和青岛产区，属于暖温带季风气候，降雨相对集中，夏季多雨，春秋短暂，冬夏较长，年平均气温为 11 °C ~ 14 °C。受海洋性气候影响，较为湿润，较低的年降水量适合晚熟葡萄品种的栽培，这里主要种植的葡萄品种有蛇龙珠、赤霞珠、贵人香、霞多丽、白玉霓等，目前已发展葡萄种植面积 2 万多公顷。早在 1892 年，爱国华侨张弼士就在山东烟台投资建设了张裕酿酒公司，是中国近代第一家、也是当时远东地区最大的新式葡萄酒酿造公司。产区内集结了张裕、华东、威龙、中粮长城等一大批国内优秀酿酒企业，2012 年吸引法国拉菲集团落户烟台。目前共有葡萄酒生产企业 200 多家，葡萄酒年产量达到 28 万多吨，产量占全国葡萄酒总产量的 40%，销售产值占全国的 57%，其葡萄酒产量和产值均居全国首位。

“贺兰山下果园成，塞北江南旧有名。”自古以来，宁夏贺兰山东麓的平原地区便有着“塞上江南”的美名。贺兰山山脉绵延 200 多公里，气势恢宏，是阻隔戈壁沙漠的天然屏障，黄河流经贺兰山脉的东麓，几千年来滋养着银川平原，哺育了“贺兰山东麓”这片天然的宝地。贺兰山东麓产区属于典型大陆性半湿润半干旱气候，夏季基本没有酷暑，气温日差大、日照时间长，大部分地区昼夜温差可达到 15 °C。这里阳光充裕，半沙质土壤具备良好的排水性，并且可以为葡萄树根部保留充足的养分，葡萄采收季节几乎从不下雨，保证了葡萄的自然成熟，成熟后含糖量非常高。卓越的地理、气候、日照、土壤等风土条件彰显了贺兰山东麓产区的地域优势，是我国优质酿酒葡萄产区之一。主要种植的红葡萄品种包括赤霞珠、品丽珠、蛇龙珠、美乐、黑皮诺、佳美、西拉等，白葡萄品种主要有霞多丽、雷司令、贵人香、赛美蓉、白皮诺等。贺兰山东麓葡萄酒受中国政府官方认证的国家地理标志产品保护，知名酒庄如长城、张裕、保乐力加、轩尼诗、怡园酒庄等纷纷在宁夏开辟葡萄园，并酿造出大量具有国际水平的葡萄酒。如今，“贺兰山”已经成为了全球葡萄酒界冉冉升起的新星，有“葡萄酒界第一夫人”之称的杰西丝·罗宾逊将宁夏贺兰山东麓葡萄酒产区和山东、河北产区一道，列入《世界葡萄酒地图》第七版，可见其不断攀升并广受肯定的专业地位。

图 7.28

参考文献

[1] Robinson J. 品酒：罗宾逊品酒练习册（HOW TO TASTE WINE）. 李扬，吴岳宜，译. 上海：上海三联书店，2011.

[2] 李德美. 深度品鉴葡萄酒. 北京：中国轻工业出版社，2014.

[3] Boulton R B, Singleton V L, Bisson L F, Kunkee R E. 葡萄酒酿造学——原理及应用. 赵光鳌，译. 北京：中国轻工业出版社，2001.

[4] Amatuzzi, D. 葡萄酒的第一堂课：从葡萄到美酒. 南京恩晨企业管理有限公司，译. 南京：东南大学出版社，2015.

[5] Rankne B. 酿造优质葡萄酒. 马会勤，译. 北京：中国农业大学出版社，2008.

[6] Robinson J. 杰西斯葡萄酒大典（JANCI，S ROBINSON'S WINE COURSE）. 郭阳，战吉宬，译. 北京：东方出版社，2014.

[7] 彭德华. 葡萄酒酿造技术文集. 北京：中国轻工业出版社，2006.

[8] 李华，王华，袁春龙，等. 葡萄酒工艺学. 北京：科学出版社，2014.

[9] 李华. 葡萄酒品尝学. 北京：科学出版社，2013.

[10] 李华，王华，袁春龙，等. 葡萄酒化学. 北京：科学出版社，2006.

[11] 远藤诚. 葡萄酒的感官世界. 赵怡凡，译. 辽宁：辽宁科学技术出版社，2013.

[12] Jackson R S. 葡萄酒的品尝. 王君碧，罗梅，译. 北京：中国农业大学出版社，2009.

[13] Walls M. 葡萄酒选择与品鉴. 孙红荃，译. 北京：人民邮电出版社，2015.

[14] 战吉宬，李德美. 酿酒葡萄品种学. 北京：中国农业大学出版社，2015.

[15] Spahni P. 葡萄酒. 郭威，发强，初兆丰，译. 北京：中国海关出版社，2003.

[16] Busby J. Grapes And Wine：A Visit To The Principal Vineyards Of Spain And France. America：Nabu Press，2011.

[17] Feiring A. Naked Wine：Letting Grapes Do What Comes Naturally. America：Da Capo Press，2011.

[18] Husmann G. Vintage Grapes for Wine and Raisins. America：Grove Press，2011.

[19] Robinson J, Harding J, Vouill J. Wine Grapes：A Complete Guide to 1, 368 Vine. America：Ecco Press，1988.

[20] Busby James. Grapes and Wine：A Visit to the Principal Vineyards of Spain and France Giving. America：Rarebooksclub，2012.

[21] Zraly K. Windows on the World Complete Wine Course . America：Sterling，2016.

[22] Zraly K. Windows on the World Complete Wine Course . America：Sterling，2016.

[23] Johnson H. 葡萄酒的故事（The Story of Wine）. 陈芸，译. 北京：中信出版社，2013.

[24] Casamayor P. 葡萄酒品鉴完全指南. 张昕，译. 北京：化学工业出版社，2014.
[25] Pivo B. 恋酒事典. 尉迟秀，译. 上海：上海三联书店，2010.
[26] 苏雅. 微醺正好——葡萄酒的时光. 北京：清华大学出版社，2015.
[27] Casamayor P. 我的第一次品酒. 周劲松，译. 北京：北京联合出版社，2015.
[28] Stublia B. 完全葡萄酒品鉴教程. 欧晓蕾，译. 上海：上海文化出版社，2013.
[29] 君岛哲至. 品鉴宝典：葡萄酒完全掌握手册. 王美玲，译. 福建：福建科技出版社，2013.
[30] 郭征. 葡萄酒品鉴指南——探秘葡萄酒的世界. 上海：上海科学技术出版社，2014.
[31] Old M. DK 葡萄酒品鉴课堂. 孙宵祎，译. 北京：中国轻工业出版社，2017.
[32] Johnson H，Robinson J. 世界葡萄酒地图. 吕扬等，译. 北京：中信出版社，2014.
[33] Orhon J. 世界葡萄酒版图：法国葡萄酒新指南. 陈媛，译. 北京：电子工业出版社，2014.
[34] Markham J D，Leeuwen C V，Ferrand F. 波尔多 1855 列级酒庄. 刘艺，张宏，张普，译. 山西：北岳文艺出版社，2012.
[35] Robinson J，Murphy L. 美国葡萄酒地图. 严铁韵，戴鸿靖，程奕，译. 北京：中信出版社，2014.
[36] Neiman O，Varoutsikos Y. 葡萄酒生活提案. 刘畅，译. 广西：广西师范大学出版社，2015.
[37] 宁远. 红酒：流经岁月的奢华诱惑. 北京：电子工业出版社，2013.
[38] Robert. 恋上葡萄酒. 黑龙江：黑龙江科学技术出版社，2015.